U0374400

Color Atlas of Common Plants in Anhui National Natural Reserve for the Chinese Alligator

安徽扬子鳄国家级自然保护区常见植物彩色图鉴

主编 陈明林 章崇志 孙四清

中国科学技术大学出版社

内容简介

本书主要介绍安徽扬子鳄国家级自然保护区内的常见植物，包括常见蕨类植物、裸子植物和被子植物三大类群。全书介绍植物物种703种，每个物种选取全貌、花、果实、种子等具有典型识别特征的高清图片1—5幅，充分展示其形态特征，并包含部分近缘种的区别或进化等。将所有物种分为常见植物、外来入侵植物和珍稀保护植物等类群，介绍各物种的分类地位、关键识别特征、功能作用、资源分布等。本书描述详细，配图精美，是一本实用的植物科普图书。

本书适合对植物感兴趣的读者阅读使用。

图书在版编目(CIP)数据

安徽扬子鳄国家级自然保护区常见植物彩色图鉴 / 陈明林，章崇志，孙四清主编. -- 合肥 : 中国科学技术大学出版社，2024. 12. -- ISBN 978-7-312-06145-5

Ⅰ. Q948.525.4-64

中国国家版本馆CIP数据核字第20249GM158号

安徽扬子鳄国家级自然保护区常见植物彩色图鉴

ANHUI YANGZI' E GUOJIAJI ZIRAN BAOHUQU CHANGJIAN ZHIWU CAISE TUJIAN

出版 中国科学技术大学出版社
安徽省合肥市金寨路96号，230026
http://press.ustc.edu.cn
http://zgkxjsdxcbs.tmall.com

印刷 合肥华苑印刷包装有限公司

发行 中国科学技术大学出版社

开本 880 mm × 1230 mm 1/16

印张 41.25

字数 855 千

版次 2024 年 12 月第 1 版

印次 2024 年 12 月第 1 次印刷

定价 268.00元

安徽扬子鳄国家级自然保护区
常见植物彩色图鉴

编 委 会

主　编　陈明林　章崇志　孙四清

副主编　章　松　夏同胜　蒋宣清

编　委　邵剑文　周应健　马新纪　马晓燕　涂根军

洪小卫　王宏根　刘若亚　李　雷（广德）

庞　帆　章　燕　王　健　李　雷（郎溪）

胡志伟　刘端群　黄桂霞　胡苗苗　刘　坤

王　晖　李晓红　师雪芹　汤　菊　张雁云

任　平　夏齐平　方大伟　程　思　邹　涛

李　丹　姜　怡　李　芹　廖筱辉　赵春燕

李　笑

主编简介

陈明林　男，博士，教授，安徽师范大学博士研究生导师，安徽省教学名师，安徽省植物学会秘书长，芜湖市生物学会理事长。主要从事植物学和生物教学论研究。在国内外学术期刊上发表论文60余篇，出版著作3部。

章崇志　男，安徽扬子鳄国家级自然保护区管理局局长，先后在安徽省林业局林长处、办公室任职。长期从事林业工作。

孙四清　男，经济师，安徽扬子鳄国家级自然保护区管理局二级调研员。长期从事扬子鳄保护区资源保护管理工作。

序一 /

扬子鳄是中国特有的国家Ⅰ级保护动物，也是动物界的“活化石”，对扬子鳄国家级保护区的维管束植物图鉴的编撰，既有科研、保护的理论意义，也有科普、宣传的实践价值，《安徽扬子鳄国家级自然保护区常见植物彩色图鉴》编委会的同志邀我作序，盛情难却，欣然应允。

生态系统，指在自然界的一定的空间内，生物与环境构成的统一整体，在这个统一整体中，生物与环境之间相互影响、相互制约，并在一定时期内处于相对稳定的动态平衡状态。在自然界中，每一种生命都有其存在的意义，维护一方生态平安，维护生物多样性安全，就是维护人类赖以生存和发展的重要基础。要想更有效地保护国家Ⅰ级保护动物扬子鳄，对其赖以生存的栖息地进行研究意义深远，而植物多样性无疑是栖息地最为重要的影响因子。因此，洞悉扬子鳄国家级自然保护区的维管束植物多样性及其分布是开展有效保护的前提，亦是深入贯彻习近平生态文明思想的重要体现。

本书收录常见植物703种，不仅用简明扼要的文字概述其特征，而且记录其分布的具体位置，工作量巨大。本书涉及图片1748幅，图片精美，内容简洁，适于科普，同时可为扬子鳄国家级自然保护区对扬子鳄的保护、管理、宣传、科研提供重要依据。

希望今后在此书的基础上继续调查、监测，再补充完善，以期更好地为扬子鳄保护和管理服务。

張奠湘

华南植物园

2024年10月

序二 /

分布在地球纬度最北限的鳄类扬子鳄野生种群数量极少，不仅是世界自然保护联盟（IUCN）红色名录评估的极危物种，也是现存鳄类中唯一生活在我国的物种，被列入中国国家Ⅰ级保护野生动物名录。了解扬子鳄栖息地的植物多样性，对认知其生态系统特点、生存环境及食物网具有重要的理论与实践意义。

目前扬子鳄保护面临的重要问题之一是栖息地数量的减少与质量的下降，而植物群落是扬子鳄栖息地的重要组成部分：水生植物不仅可以净化水质，还是水生动物的重要食物来源之一，构成了扬子鳄食物网的重要环节；陆生植物枯枝和落叶如竹叶、白茅、狗尾草等是扬子鳄巢材的重要来源，成为其繁衍后代的载体；水域两岸的植物根系维护了扬子鳄越冬洞穴的稳定；还有天气炎热之时植物可以为扬子鳄提供遮阴的环境……所有这些都佐证了植物多样性与扬子鳄种群的生活和繁衍密切相关！

不仅如此，扬子鳄保护研究还会涉及繁殖巢址的选择、对巢材的要求等诸多相关植物命题。本书的出版将为解答上述问题、深入保护和研究扬子鳄提供科学参考。书中列出了扬子鳄栖息地中常见植物703种，并记录了植物物种分布的具体位置。全书内容简洁，图片精美，图文并茂，信息量大，可读性、科普性强，是扬子鳄的保护、管理、宣传与科研的宝贵资料。

吴孝兵
安徽师范大学
2024年10月

前言 /

扬子鳄（*Alligator sinensis*）属爬行纲鳄目（Crocodilian）鼍科（Alligatoridae）鼍属（*Alligator*），俗称“土龙”“猪婆龙”等，在动物进化史和学术研究中有“活化石”之称。扬子鳄早在2700多年前我国古籍中就有记载，直到1879年法国人 A. Fauvel将其命名为 *Alligator sinensis*。由于分布区狭窄，数量稀少，扬子鳄被确认为中国特有的珍稀物种，也是世界23种鳄类中濒危的物种之一，现列为国家 I 级重点保护野生动物。1973年联合国将其列为濒危种和禁运种，国际自然保护联盟（IUCN）现将其确认为极危种，《濒危野生动植物种国际贸易公约》（CITES）附录 I 物种。2001年，其被列入“全国野生动植物保护及自然保护区建设工程”的15个重点优先拯救物种（类）之一。

1982年，开始建立安徽扬子鳄自然保护区（皖政［1982］92号），范围跨南陵县、泾县、宣城、郎溪县、广德5地。扬子鳄的生存离不开良好的生境，因此，对扬子鳄生境的关键因子——植物多样性的调查、监测与科研意义重大。

对扬子鳄植物多样性的调查始于2011年3月的“郎溪生态县建设总体规划”，同年7月，安徽省组织开展第二次湿地调查，当时，记录扬子鳄国家级保护区有湿地植物68科178属235种。笔者2019年参与《扬子鳄保护区综合科学考察报告》的调查工作，2022年和2023年参与了扬子鳄保护区生物多样性监测工作，且2023年还参与了安徽省港口湾水库灌区工程对安徽扬子鳄国家级自然保护区生物多样性影响评价研究，在充分调查和查阅文献的基础上，在“扬子鳄保护区植物资源调查项目”（2024年度）的资助下，完成了安徽扬子鳄国家级自然保护区常见植物多样性名录，并编撰成《安徽扬子鳄国家级自然保护区常见植物彩色图鉴》。

调查范围包括：广德朱村片，郎溪县高井庙片，宣州杨林片、红星片、夏渡片，泾县双坑片、中桥片，南陵县长乐片。

本书收录安徽扬子鳄国家级自然保护区常见植物703种，其中蕨类植物26种，裸子植物19种，被子植物658种。蕨类植物系统采用PPG I系统（2016）、裸子植物系统采用Christenhusz等系统（2011）、被子植物系统依据APG III系统（2009，2015）编排。

全书内容涉及植物科、属、特征、用途和分布五部分，且包含部分近缘种的区别或进化等，分别用彩图展示各植物的根、茎、叶、花、果实、种子等特征，收录相关图片1748幅，除4幅图片外均为笔者拍摄。本书不仅为安徽扬子鳄国家级自然保护区工作人员以及相关爱好者识别植物提供参考依据，也可为保护区生境的建设和管理提供理论基础，同时还可为保护区的科普和科研提供依据。

本书成稿过程中得到扬子鳄管理局和各保护站相关工作人员的大力支持和帮助；邵剑文、赵凯、倪味咏、刘坤等老师对文本给予了良好的建议；金莹莹老师参与了保护区边界的认定；研究生邹涛、李丹、姜怡、李芹、赵春燕、李笑、廖筱辉等参与了调查和部分文字工作；安徽省植物学会、芜湖市生物学会也提供了大力支持，在此，一并致谢。

由于时间仓促，不妥之处，敬请指正。

陈明林

2024年10月于安徽师范大学清源楼

目录 /

序一 / 001

序二 / 003

前言 / 005

第一篇　蕨类植物　001

江南卷柏 / 002
紫萁 / 003
芒萁 / 004
里白 / 005
海金沙 / 007
蘋 / 008
满江红 / 010
槐叶蘋 / 011
乌蕨 / 012
蕨 / 013
凤了蕨 / 014
粗梗水蕨 / 015
野雉尾金粉蕨 / 016
井栏边草 / 017
铁线蕨 / 019
书带蕨 / 020
铁角蕨 / 021
延羽卵果蕨 / 022
狗脊 / 023
美丽复叶耳蕨 / 024
贯众 / 026
阔鳞鳞毛蕨 / 028
瓦韦 / 029
江南星蕨 / 030
石韦 / 032
水龙骨 / 033

第二篇　裸子植物　035

银杏 / 036
雪松 / 039
马尾松 / 040
湿地松 / 042
火炬松 / 043
金钱松 / 044
罗汉松 / 047
日本柳杉 / 048
杉木 / 049
刺柏 / 050
圆柏 / 051
龙柏 / 053
塔柏 / 054
侧柏 / 055
池杉 / 056
水杉 / 057
三尖杉 / 058
粗榧 / 059
南方红豆杉 / 060

第三篇　被子植物　061

萍蓬草／062
芡实／064
睡莲／065
南五味子／066
华中五味子／066
鱼腥草／067
三白草／067
马兜铃／068
焕镛木／069
荷花木兰／070
玉兰／071
二乔玉兰／073
乐昌含笑／074
深山含笑／075
鹅掌楸／076
蜡梅／078
华东楠／080
紫楠／081
山胡椒／082
狭叶山胡椒／083
乌药／084
山鸡椒／085
檫木／086
香樟／087
及己／088
金钱蒲／088
菖蒲／089
紫萍／090
浮萍／091
芋／091
半夏／092
一把伞南星／093
野慈姑／094
水鳖／095
水车前／096
黑藻／097
大茨藻／097
苦草／098
竹叶眼子菜／098
菹草／099
八蕊眼子菜／099
薯蓣／100
菝葜／101
土茯苓／102
老鸦瓣／103
百合／104
鸢尾／105
花菖蒲／106
小花鸢尾／107
射干／108
火炬花／109
黄花菜／110
萱草／111
薤白／112
葱／113
韭菜／113
藠头／115
葱莲／116
石蒜／117
绵枣儿／118

玉簪／119
天门冬／120
阔叶土麦冬／120
麦冬／121
多花黄精／122
棕榈／123
水竹叶／124
裸花水竹叶／124
鸭跖草／125
饭包草／126
凤眼莲／126
梭鱼草／128
鸭舌草／129
芭蕉／129
美人蕉／131
姜花／133
长苞香蒲／134
谷精草／135
翅茎灯芯草／136
灯芯草／136
穹隆薹草／138
单性薹草／138
卵果薹草／139
弯囊薹草／140
溪水薹草／141
二形鳞薹草／142
水虱草／143
两歧飘拂草／143
牛毛毡／144
荸荠／145
水葱／145
水毛花／146
碎米莎草／147
香附子／148
高秆莎草／148
扁穗莎草／150
异型莎草／150
水蜈蚣／151
湖瓜草／151
水稻／152
假稻／153
菰／153
阔叶箬竹／154
箬竹／155
毛竹／157
紫竹／158
雷竹／159
孝顺竹／160
雀麦／161
小麦／162
拂子茅／162
野燕麦／164
高羊茅／164
看麦娘／165
菵草／166
粟草／167
早熟禾／167
芦竹／168
芦苇／169
柳叶箬／171
画眉草／171
乱草／172
结缕草／173
鼠尾粟／173
千金子／174
牛筋草／174

狗牙根 / 175
淡竹叶 / 176
升马唐 / 177
稗 / 177
求米草 / 178
金色狗尾草 / 179
狗尾草 / 180
狼尾草 / 181
瘦瘠伪针茅 / 182
野黍 / 182
雀稗 / 183
双穗雀稗 / 184
野古草 / 185
假俭草 / 185
牛鞭草 / 186
薏苡 / 188
玉米 / 188
五节芒 / 190
荻 / 191
高粱 / 192
河八王 / 193
白茅 / 194
黄背草 / 194
有芒鸭嘴草 / 195
柔枝莠竹 / 197
荩草 / 197
金鱼藻 / 198
黄堇 / 199
尖距紫堇 / 200
夏天无 / 200
紫堇 / 202
刻叶紫堇 / 203
大血藤 / 204
五叶木通 / 205
三叶木通 / 206
鹰爪枫 / 207
风龙 / 208
木防己 / 209
金线吊乌龟 / 210
千金藤 / 211
南天竹 / 211
阔叶十大功劳 / 213
天葵 / 214
还亮草 / 214
山木通 / 215
大花威灵仙 / 217
女萎 / 218
吴兴铁线莲 / 219
毛茛 / 220
扬子毛茛 / 221
茴茴蒜 / 222
禺毛茛 / 222
猫爪草 / 224
刺果毛茛 / 224
石龙芮 / 225
清风藤 / 227
莲 / 228
二球悬铃木 / 229
黄杨 / 230
匙叶黄杨 / 230
芍药 / 231
枫香树 / 232
虎耳草 / 234
凹叶景天 / 235
垂盆草 / 236
珠芽景天 / 237

八宝 / 237
小二仙草 / 238
穗状狐尾藻 / 238
粉绿狐尾藻 / 239
乌苏里狐尾藻 / 240
蛇葡萄 / 241
白蔹 / 241
爬山虎 / 242
绿叶爬山虎 / 244
葡萄 / 244
乌蔹莓 / 246
紫荆 / 247
决明 / 248
云实 / 248
合欢 / 250
国槐 / 251
龙爪槐 / 252
野百合 / 252
黄檀 / 254
合萌 / 255
落花生 / 255
马棘 / 256
庭藤 / 258
鸡眼草 / 258
截叶铁扫帚 / 259
凹叶铁扫帚 / 260
绿叶胡枝子 / 260
铁马鞭 / 261
小槐花 / 262
长柄山蚂蟥 / 262
鹿藿 / 263
扁豆 / 264
野大豆 / 264
大豆 / 265
葛藤 / 266
刺槐 / 268
紫藤 / 268
紫云英 / 270
南苜蓿 / 271
天蓝苜蓿 / 272
草木樨 / 272
小巢菜 / 273
大巢菜 / 274
蚕豆 / 274
豌豆 / 275
狭叶香港远志 / 276
瓜子金 / 277
掌叶覆盆子 / 278
山莓 / 278
蓬藟 / 279
高粱泡 / 280
太平莓 / 282
茅莓 / 282
木莓 / 283
插田泡 / 284
龙牙草 / 285
地榆 / 286
小果蔷薇 / 286
毛叶山木香 / 287
金樱子 / 288
野蔷薇 / 289
蛇含委陵菜 / 290
翻白草 / 290
朝天委陵菜 / 291
桃 / 292
梅花 / 293

杏 / 294
紫叶李 / 296
李树 / 297
日本晚樱 / 298
棣棠 / 299
菱叶绣线菊 / 299
中华绣线菊 / 300
野山楂 / 301
红叶石楠 / 302
石楠 / 302
火棘 / 304
垂丝海棠 / 304
枇杷 / 305
棠梨 / 306
梨树 / 307
胡颓子 / 308
长叶冻绿 / 308
山鼠李 / 309
多花勾儿茶 / 310
猫乳 / 311
北枳椇 / 312
枣树 / 312
刺榆 / 314
榆 / 314
杭州榆 / 315
榔榆 / 316
糙叶树 / 317
朴树 / 319
山油麻 / 319
青檀 / 320
桑 / 321
鸡桑 / 321
小构树 / 322
构树 / 323
薜荔 / 324
珍珠莲 / 325
爬藤榕 / 325
无花果 / 326
花叶垂榕 / 327
花点草 / 327
紫麻 / 328
悬铃木叶苎麻 / 328
苎麻 / 329
糯米团 / 330
青冈栎 / 330
麻栎 / 331
白栎 / 333
苦槠 / 334
板栗 / 335
茅栗 / 336
化香树 / 337
枫杨 / 338
桤木 / 339
绞股蓝 / 339
盒子草 / 341
栝楼 / 342
大芽南蛇藤 / 342
鬼箭羽 / 343
白杜 / 344
肉花卫矛 / 345
扶芳藤 / 345
冬青卫矛 / 346
酢浆草 / 347
杜英 / 348
元宝草 / 349
地耳草 / 349

鸡腿堇菜 / 350
蔓茎堇菜 / 352
紫花地丁 / 353
南山堇菜 / 354
山桐子 / 355
意杨 / 356
垂柳 / 357
河柳 / 358
腺叶腺柳 / 359
旱柳 / 359
白背叶野桐 / 360
野桐 / 362
杠香藤 / 363
铁苋菜 / 364
蓖麻 / 365
油桐 / 366
乌桕 / 366
泽漆 / 367
地锦草 / 368
斑地锦 / 369
通奶草 / 370
落萼叶下珠 / 371
蜜甘草 / 372
叶下珠 / 373
算盘子 / 374
重阳木 / 374
野老鹳草 / 376
紫薇 / 377
欧菱 / 378
细果野菱 / 379
水苋菜 / 379
石榴 / 380
假柳叶菜 / 381
美丽月见草 / 382
金锦香 / 382
野鸦椿 / 383
中国旌节花 / 385
南酸枣 / 386
野漆树 / 386
黄连木 / 387
盐麸木 / 388
鸡爪槭 / 390
三角槭 / 391
茶条槭 / 392
栾树 / 393
柑橘 / 394
枸橘 / 395
青花椒 / 395
野花椒 / 396
竹叶花椒 / 397
秃叶黄檗 / 398
臭辣吴茱萸 / 399
臭椿 / 399
楝树 / 401
马松子 / 402
甜麻 / 403
扁担杆 / 403
中国梧桐 / 404
田麻 / 406
木槿 / 407
木芙蓉 / 408
秋葵 / 409
棉花 / 409
蜀葵 / 411
苘麻 / 412
芫花 / 413

油菜 / 414
诸葛菜 / 415
荠菜 / 415
弹裂碎米荠 / 416
碎米荠 / 417
弯曲碎米荠 / 418
广州蔊菜 / 418
印度蔊菜 / 419
臭荠 / 420
北美独行菜 / 421
百蕊草 / 422
槲寄生 / 422
萹蓄 / 424
虎杖 / 425
何首乌 / 425
粘毛蓼 / 426
稀花蓼 / 427
蚕茧草 / 428
愉悦蓼 / 429
箭叶蓼 / 430
长戟叶蓼 / 431
伏毛蓼 / 432
蓼子草 / 433
尼泊尔蓼 / 434
红蓼 / 435
扛板归 / 436
刺蓼 / 437
大箭叶蓼 / 438
酸模叶蓼 / 438
长箭叶蓼 / 440
圆基长鬃蓼 / 441
细叶蓼 / 441
荞麦 / 443
金荞麦 / 444
酸模 / 445
齿果酸模 / 446
羊蹄 / 447
金线草 / 447
漆姑草 / 448
瞿麦 / 449
蚤缀 / 450
孩儿参 / 450
繁缕 / 451
雀舌草 / 452
牛繁缕 / 453
球序卷耳 / 454
菠菜 / 455
藜 / 455
灰绿藜 / 456
土荆芥 / 457
青葙 / 457
鸡冠花 / 458
绿穗苋 / 459
刺苋 / 460
牛膝 / 460
莲子草 / 461
喜旱莲子草 / 462
美洲商陆 / 462
紫茉莉 / 464
粟米草 / 464
落葵 / 465
马齿苋 / 466
喜树 / 467
宁波溲疏 / 467
八角枫 / 468
凤仙花 / 469

格药柃 / 470
柿树 / 471
野柿 / 472
点地梅 / 472
假婆婆纳 / 473
泽珍珠菜 / 474
黑腺珍珠菜 / 475
过路黄 / 476
珍珠菜 / 477
聚花过路黄 / 478
轮叶过路黄 / 478
朱砂根 / 479
木荷 / 480
尖连蕊茶 / 481
油茶 / 481
茶 / 482
山茶 / 483
茶梅 / 484
白檀 / 485
老鼠矢 / 485
光亮山矾 / 486
白花龙 / 487
中华猕猴桃 / 487
杜鹃 / 488
锦绣杜鹃 / 489
满山红 / 489
马银花 / 490
江南越橘 / 491
杜仲 / 492
洒金桃叶珊瑚 / 493
金毛耳草 / 493
薄叶新耳草 / 494
鸡屎藤 / 495
六月雪 / 496
茜草 / 496
小叶猪殃殃 / 497
猪殃殃 / 498
水杨梅 / 498
栀子 / 500
夹竹桃 / 500
络石 / 502
梓木草 / 503
附地菜 / 503
柔弱斑种草 / 504
打碗花 / 505
金灯藤 / 506
原野菟丝子 / 507
牵牛 / 507
三裂叶薯 / 508
番薯 / 509
烟草 / 509
枸杞 / 511
番茄 / 511
苦蘵 / 512
金钟花 / 513
迎春花 / 514
黄素馨 / 516
女贞 / 516
金森女贞 / 517
小蜡树 / 518
流苏树 / 518
桂花 / 519
茶菱 / 521
石龙尾 / 521
水马齿 / 522
直立婆婆纳 / 523

婆婆纳 / 523
阿拉伯婆婆纳 / 524
北水苦荬 / 525
蚊母草 / 526
车前 / 527
北美车前 / 527
醉鱼草 / 528
母草 / 530
长蒴母草 / 530
芝麻 / 531
水蓑衣 / 532
爵床 / 533
九头狮子草 / 534
美国凌霄 / 534
梓树 / 536
挖耳草 / 537
黄花狸藻 / 538
马鞭草 / 538
日本紫珠 / 539
牡荆 / 540
豆腐柴 / 541
紫背金盘 / 541
单花莸 / 542
臭牡丹 / 543
大青 / 543
海州常山 / 544
南丹参 / 545
荔枝草 / 546
一串红 / 547
夏枯草 / 548
硬毛地笋 / 549
活血丹 / 549
薄荷 / 550
风轮菜 / 551
细风轮菜 / 551
紫花香薷 / 552
紫苏 / 553
石荠苎 / 554
显脉香茶菜 / 554
韩信草 / 555
半枝莲 / 557
水蜡烛 / 558
针筒菜 / 558
益母草 / 559
宝盖草 / 560
弹刀子菜 / 561
泡桐 / 562
冬青 / 563
光叶细刺枸骨 / 563
枸骨冬青 / 564
龟甲冬青 / 565
无刺枸骨 / 566
羊乳 / 567
蓝花参 / 568
杏叶沙参 / 569
半边莲 / 570
荇菜 / 570
泥胡菜 / 571
大蓟 / 572
刺儿菜 / 573
飞廉 / 574
苦苣菜 / 575
蒲公英 / 576
抱茎苦荬菜 / 577
稻槎菜 / 579
黄鹌菜 / 580

大吴风草 / 580
南方兔儿伞 / 581
蒲儿根 / 582
千里光 / 582
鼠曲草 / 583
马兰 / 584
三脉紫菀 / 584
一年蓬 / 585
香丝草 / 586
加拿大一枝黄花 / 587
一枝黄花 / 588
野菊花 / 589
黄花蒿 / 590
野艾蒿 / 591
蒌蒿 / 591
奇蒿 / 592
旋覆花 / 593
天名精 / 594
石胡荽 / 595
剑叶金鸡菊 / 595
大狼耙草 / 596
金盏银盘 / 597
苍耳 / 598
向日葵 / 599
菊芋 / 600
鳢肠 / 601
腺梗豨莶 / 601
豨莶 / 602
泽兰 / 603
日本珊瑚树 / 604
合轴荚蒾 / 605
刚毛荚蒾 / 606
蝴蝶荚蒾 / 607
接骨草 / 608
金银花 / 608
细毡毛忍冬 / 610
大花六道木 / 610
白花败酱 / 611
禾穗新缬草 / 612
海桐 / 612
崖花海桐 / 613
天胡荽 / 614
八角金盘 / 614
刺楸 / 615
五加 / 616
常春藤 / 616
鸭儿芹 / 617
水芹 / 618
泽芹 / 619
野胡萝卜 / 620
窃衣 / 621
细叶芹 / 621
芫荽 / 622
蛇床 / 623
白花前胡 / 624

附录　安徽扬子鳄国家级自然保护区生境 / 626
参考文献 / 630
中文名拉丁名对照索引 / 631

第一篇 蕨类植物 Pteridophytes

江南卷柏 *Selaginella moellendorffii*

科 卷柏科 Selaginellaceae

属 卷柏属 *Selaginella*

特征 具横走地下根茎和游走茎，着生鳞片状淡绿色叶。主茎中上部羽状分枝，禾秆色或红色，主茎高5—25厘米。侧枝5—8对，二至三回羽状分枝。叶交互排列，二型，草质或纸质（图1、图2）。大孢子叶分布于孢子叶穗中部的下侧。大孢子浅黄色，小孢子橘黄色。孢子期8—10月。

用途 性平，味微甘。有清热利尿、活血消肿的功效。常供观赏。

分布 产于秦岭以南至西南东部各省。郎溪县高井庙、宣城金梅岭等山地荒坡常见。

图1 江南卷柏（示叶）

图2 江南卷柏

紫萁 *Osmunda japonica*

科 紫萁科 Osmundaceae

属 紫萁属 *Osmunda*

特征 植株高50—80厘米或更高（图1）。根状茎短粗，或呈短树干状而稍弯。叶纸质，簇生，直立，柄长20—30厘米，叶片为三角广卵形，羽片3—5对，小羽片5—9对。孢子叶(能育叶)同营养叶等高或略高，沿中肋两侧背面密生孢子囊（图2）。

用途 根茎及叶柄残基入药。嫩苗或幼叶柄上的绵毛主治外伤出血。

分布 中国暖温带、亚热带最常见。郎溪县高井庙、广德朱村水库、泾县双坑片常见。

图1 紫萁

图2 孢子叶

芒萁 *Dicranopteris pedata*

科 里白科 Gleicheniaceae

属 芒萁属 *Dicranopteris*

特征 植株高可达0.9米。根茎长而横走，密被暗锈色长毛（图1）。叶疏生，叶轴一至二回二叉分枝，一回羽轴长约9厘米，被暗锈色毛，后渐光滑，二回羽轴长3—5厘米，叶背面乳白色（图2）。腋芽卵形，被锈黄色毛。孢子囊群圆形，一列，着生于基部上侧或上下两侧小脉的弯弓处，由5—8个孢子囊组成。

用途 习性强健，新叶美观，可用于林缘、林下或荒地绿化。

分布 国内常见。郎溪县高井庙、老虎山，宣城金梅岭等地易见。

图1　芒萁

图2　叶背面

里白 *Diplopterygium glaucum*

科 里白科 Gleicheniaceae

属 里白属 *Diplopterygium*

特征 植株高约1.5米。根状茎横走，被鳞片。柄长约60厘米，光滑，暗棕色。一回羽片对生，具短柄，长55—70厘米，长圆形，中部最宽，向顶端渐尖，基部稍变狭（图1）。小羽片22—35对，近对生或互生，平展，几无柄。叶草质，上面绿色，无毛，下面灰白色（图2）。孢子囊群圆形，中生，生于上侧小脉上，由3—4个孢子囊组成。

用途 根状茎、髓部有行气、止血、接骨的功效。用于胃痛、骨折等。

分布 华东、华南、西南地区有分布。保护区资料记载有分布。

图1　里白

图2　叶背面

图1 海金沙

海金沙 *Lygodium japonicum*

科 海金沙科 Lygodiaceae

属 海金沙属 *Lygodium*

特征 攀援植株，株高1—4米（图1）。叶轴具窄边，羽片多数，对生于叶轴短距两侧，不育羽片尖三角形，两侧有窄边，二回羽状，叶干后褐色，纸质。孢子囊生于能育羽片的背面，在二回小叶的齿及裂片顶端呈穗状排列，穗长2—4 毫米，孢子囊盖鳞片状，卵形（图2）。

用途 药用。

分布 产于华东、华南、西南东部及陕南地区。日本、锡兰、爪哇、菲律宾、印度、澳大利亚都有分布。保护区常见。

图2 叶（示孢子囊）

蘋 *Marsilea quadrifolia*

科 蘋科 Marsileaceae

属 蘋属 *Marsilea*

特征 植株高5—20厘米（图1）。根茎细长横走。叶片具4片倒三角形小叶，呈十字形，外缘半圆形，基部楔形，全缘（图2）。孢子果双生或单生于短柄上，着生于叶柄基部，长椭圆形，褐色，木质，坚硬大孢子囊有1个大孢子，1个小孢子囊有多数小孢子。

用途 可作饲料，全草入药。

分布 产于长江以南各省区，北达华北和辽宁，西到新疆，世界温热两带广布。保护区水田或沟塘中常见。

图1 蘋

图2　叶

满江红 *Azolla pinnata* subsp. *asiatica*

科 槐叶蘋科 Salviniaceae

属 满江红属 *Azolla*

特征 小型漂浮蕨类（图1）。根茎细长横走，向下生须根。叶小如芝麻（图2），互生，覆瓦状在茎枝排成2行。叶片背裂片长圆形或卵形，肉质，绿色，秋后随气温降低渐变为红色（图3）。孢子果双生于分枝处，大孢子果长卵形，顶部喙状，具1个大孢子囊。小孢子果大，圆球形或桃形，顶端具短喙，每个小孢子囊有64个小孢子。

用途 一种绿肥植物，因其与固氮藻类共生，故能固定空气中的游离氮，是水稻的优良生物肥源。可供观赏。

分布 水田和池塘中。保护区水域常见。

图1 满江红

图2 叶

图3 满江红（示红叶）

图1　槐叶苹

槐叶蘋 *Salvinia natans*

科　槐叶蘋科 Salviniaceae

属　槐叶蘋属 *Salvinia*

特征　小型漂浮蕨类（图1）。茎细长，横走，被褐色节状毛，3叶轮生，上面2叶漂浮水面，形如槐树叶，长圆形或椭圆形，基部圆或稍心形，叶脉斜出，中脉两侧有小脉15—20对。叶草质，上面深绿色，下面密被棕色茸毛。下面1叶悬垂水中，细裂成线状，如须根（图2）。孢子果4—8个簇生于沉水叶的基部，小孢子果表面淡黄色，大孢子果表面淡棕色。

用途　具有清热解毒、消肿止痛的功效。用于治疗疱疹等。

分布　广布长江流域和华北、东北以及远到新疆的水田中。广德卢村水库、郎溪县高井庙、南陵县合义、泾县双坑团结大塘等浅水处常见。

图2　3叶轮生

乌蕨 *Odontosoria chinensis*

科 鳞始蕨科 Lindsaeaceae

属 乌蕨属 *Odontosoria*

特征 根状茎短而横走，粗壮，密被赤褐色的钻状鳞片（图1）。叶近生，叶柄禾秆色至褐禾秆色，有光泽。叶片披针形，先端渐尖，基部不变狭，四回羽状（图2）。孢子囊群边缘着生，每裂片上1枚或2枚，顶生1—2条细脉上（图3）。囊群盖灰棕色，半杯形，宿存。

用途 供药用，也可作为假山装饰植物。

分布 产于华东南部、华南、西南东部，热带亚洲各地。广德卢村水库有分布。

图1 乌蕨

图2 叶背面

图3 孢子囊

图1　蕨

蕨 *Pteridium aquilinum* var. *latiusculum*

科　碗蕨科 Dennstaedtiaceae

属　蕨属 *Pteridium*

特征　植株高达1米。根茎长而横走，密被锈黄色柔毛。叶疏生，叶柄褐棕或棕禾秆色，叶片宽三角形或长圆状三角形，渐尖头，基部圆楔形，三回羽状，叶干后纸质或近革质，上面光滑，嫩叶多毛，拳卷（图1、图2）。

用途　根状茎提取的淀粉称蕨粉，供食用。嫩叶可食，称蕨菜。全株均入药，祛风湿、利尿、解热等。

分布　产于全国各地，世界其他热带及温带地区广布。郎溪县高井庙丘陵、泾县双坑片有分布。

图2　蕨（嫩叶）

凤了蕨 *Coniogramme japonica*

科 凤尾蕨科 Pteridaceae

属 凤了蕨属 *Coniogramme*

特征 高达80厘米（图1），根状茎长而横走。叶柄长30—50厘米，叶片长圆状三角形，二回羽状，主脉两侧形成2—3行窄长网眼（图2）。孢子囊群沿叶脉分布，几达叶缘。该物种在傅书遐的《中国蕨类植物志属》（1954年）中误写成了“凤丫蕨”，现已勘正。

用途 根茎或全草可作药用，药性味辛、微苦，性凉。有祛风除湿、散血止痛、清热解毒的功效。

分布 生于湿润林下和山谷阴湿处。郎溪县高井庙、泾县中桥片偶见。

图1 凤了蕨

图2 叶背面

粗梗水蕨 *Ceratopteris chingii*

科 凤尾蕨科 Pteridaceae

属 水蕨属 *Ceratopteris*

特征 多年生漂浮草本（图1），国家Ⅱ级保护植物。叶柄、叶轴与下部羽片的基部均显著膨胀成圆柱形。叶二型：不育叶为深裂的单叶，柄长约8厘米，粗约1.6厘米（图2）。孢子囊沿主脉两侧的小脉着生，幼时为反卷的叶缘所覆盖，成熟时张开，露出孢子囊。

最新研究结果表明，过去认为的广泛分布于长江流域的“粗梗水蕨”与原产美洲的粗梗水蕨（*C. pteridoides*）模式种不同，是一个新物种，为二倍体（2*n*=78），研究人员保留了原有的中文名，对其拉丁学名进行了重新命名——粗梗水蕨（*C. chingii*），种加词“chingii”以纪念中国蕨类植物研究的奠基人秦仁昌院士。

图1　粗梗水蕨

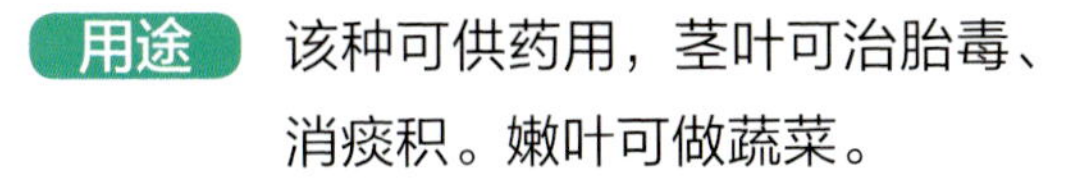

用途 该种可供药用，茎叶可治胎毒、消痰积。嫩叶可做蔬菜。

分布 分布于安徽、湖北、江苏等地。保护区南陵县合义曲塘刘水稻田中有成片分布。

图2　叶

野雉尾金粉蕨 *Onychium japonicum*

科 凤尾蕨科 Pteridaceae

属 金粉蕨属 *Onychium*

特征 植株高约60厘米。根茎长而横走，疏被鳞片，红棕色。叶散生，柄基部褐棕色，叶片几和叶柄等长，卵状三角形或卵状披针形，四回羽状细裂。叶干后坚纸质，灰绿或绿色，羽轴坚挺（图1）。孢子囊盖线形或短长圆形，膜质，灰白色，全缘（图2）。

用途 全草可解毒。

分布 广泛分布于华东、华中、东南及西南地区，日本、东南亚热带地区也有。泾县团结大塘、广德朱村水库有分布。

图1　野雉尾金粉蕨

图2　叶

图1　井栏边草

井栏边草 *Pteris multifida*

科 凤尾蕨科 Pteridaceae

属 凤尾蕨属 *Pteris*

特征 植株高20—85厘米（图1）。根茎短而直立，被黑褐色鳞片。叶密而簇生，二型，不育叶柄较短，禾秆色或暗褐色，具禾秆色窄边。叶片卵状长圆形，尾状头，基部圆楔形，奇数一回羽状。能育叶柄较长，羽片4—6对，线形，不育部分具锯齿（图2）。孢子囊生于叶背边缘（图3）。

用途 井栏边草叶丛细柔，秀丽多姿，是室内垂吊盆栽观叶佳品。全草可入药。

分布 产于华东、华南、西南各省区。越南、菲律宾、日本也有分布。保护区常见。

图2　叶

图3　叶（示孢子囊）

图1　铁线蕨

铁线蕨 *Adiantum capillus-veneris*

科 凤尾蕨科 Pteridaceae

属 铁线蕨属 *Adiantum*

特征 多年生草本，常为散生或成片生长，较低矮（图1）。叶薄草质，叶柄栗黑色，叶片卵状三角形，中部以下二回羽状，小羽片斜扇形或斜方形，外缘浅裂至深裂，叶脉扇状分叉（图2）。孢子囊群长条形，生于由裂片顶部反折的囊群盖下面，囊群盖圆肾形至矩圆形，全缘。

用途 全草入药，并供观赏。

分布 广布世界温带地区，为钙质土指示植物。郎溪县高井庙、泾县董家冲、宣城金梅岭有分布。

图2 叶

图1　书带蕨

书带蕨 *Haplopteris flexuosa*

科　凤尾蕨科 Pteridaceae

属　书带蕨属 *Haplopteris*

特征　根茎横走，密被鳞片。叶常密集成丛，叶柄短，叶片线形(图1)，长15—40厘米，叶薄草质，叶缘反卷，遮盖孢子囊群。孢子囊群线形，生于叶缘内侧，位于浅沟槽中（图2）。

用途　药用，《广西药植名录》记载其“续筋骨”。

分布　生于林中树干上或岩石上。偶见。

图2　叶背面

图1　铁角蕨

铁角蕨 *Asplenium trichomanes*

科　铁角蕨科 Aspleniaceae

属　铁角蕨属 *Asplenium*

特征　植株高10—30厘米。根茎短而直立，密被线状全缘黑色有光泽披针形鳞片（图1）。叶多数，簇生，叶柄栗褐色，叶片长线形，一回羽状，羽片对生（图2）。孢子囊群宽线形，通常生于上侧小脉，囊群盖宽线形，开向主脉，宿存（图3）。

用途　全草药用，用于尿路感染、高血压、妇女月经不调、感冒发热等。

分布　广布于全世界温带地区和热带、亚热带的高山上。泾县双坑、团结大塘、琴溪等地有分布。

图2　叶

图3　铁角蕨（示孢子囊）

延羽卵果蕨 *Phegopteris decursive-pinnata*

科 金星蕨科 Thelypteridaceae

属 卵果蕨属 *Phegopteris*

特征 根状茎短而直立。叶簇生，叶片披针形，先端渐尖并羽裂，向基部渐变狭，二回羽裂，或一回羽状而边缘具粗齿，叶草质（图1）。孢子囊群近圆形，背生于侧脉的近顶端，每裂片2—3对，孢子囊体顶部近环带处有时有一、二短刚毛或具柄的头状毛（图2）。

用途 株形优美，是极好的室内盆栽观叶植物。亦可药用，治水湿膨胀等。

分布 广布于我国亚热带地区。保护区常见。

图1 延羽卵果蕨

图2 叶背面（示孢子囊）

狗脊 *Woodwardia japonica*

科 乌毛蕨科 Blechnaceae

属 狗脊属 *Woodwardia*

特征 植株高0.5—1.2米（图1）。根茎粗壮，横卧，暗褐色，与叶柄基部密被全缘深棕色披针形或线状披针形鳞片。叶二回羽裂，顶生羽片卵状披针形或长三角状披针形。叶干后棕绿色，近革质。孢子囊群线形，着生于主脉两侧的窄长网眼上，不连续，单行排列（图2）。

用途 药用，根状茎富含淀粉，可酿酒。

分布 广布于长江流域以南各省区及朝鲜南部和日本。郎溪县高井庙林场、泾县老虎山、泾县团结大塘低山有分布。

图1 狗脊

图2 叶背面

美丽复叶耳蕨 *Arachniodes speciosa*

科 鳞毛蕨科 Dryopteridaceae

属 复叶耳蕨属 *Arachniodes*

特征 植株高达95厘米（图1）。叶柄长35—57厘米，棕禾秆色，基部密被褐棕色、卵状披针形鳞片。叶片阔卵状五角形。羽片约6对，基部1（2）对对生，有柄，基部1对三角形。孢子囊群每小羽片3—5对，囊群盖棕色，膜质，脱落（图2）。

用途 根茎可以入药，性味涩、微苦，凉。

分布 华东、华南地区常见。保护区丘陵林下常见。

图1 美丽复叶耳蕨

图2　叶背面（示孢子囊）

贯众 *Cyrtomium fortunei*

科 鳞毛蕨科 Dryopteridaceae

属 贯众属 *Cyrtomium*

特征 陆生直立蕨类，植株高25—70厘米（图1）。根茎粗短，直立或斜升，连同叶柄基部密被宽卵形棕色大鳞片（图2）。叶簇生，叶片长圆状披针形，奇数一回羽状，侧生羽片披针形，或多少呈镰刀形，顶生羽片窄卵形，下部有时具1—2浅裂片，羽状脉，侧脉联结呈网状。孢子囊群圆形，背生内藏小脉中部或近顶端（图3）。

用途 药用，主治风热感冒，温热斑疹等。

分布 产于我国华北西南部、陕甘南部、东南沿海、华中、华南至西南东部区域及日本、朝鲜南部、越南北部、泰国等。郎溪县高井庙、泾县双坑片区常见。

图1 贯众

图2 叶

图3 叶背面

阔鳞鳞毛蕨 *Dryopteris championii*

科 鳞毛蕨科 Dryopteridaceae

属 鳞毛蕨属 *Dryopteris*

特征 植株高40—90厘米（图1）。根茎粗壮，短而直立或斜升，密被鳞片。叶簇生，禾秆色，连同叶轴密被具尖齿鳞片。叶片卵状披针形或长圆形，羽裂渐尖头或长渐尖头（图2），二回羽状或三回羽裂，羽片10—15对。叶纸质，干后褐绿色。孢子囊群近边缘或小脉中部着生，在主脉两侧各排成1行。囊群盖圆肾形，棕色，全缘，宿存。

用途 根茎药用。性味苦、寒。有清热解毒、平喘、止血敛疮、驱虫的功效。

分布 华东、华南、西南各省区丘陵常见，日本、朝鲜也分布。泾县双坑丘陵、宣城金梅岭、郎溪县高井庙等地常见。

图1　阔鳞鳞毛蕨

图2　叶正面

图1　瓦韦

瓦韦 *Lepisorus thunbergianus*

科 水龙骨科 Polypodiaceae

属 瓦韦属 *Lepisorus*

特征 附生蕨类，根茎横走，密被鳞片，鳞片褐棕色，大部分不透明，叶缘1—2行网眼透明。叶近生，线状披针形，中部宽，基部渐窄并下延，干后黄绿、淡绿或褐色，纸质（图1）。孢子囊群背部着生，圆形或椭圆形，相距较近，成熟后扩展几密接，幼时被圆形褐棕色隔丝覆盖（图2）。

图2　叶背面（示孢子囊）

用途 有较强的观赏性，适于点缀假山石盆景。

分布 产于我国华东、华中、北京、山西、甘肃、西南各省及朝鲜、日本和菲律宾，附生于山坡林下树干或岩石上。泾县董家冲、团结大塘偶见。

江南星蕨 *Lepisorus fortunei*

科 水龙骨科 Polypodiaceae

属 瓦韦属 *Lepisorus*

特征 附生蕨类，植株高0.3—1米（图1）。根茎长，横走，顶部被贴伏鳞片，鳞片褐棕色，卵状三角形。叶疏生，叶片线状披针形或披针形，长25—60厘米，宽1.5—7厘米，基部渐窄下延成窄翅，全缘，具软骨质边缘。中脉隆起，侧脉不明显（图2）。孢子囊群大而圆形，沿中脉两侧各成较整齐1行或不规则2行（图3）。孢子囊圆球形，环带明显（图4）。

用途 全草可供药用，能清热解毒、利尿、祛风除湿、凉血止血、消肿止痛。叶片四季常绿，是室内较好的盆栽植物。

分布 产于长江流域及以南各省区，北达陕甘南部，不丹及东南亚地区也有分布。郎溪县高井庙林场偶有分布。

图1 江南星蕨

图2　叶

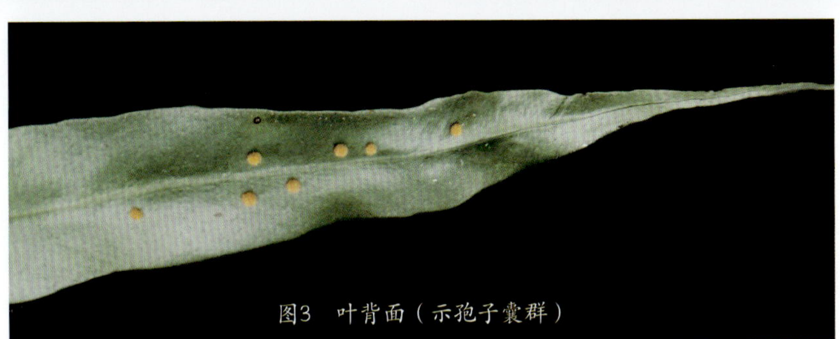
图3　叶背面（示孢子囊群）

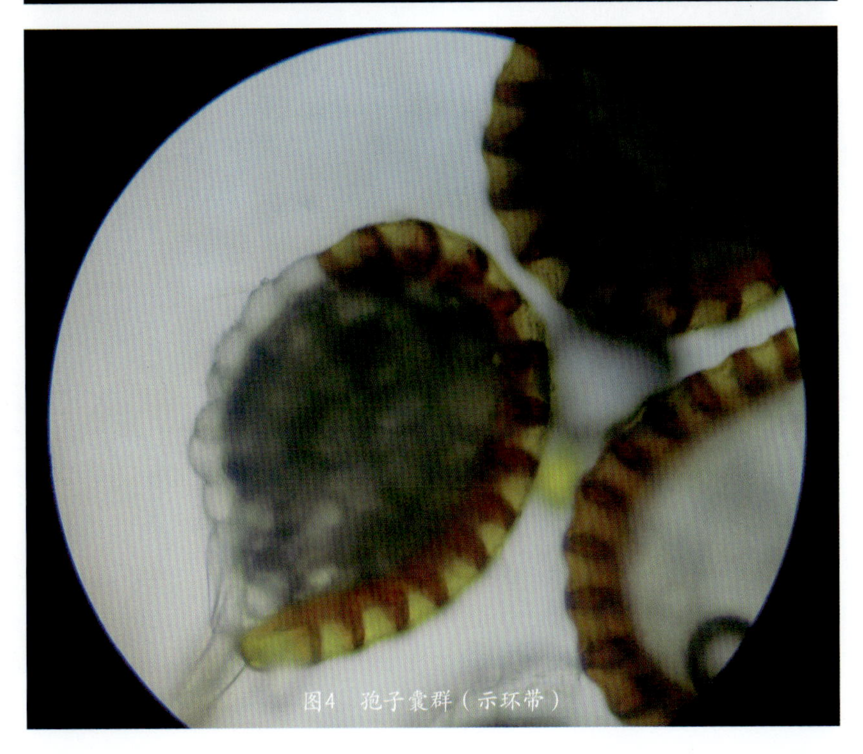
图4　孢子囊群（示环带）

图1 石韦

石韦 *Pyrrosia lingua*

科 水龙骨科 Polypodiaceae

属 石韦属 *Pyrrosia*

特征 附生蕨类，植株高20—30厘米（图1）。根状茎长而横走，密被鳞片。叶远生，近二型，能育叶通常远比不育叶长得高而较狭窄，不育叶片近长圆形，或长圆披针形，全缘，干后革质，上面灰绿色，下面淡棕色或砖红色，被星状毛。孢子囊群近椭圆形，在侧脉间整齐成多行排列，布满整个叶片下面，成熟后孢子囊开裂外露而呈砖红色（图2）。

图2 叶背面（示孢子囊）

用途 其性味甘、苦，有利水通淋、清肺泄热等作用。

分布 产于长江以南各省区。泾县董家冲、老虎山有分布。

水龙骨 *Polypodium nipponicum*

科 水龙骨科 Polypodiaceae

属 水龙骨属 *Polypodium*

特征 多年生附生草本。根状茎肉质，细棒状，横走弯曲分歧，并常被白粉（图1）。叶疏生，直立。叶柄长3—8厘米，叶片羽状深裂，羽片14—24对，纸质，叶脉除中肋及主脉外不明显。孢子囊群圆形，位于主脉附近，无囊群盖，孢子囊多数，金黄色（图2）。

用途 药用，可化湿、清热、祛风、通络。

分布 分布于浙江、安徽、江西、湖南、湖北、陕西、四川、贵州等省。泾县董家冲有分布。

图1 水龙骨

图2 叶背面

第二篇
裸子植物
Gymnosperms

图1 银杏

银杏 *Ginkgo biloba*

科 银杏科 Ginkgoaceae

属 银杏属 *Ginkgo*

特征 国家Ⅰ级保护植物，落叶乔木。银杏树的果实俗称白果，所以又名白果树。叶扇形，有长柄，淡绿色，有多数叉状细脉，在短枝上常具波状缺刻，在长枝上常2裂（图1、图2）。球花雌雄异株，雄球花葇荑花序状（图3），下垂，花药常2个。雌球花具长梗（图4），梗端常分两叉，每叉顶生一盘状珠座，胚珠着生其上，通常仅一个叉端的胚珠发育成种子。种子下垂，常为椭圆形、长倒卵形、卵圆形或近圆球形（图5）。花期3—4月，种子9—10月成熟。

银杏出现在几亿年前，是第四纪冰川运动后遗留下来的裸子植物中最古老的孑遗植物，和它同纲的其他植物皆已灭绝，所以银杏又有“活化石”的美称。其树形优美，春夏季叶色嫩绿，秋季变成黄色，颇为美观。银杏树生长慢，寿命极长，自然条件下从栽种到大量结果要40年，因此称作“公孙树”，有“公种而孙得食”之义，是树中的老寿星。

用途 具有观赏、经济、药用等价值。

分布 全国广见。保护区路边、行道常见。

图2 枝叶

图3 雄球花

图4 雌球花

图5 果实

图1　雪松

雪松 *Cedrus deodara*

科 松科 Pinaceae

属 雪松属 *Cedrus*

特征 高大乔木（图1），在原产地高达75米。树皮深灰色，裂成不规则的鳞状块片。大枝平展，枝稍微下垂，树冠宽塔形。针叶长2.5—5厘米，先端锐尖，常呈三棱状，幼叶气孔线被白粉（图2）。雄球花长卵圆形，长2—3厘米（图3）。雌球花卵圆形，长约8毫米，径约5毫米。球果卵圆形或近球形，径7—12厘米（图4）。种子近三角形。花期10—11月，球果翌年10月成熟。

用途 可作建筑、桥梁、造船、家具等用。雪松终年常绿，树形美观，庭园观赏树种。

分布 全国广泛栽培。郎溪县高井庙林场、南陵县合义、广德朱村片常见。

图2 叶

图3 雄花序

图4 球果

马尾松 *Pinus massoniana*

科 松科 Pinaceae

属 松属 *Pinus*

特征 乔木，高可达45米（图1）。树皮红褐色，枝平展或斜展，树冠宽塔形或伞形。针叶2针一束，偶3针（图2），微扭曲，两面有气孔线，边缘有细锯齿，叶鞘宿存。雄球花淡红褐色，圆柱形，穗状（图3），雌球花聚生于新枝近顶端。球果卵圆形或圆锥状卵圆形（图4），嫩时呈淡紫红色，种子长卵圆形，具翅（图5）。花期4—5月，球果第二年10—12月成熟。

用途 中国南部主要材用树种。经济价值高。

分布 分布极广，遍布于华东、华南各地。郎溪县高井庙林场、广德朱村片、泾县团结大塘等地常见。

图1 马尾松

图2　叶

图3　雄球花

图4　球果

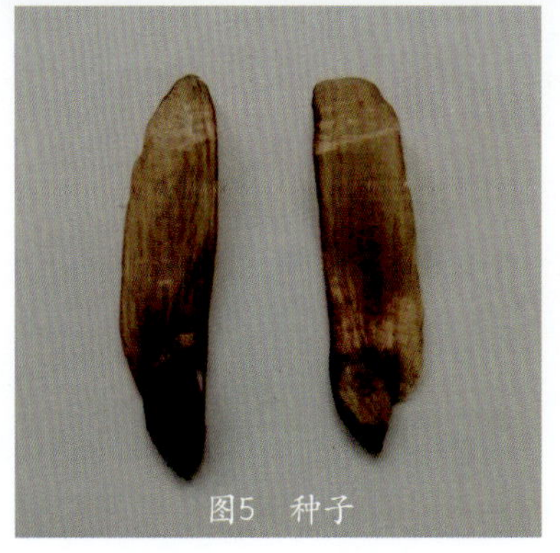

图5　种子

湿地松 *Pinus elliottii*

科 松科 Pinaceae

属 松属 *Pinus*

特征 高大乔木（图1）。树皮灰褐或暗红褐色，纵裂成鳞状大块片剥落。针叶2针、3针一束并存，长15—25(—30)厘米，粗硬，深绿色，边缘有细齿，叶鞘长1—2厘米（图2）。球果卵圆形或卵状圆柱形，有柄，熟后第二年夏季脱落。鳞盾近斜方形，肥厚，有锐横脊，鳞脐瘤状，有短尖刺（图3）。种子卵圆形，黑色，有灰色斑点。

图1　湿地松

用途 湿地松适低山丘陵地带，耐水湿，生长势常比同地区的马尾松或黑松为好，很少受松毛虫危害，为长江以南广大地区很有发展前途的造林树种。

分布 原产美国东南部暖带潮湿的低海拔地区。在郎溪县高井庙、宣城杨林片低山丘陵常见。

图3　球果

图2　枝和叶

火炬松 *Pinus taeda*

科 松科 Pinaceae

属 松属 *Pinus*

特征 乔木（图1）。茎直，树皮黄褐或暗灰褐色，裂成鳞状块片脱落（图2）。针叶3轮一束，稀有2针并存（图3），长12—25厘米，树脂道通常2，中生。球果卵状长圆形或圆锥状卵圆形，长6—12厘米。种子卵圆形，红褐色。

用途 树形优美挺拔，是良好的造林树种，比当地的马尾松长势为旺，很少受松毛虫危害。

分布 原产北美东南部。华东、华南等地常见栽培。郎溪县高井庙和广德沟连凼有分布。

图1　火炬松

图2　茎

图3　叶

金钱松 *Pseudolarix amabilis*

科 松科 Pinaceae

属 金钱松属 *Pseudolarix*

特征 国家Ⅱ级保护植物。落叶乔木（图1）。树皮灰褐或灰色，裂成不规则鳞片。枝具长枝和短枝。长枝上叶螺旋状排列，在短枝上簇生（图2），上面中脉微隆起，下面中脉明显，每边有5—14条气孔线，秋天叶由绿色转为金黄色（图3）。雄球花簇生于短枝顶端。雌球花单生短枝顶端，苞鳞大，珠鳞小，腹面基部具2倒生胚珠。球果当年成熟，卵圆形，长6—7.5厘米（图4）。种鳞卵状披针形，先端有凹缺，苞鳞小，不露出。种子卵圆形，子叶4—6。

用途 木材纹理通直，可作建筑、器具及木纤维等工业原料。树皮可提栲胶，有助于治顽癣和食积等症。种子可榨油。

分布 金钱松为著名的古老残遗植物，最早的化石发现于西伯利亚东部与西部的晚白垩世地层中，由于气候的变迁，尤其是更新世的大冰期来临，使各地的金钱松灭绝，只在我国长江中下游少数地区幸存下来，繁衍至今，亟待保护。仅有1株位于泾县琴溪乡乐琴村，胸径18厘米。

图1 金钱松（位于泾县琴溪乡乐琴村）

图2　叶

图3　秋天叶

图4　球果

图1　罗汉松

罗汉松 *Podocarpus macrophyllus*

科 罗汉松科 Podocarpaceae

属 罗汉松属 *Podocarpus*

特征 国家Ⅱ级保护植物，常绿针叶乔木（图1），高达20米。树皮浅裂，成薄片状脱落。枝条开展或斜展。叶螺旋状着生，革质，线状披针形，微弯，长7—12厘米，宽0.7—1厘米，下面灰绿色，被白粉。雄球花穗状，常2—5族生（图2）。雌球花单生稀成对，有梗。种子卵圆形或近球形，肉质种托柱状椭圆形，红或紫红色，长于种子（图3）。花期4—5月，种子8—9月。

用途 罗汉松耐阴性强，对土壤适应性强，抗病虫害能力强。材质细致均匀，易加工，可作家具。常栽培于庭院作观赏树种。

分布 分布于华东、华南地区。郎溪县高井庙十字镇施家岭有分布。

图2　雄球花

图3　罗汉果

日本柳杉 *Cryptomeria japonica*

科 柏科 Cupressaceae

属 柳杉属 *Cryptomeria*

特征 高大乔木（图1）。树皮红褐色，裂成条片状脱落，树冠尖塔形。叶微镰状，长1—1.5厘米，先端向内弯曲（图2）。雄球花长椭圆形或圆柱形，雄蕊有4—5花药，雌球花圆球形。球果近球形，种鳞20—30，发育种鳞具2—5种子（图3）。种子棕褐色，椭圆形或不规则多角形，边缘有窄翅。花期4月，球果10—11月成熟。

用途 原产日本，我国引种栽培，作庭院观赏树。

分布 华东、华北、华中地区多见。宣城红星水库和扬子鳄繁殖研究中心路边行道树。

图1　日本柳杉

图2　小枝与叶

图3　球果

杉木 *Cunninghamia lanceolata*

科 柏科 Cupressaceae

属 杉木属 *Cunninghamia*

特征 中国特有树种，高大乔木（图1）。树皮灰褐色，裂成长条片，内皮淡红色。小枝对生或轮生，常成2列状。叶披针形或窄，常呈革质、坚硬，下面淡绿色，沿中脉两侧各有1条白粉气孔带（图2）。雄球花圆锥状，通常多个簇生枝顶（图3），雌球花单生或数个集生，绿色。球果卵圆形（图4），熟时苞鳞棕黄色，先端有坚硬的刺状尖头。种子扁平，两侧边缘有窄翅。花期4月，球果10月下旬成熟。

用途 木材良好，供建筑、家具及木纤维工业原料等用，树皮含单宁。

分布 我国长江流域、秦岭以南地区广泛栽培。保护区低山丘陵常见。

图1 杉木

图2 叶背面

图3 雄球花

图4 雌球果

刺柏 *Juniperus formosana*

科 柏科 Cupressaceae

属 刺柏属 *Juniperus*

特征 乔木，高可达12米。树皮褐色。叶线状披针形，长1.2—2厘米，上面微凹，中脉隆起，绿色，两侧各有一条白色气孔带（图1）。球果近球形或宽卵圆形，熟时淡红或淡红褐色，被白粉或白粉脱落（图2）。种子半月形。

用途 刺柏小枝下垂，树形美观，多栽培作庭院观赏树种。也可作水土保持的造林树种。

分布 我国特有树种，分布广泛。郎溪县高井庙丘陵有零星分布。

图1 刺柏

图2 球果

圆柏 *Juniperus chinensis*

科 柏科 Cupressaceae

属 刺柏属 *Juniperus*

特征 高大乔木（图1）。树皮深灰色，纵裂，成条片开裂。小枝通常直或稍成弧状弯曲，生鳞叶的小枝近圆柱形或近四棱形（图2）。叶二型，刺叶生于幼树之上，老龄树则全为鳞叶，壮龄树兼有刺叶与鳞叶。雌雄异株，稀同株，雄球花黄色，椭圆形，长2.5—3.5毫米，雄蕊5—7对。球果近圆球形，径6—8毫米，两年成熟（图3）。花期4月，翌年11月果期。

用途 心材淡褐红色，边材淡黄褐色，有香气，坚韧致密，耐腐力强，是良好的家具用材。枝叶入药，能祛风散寒。

分布 全国广布。保护区常见。

图1 圆柏

图2 小枝

图3 球果

图1　龙柏

龙柏 *Juniperus chinensis* 'Kaizuca'

科 柏科 Cupressaceae

属 刺柏属 *Juniperus*

特征 常绿乔木，树冠圆柱状或柱状塔形（图1）。枝条向上直展，常有扭转上升之势，小枝密。鳞叶排列紧密，幼嫩时淡黄绿色，后呈翠绿色。球果蓝色，微被白粉（图2）。

用途 龙柏侧枝扭曲螺旋状抱干而生，别具一格，观赏价值很高。

分布 主要产于长江流域、淮河流域。保护区常见。

图2　果实

塔柏 *Juniperus chinensis* 'Pyramidalis'

科 柏科 Cupressaceae

属 刺柏属 *Juniperus*

特征 常绿乔木或小乔木（图1），树皮褐灰色，条裂，枝条排列紧密。鳞叶在小枝上交互对生，有香气，坚韧致密，紧贴小枝，偶见三叶轮生。雌雄异株，稀同株。球果卵圆形或近球形，熟后紫黑色或蓝黑色，被白粉，种子1粒，卵圆形。花期4月，球果当年10月成熟。

用途 心材淡褐红色，边材淡黄褐色，有香气，坚韧致密，耐腐力强。可作房屋建筑、家具及工艺品等用材。

分布 华北及长江流域各地多作园林树种栽培。保护区路边或田间行道树（图2），常见。

图1　塔柏

图2　田间塔柏

侧柏 *Platycladus orientalis*

科 柏科 Cupressaceae

属 侧柏属 *Platycladus*

特征 单种属植物，乔木（图1）。树皮淡灰褐色。生鳞叶的小枝直展，排成一平面，鳞叶二型，交互对生，背面有腺点（图2）。雌雄同株，球花单生枝顶，雄球花具6对雄蕊，雌球花具4对珠鳞。球果当年成熟，成熟时褐色。种鳞木质，厚，背部顶端下方有一弯曲的钩状尖头（图3）。种子椭圆形或卵圆形，长4—6毫米，灰褐或紫褐色，无翅。花期3—4月，球果10月成熟。

用途 木材细密，耐腐力强，坚实耐用可做家具，常栽培作庭院树。

分布 全国广布。郎溪县高井庙林场公路边有分布。

图1 侧柏（高井庙）

图2 小枝

图3 种鳞

池杉 *Taxodium distichum* var. *imbricarium*

科 柏科 Cupressaceae

属 落羽杉属 *Taxodium*

特征 落叶乔木，高可达25米（图1）。主干挺直，基部膨大，枝条向上形成狭窄的树冠，尖塔形。叶钻形在枝上螺旋伸展。总状花序集生于下垂的小枝顶端（图2）。球果圆球形（图3），有短梗，种子不规则三角形，略扁，红褐色，边缘有锐脊。花期3月，果实10—11月成熟。

用途 池杉是长江流域重要的造树和园林树种。耐腐蚀，是造船、建筑的好材料。

分布 原产美国，中国许多城市有栽培。宣城金梅岭池塘、郎溪县高井庙等地有分布。

图1 池杉

图2 总状花序

图3 球果

水杉 *Metasequoia glyptostroboides*

科 柏科 Cupressaceae

属 水杉属 *Metasequoia*

特征 国家Ⅰ级保护植物，也是我国特有单种属植物，落叶乔木，高达50米（图1）。侧生小枝排成羽状，叶、芽鳞、雄球花、雄蕊、珠鳞与种鳞均交互对生。叶线形，在侧枝上排成羽状。雄球花排成总状花序状或圆锥花序状（图2），雌球花单生。球果下垂（图3），当年成熟，近球形，种子扁平。花期4—5月，球果10—11月成熟。

图1 水杉

用途 水杉边材白色，心材褐红色，材质轻软，纹理直，可作家具及木纤维工业原料等用。树姿优美，为著名的庭院树种。

分布 水杉这一古老稀有的珍贵树种仅分布于四川石柱县及湖北利川市磨刀溪、水杉坝一带及湖南西北部龙山及桑植等地，后各地广为引种。郎溪县高井庙林场、南陵县合义、广德卢村水库多见。

图3 球果

图2 雄球花

三尖杉 *Cephalotaxus fortunei*

科 三尖杉科 Cephalotaxaceae

属 三尖杉属 *Cephalotaxus*

特征 高大乔木，树冠广圆形（图1）。树皮褐色或红褐色，裂成片状脱落。叶排成两列，披针状线形，基部楔形或宽楔形。雄球花8—10聚生成头状（图2）。雌球花的胚珠3—8发育成种子。种子椭圆状卵形或近圆形，假种皮嫩时粉绿色，成熟时紫或红紫色（图3）。

用途 材质良好，可供用材、药用，种仁油供工业用，也是庭院观赏植物。

分布 华东、华南、西南、华中等省区常见。宣城周王镇红星水库偶见。广德卢村水库路旁有栽培。其GPS位点：E. 119.429888；N. 30.812534。

图1　三尖杉

图2　叶

图3　果实

粗榧 *Cephalotaxus sinensis*

科 三尖杉科 Cephalotaxaceae

属 三尖杉属 *Cephalotaxus*

特征 小乔木，稀大乔木（图1）。树皮呈斑块状剥离。叶线形，排列成两列，质地较厚，通常直，稀微弯，长2—5厘米，宽约3毫米，基部近圆形，几无柄，上面中脉明显，下面有两条白色气孔带，较绿色边带宽2—4倍（图2）。雄球花6—7聚生成头状，基部及花序梗上有多数苞片。种子通常2—5，卵圆形、椭圆状卵圆形或近球形（图3）。

用途 木材供农具用。种子含油，供制肥皂、润滑油，树皮含单宁，可提栲胶。

分布 为中国特有树种，分布很广，自然分布于长江流域及以南地区。记录有分布。

图1　粗榧

图2　叶背面

图3　果实

南方红豆杉 *Taxus wallichiana* var. *mairei*

科 红豆杉科 Taxaceae

属 红豆杉属 *Taxus*

特征 国家Ⅰ级保护植物，我国特有常绿乔木（图1）。小枝互生。叶条形，螺旋状着生，基部扭转排成二列（图2）。雌雄异株，球花单生叶腋。种子扁卵圆形，生于红色肉质的杯状假种皮中（图3）。本种与红豆杉（*Taxus wallichinana* var. *chinensis*）的区别主要在于叶常较宽长，多呈弯镰状。

用途 是世界上公认濒临灭绝的天然珍稀抗癌植物，是经过了第四纪冰川遗留下来的古老孑遗树种，在地球上已有250万年的历史，可供用材，种子含油，可药用。

分布 常分布于华东、西南部山地。在广德甘溪村有分布。

图1 红豆杉（广德甘溪村）

图2 叶

图3 果实

第三篇

被子植物

Angiosperms

萍蓬草 *Nuphar pumila*

科 睡莲科 Nymphaeaceae

属 萍蓬草属 *Nuphar*

特征 多年生水生草本，根茎肥厚，径2—3厘米。浮水叶纸质，宽卵形，稀椭圆形，长6—17厘米，宽6—12厘米，先端圆，基部具弯缺，裂片开展，沉水叶薄膜质（图1），无毛，叶柄长20—50厘米。花径3—4厘米，花梗长40—50厘米，萼片5，黄色，花瓣状，长圆形或椭圆形，长1—2厘米，花瓣多数，窄楔形，长5—7毫米，先端微凹，雄蕊多数，子房上位，柱头盘状常10浅裂（图2）。浆果卵形（图3），长约3厘米，种子长圆形，长5毫米，褐色。花期5—7月，果期7—9月。

用途 根状茎食用，又供药用，有强壮、净血作用，花供观赏。

分布 分布于华北、华东地区，生长在湖沼中。泾县昌桥乡中桥村山顶池塘有较大面积分布（图4）。

图1 萍蓬草

图2　花

图3　果实

图4　萍蓬草（中桥村池塘）

图1　芡实

芡实 *Euryale ferox*

科 睡莲科 Nymphaeaceae

属 芡属 *Euryale*

特征 一年生水生草本，具刺，根茎粗壮。叶二型：沉水叶箭形或椭圆形，两面无刺，浮水叶革质，椭圆状肾形或圆形（图1），盾状，全缘，上面深绿色，下面带紫色。花单生，伸出水面（图2），萼片4，披针形，密被刺，内面紫色，花瓣多数，较萼片小，紫红色，雄蕊多数，花丝条形，花药内向，心皮8—10，子房下位。浆果球形，暗紫红色，密被硬刺，顶端具宿存直立萼片，种子球形。花期7—8月，果期8—9月。

用途 种子营养价值丰富，称为“水中人参”。芡实粥是一种稳固精气的营养品。

分布 分布于中国南北各省区，喜温暖、阳光充足的地方，不耐寒也不耐旱。泾县双坑池塘有分布。

图2　花

图1　睡莲

睡莲 *Nymphaea alba*

科　睡莲科 Nymphaeaceae

属　睡莲属 *Nymphaea*

特征　多年生水生草本（图1）。叶漂浮，薄革质或纸质，心状卵形或卵状椭圆形，基部具深弯缺，全缘，上面深绿色，下面带红或紫色，叶柄长达60厘米。花梗细长，花瓣8—17，白色（图2），宽长圆形或倒卵形，雄蕊多数，柱头辐射状裂片5—8，常见的还有红睡莲（图3）和黄睡莲。浆果球形，种子椭圆形，黑色。

用途　优良观赏水生植物，根状茎食用或酿酒，可入药，能治小儿慢惊风，全草可作绿肥。

分布　从东北至云南，西至新疆都有分布。保护区常见。

图2　花

图3　红睡莲

南五味子 *Kadsura longipedunculata*

图1　南五味子

图2　果实

科　五味子科 Schisandraceae

属　南五味子属 *Kadsura*

特征　木质藤本（图1）。叶长圆状披针形或倒卵状披针形，长5—13厘米，先端渐尖，基部楔形。花单生叶腋，雌雄异株，花被片白或淡黄色，雄蕊群球形，雄蕊30—70，雌花梗细，雌蕊群椭圆形或球形，径约1厘米，单雌蕊40—60。小浆果倒卵圆形，外果皮薄革质（图2）。种子2—3，肾形或肾状椭圆形。

用途　根、茎、叶、种子均可入药，有行气活血、消肿敛肺的功效。

分布　产于江苏、安徽、浙江、江西、福建、湖北、湖南、广东、广西、四川、云南等省区。泾县董家冲有分布。

华中五味子 *Schisandra sphenanthera*

图1　华中五味子

图2　果实

科　五味子科 Schisandraceae

属　五味子属 *Schisandra*

特征　落叶木质藤本。叶纸质，倒卵形、倒卵状长圆形，基部楔形，下延至叶柄成窄翅，下面淡灰绿色，具白点。花生于小枝近基部叶腋，基部具长3—4毫米苞片，花被片5—9，橙黄色，长圆状倒卵形（图1）。小浆果红色，果序长圆柱形（图2）。种子长圆形或肾形，褐色光滑或背面微皱。花期4—7月，果期7—9月。

用途　果供药用，为五味子代用品，种子榨油可制肥皂或作润滑油。

分布　分布于华东、华中及西南地区。宣城金梅岭偶见。

鱼腥草 *Houttuynia cordata*

图1　鱼腥草

图2　花序

科　三白草科 Saururaceae

属　蕺菜属 *Houttuynia*

特征　腥臭草本，高30—60厘米，茎上部直立，有时带紫红色。叶薄纸质，有腺点，背面尤甚，卵形或阔卵形，叶脉5—7条（图1）。花序长约2厘米，宽5—6毫米，总花梗长1.5—3厘米，雄蕊长于子房，花丝长为花药的3倍（图2）。蒴果长2—3毫米，顶端有宿存的花柱。花期4—7月。

用途　全株入药，有清热、解毒、利水的功效。嫩根茎可食，常作蔬菜或调味品。

分布　产于我国中部、东南至西南部各省区。生于沟边、溪边或林下湿地上。保护区常见。

三白草 *Saururus chinensis*

图1　三白草

图2　花序

科　三白草科 Saururaceae

属　三白草属 *Saururus*

特征　湿生草本，高达1米余，根茎白色，粗壮。叶纸质，密被腺点，宽卵形或卵状披针形，先端渐尖，基部斜心形，茎顶端2—3叶花期常白色（图1），呈花瓣状，基脉5—7。总状花序腋生或顶生，花序梗长3—4.5厘米（图2），无毛，花序轴密被柔毛，苞片近匙形，下部线形，被柔毛，贴生于花梗。果近球形。花期4—6月。

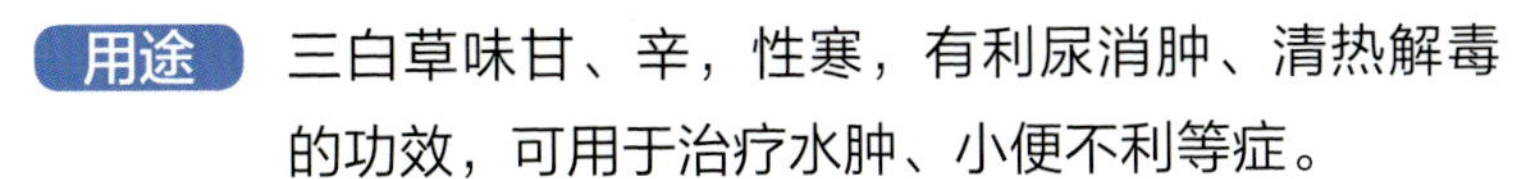

用途　三白草味甘、辛，性寒，有利尿消肿、清热解毒的功效，可用于治疗水肿、小便不利等症。

分布　原产中国，分布于河北、山东、河南和长江流域及其以南等省区，生于低湿沟边，塘边或溪旁。郎溪县高井庙片偶见。

马兜铃 *Aristolochia debilis*

科 马兜铃科 Aristolochiaceae

属 马兜铃属 *Aristolochia*

特征 根圆柱形。茎有腐肉味。叶卵状三角形、长圆状卵形或戟形，先端尖，基部心形（图1）。花单生或并生。花被筒基部球形，与子房连接处具关节，口部漏斗状，黄绿色，具紫斑，檐部一侧延伸成卵状披针形舌片（图2），花药卵圆形。蒴果近球形。种子扁平，钝三角形，具白色膜质宽翅。花期7—8月，果期9—11月。因其成熟的果实像挂在马颈下的响铃，故名“马兜铃”。

用途 果实可以入药，性味苦、微寒，有清肺降气、止咳平喘、清肠消痔的功效。

分布 分布于中国长江流域以南各省区，日本也有分布，性耐寒、耐旱、不耐涝，喜温暖、湿润的环境。保护区林地、路边常见。

图1　马兜铃

图2　花

焕镛木 *Woonyoungia septentrionalis*

科 木兰科 Magnoliaceaee

属 焕镛木属 *Woonyoungia*

特征 常绿乔木（图1），为国家Ⅰ级保护植物。叶椭圆状长圆形或倒卵状长圆形（图2）。雌雄异株，花单生枝顶。雄花花被片5，白带淡绿色，内凹，外轮3片倒卵形，内轮2片较小。雄蕊群淡黄色。雌花花被片外轮3片内凹，倒卵形，内轮8—11片线状倒披针形。雌蕊群无柄，倒卵圆形。聚合果近球形。花期5—6月，果期10—11月。

图1 焕镛木

用途 树干通直，树姿美丽，花大而色美、芳香，为珍贵的用材树种和庭院绿化树种。花单性、雌雄异株，这在原始木兰科植物中非常罕见，具有重要的科研和观赏价值。

分布 产于广西北部、贵州东南部。扬子鳄管理局食堂旁边栽培1株。

图2 叶

图1　荷花木兰

荷花木兰 *Magnolia grandiflora*

科 木兰科 Magnoliaceae

属 北美木兰属 *Magnolia*

特征 别名广玉兰，常绿乔木（图1）。叶子椭圆形或倒卵形，前端尖，叶面深绿色，边缘无锯齿，背面分布有稀疏绒毛。花单生在枝头前端，白色，花丝紫色，具有清新的香味（图2）。聚合蓇葖果圆形，外表皮被有绒毛，成熟时自动裂开，露出红色的种子。花在5月开放，由于开花大，形似荷花，故称“荷花木兰”。

用途 能够吸收各种有害气体，起到净化空气的作用。供观赏。

分布 原产美国东南部，分布在北美洲以及中国大陆的长江流域及以南，喜欢光照充足、温暖湿润的气候环境。郎溪县高井庙、扬子鳄管理局、广德卢村水库等地常见。

图2　花

玉兰 *Yulania denudata*

科 木兰科 Magnoliaceae

属 玉兰属 *Yulania*

特征 也叫白玉兰，落叶乔木。其树皮深灰色（图1）。叶纸质，长椭圆形，叶柄被柔毛，上面具狭纵沟。花蕾卵圆形，芳香，密被淡黄色长绢毛。花被片9片，白色（图2），基部常带粉红色，近相似，长圆状倒卵形，雄蕊多数，雌蕊心皮多数，通常部分不发育，形成蓇葖疏生的聚合果（图3）。种子心形，侧扁，外种皮红色，内种皮黑色。花期2—4月，果期6—9月。

用途 具有祛风散寒通窍、宣肺通鼻的功效。花含芳香油，可提取配制香精或制浸膏。早春白花满树，艳丽芳香，为驰名中外的庭院观赏树种。

分布 原产印度尼西亚爪哇，现广植于东南亚，性喜光，较耐寒，可露地越冬。宣城金梅岭、郎溪县高井庙等地常见。

图1 白玉兰

图2 花

图3 聚合蓇葖果

图1　二乔玉兰

二乔玉兰 *Yulania × soulangeana*

科 木兰科 Magnoliaceae

属 玉兰属 *Yulania*

特征 本种是白玉兰与辛夷（*Yulania liliiflora*）的杂交种，落叶小乔木（图1）。叶倒卵形或宽倒卵形。花先叶开放，浅红色至深红色，花被片6—9，外轮3片花被片常较短约为内轮长的2/3，紫色或有时近白色，芳香或无芳香（图2、图3），雌、雄蕊多数（图4）。聚合果长约8厘米，直径约3厘米（图5）。花期2—3月，果期9—10月。

图2 花

用途 著名观赏树木，国内外庭院中均常见栽培。

分布 中国南方常见栽培。宣城金梅岭、郎溪县高井庙等地常见。

图3 花（示花蕊）

图5 果实

图4 雌、雄蕊

乐昌含笑 *Michelia chapensis*

科 木兰科 Magnoliaceae

属 含笑属 *Michelia*

特征 高大乔木，小枝无毛或幼时节上被灰色微柔毛（图1）。叶薄革质，倒卵形或长圆状倒卵形，深绿色。花芳香，淡黄色，外轮倒卵状椭圆形，雌蕊群窄圆柱形（图2）。聚合果，顶端具短细弯尖头，种子红色（图3）。花期3—4月。果熟期8—9月。

图1 乐昌含笑

用途 树皮入药，具有解毒散热的功效。树干挺拔，树荫浓郁，花香醉人，是优良观赏树种。

分布 长江中下游地区多有种植。乐昌含笑喜温暖湿润的气候，能抗高温，也能耐寒，喜光。扬子鳄管理局栽培1株。

图3 果实

图2 乐昌含笑

图1　深山含笑

深山含笑 *Michelia maudiae*

科 木兰科 Magnoliaceae

属 含笑属 *Michelia*

特征 叶互生，革质深绿色，叶背淡绿色，长圆状椭圆形，有光泽，下面灰绿色，被白粉，侧脉每边7—12条（图1）。花单生枝梢叶腋，花梗绿色具3环状苞片脱落痕，花被片9片，纯白色（图2），基部稍呈淡红色，外轮的倒卵形。聚合果长7—15厘米，蓇葖果长圆形，顶端钝圆或具短骤尖，背缝开裂（图3）。种子红色，斜卵圆形，稍扁。

图2　花

图3　果实

用途 花和果可入药，根具有清热解毒、行气化浊、止咳的功用。优良观赏行道树。

分布 原产中国，分布在安徽、江西、浙江、湖南、广东、广西、贵州、福建等省区。喜温暖湿润、阳光充足的环境。扬子鳄管理局围墙旁边栽培1株。

鹅掌楸 *Liriodendron chinense*

科 木兰科 Magnoliaceae

属 鹅掌楸属 *Liriodendron*

特征 国家Ⅱ级保护植物，俗名马褂木，乔木，高达40米。叶马褂状，近基部每边具1侧裂片，先端2浅裂（图1）。花杯状，花被片9，外轮3片绿色，内两轮6片，黄绿色，基部有黄色条纹，形似郁金香，因此，它的英文名称是“Chinese Tulip Tree”（图2）。花药长10—16毫米（图3），花期时雌蕊群超出花被之上，心皮黄绿色。聚合果长7—9厘米，具种子1—2颗。花期5月，果期9—10月。

用途 该物种树干挺直，叶形似马褂，为珍贵观赏树种。种子生命弱，故发芽率低，是濒危树种之一。

分布 鹅掌楸为古老的孑遗植物，在日本、格陵兰、意大利和法国的白垩纪地层中均发现化石，到第四纪冰期才大部分绝灭，现仅残存鹅掌楸和北美鹅掌楸（*Liriodendron tulipifera*）两种，后者基部每边具2侧裂片，先端2浅裂而与前者区别，两者是东亚与北美洲际间断分布的典型物种。以中国的鹅掌楸为母本，以北美鹅掌楸为父本，可获得杂种鹅掌楸（*Liriodendron*×*sinoamericanum*）（图4）。宣城金梅岭和郎溪县高井庙有成片林。

图1 鹅掌楸

图2　花

图3　雄蕊

图4　杂种鹅掌楸花果枝

蜡梅 *Chimonanthus praecox*

科 蜡梅科 Calycanthaceae

属 蜡梅属 *Chimonanthus*

特征 落叶灌木，幼枝四方形，老枝近圆柱形，灰褐色，有皮孔（图1）。叶纸质至近革质，椭圆形、宽椭圆形至卵状椭圆形。花着生于第二年生枝条叶腋内，先花后叶，花被片15—21，黄色，基部具爪（图2、图3）。雄蕊5—7，花柱较子房长3倍。果坛状，近木质，口部缢缩（图4）。花期11月至翌年3月，果期4—11月。

用途 花芳香美丽，是园林绿化植物。根、叶可药用，理气止痛等。

分布 常见栽培。宣城金梅岭、广德卢村水库有分布。

图1　蜡梅

图2　花序

图3　花

图4　果实

图1　华东楠

华东楠 *Machilus leptophylla*

图2　花序

图3　果实

科 樟科 Lauraceae

属 润楠属 *Machilus*

特征 又称华东润楠，高大乔木，高达28米。树皮灰褐色，顶芽近球形，芽鳞密被绢毛。叶倒卵状长圆形或倒披针形（图1），先端短渐尖，下面带灰白色，上面中脉凹下，侧脉14—24对。花序6—10个生于新枝基部，花被片长圆状椭圆形，内面疏被柔毛或无毛，第3轮基部腺体大（图2）。果实球形（图3）。花期4—5月，果期6—9月。

用途 树皮可提树脂，种子可榨油。树形优美，宜作观赏树。

分布 分布于福建、浙江、江苏、湖南、广东、广西、贵州、安徽等省区。生长于保护区低山阴坡谷地混交林中。

图1 紫楠

紫楠 *Phoebe sheareri*

科 樟科 Lauraceae

属 楠属 *Phoebe*

特征 大乔木，树皮灰白色。小枝、叶柄及花序密被黄褐色或灰黑色柔毛（图1）。叶革质，倒卵形、椭圆状倒卵形或阔倒披针形，横脉及小脉多而密集，结成明显网格状。圆锥花序长7—18厘米，在顶端分枝，花长4—5毫米，花被片近等大，卵形，两面被毛，能育雄蕊各轮花丝被毛（图2）。果卵圆形（图3）。花期5—6月，果10—11月。

用途 树形端正美观，宜作庭荫树及绿化、风景树。根、枝、叶均可提炼芳香油，供医药或工业用，种子可榨油，供制皂和作润滑油。

分布 湿润林下和山谷阴湿处。郎溪县高井庙、泾县中桥片山地偶见。

图2 花

图3 果实

图1　山胡椒

山胡椒 *Lindera glauca*

科　樟科 Lauraceae

属　山胡椒属 *Lindera*

特征　落叶小乔木或灌木状，小枝灰或灰白色，幼时淡黄色（图1）。叶宽椭圆形、倒卵形或窄倒卵形，侧脉5—6对，叶秋后枯而不落，翌年发新叶时落叶。伞形花序，具3—8花，雄蕊9，第3轮花丝基部具2个宽肾形腺体，柱头盘状，退化雄蕊线形（图2）。果球形（图3），黑褐色，径约6毫米。

用途　根用于治风湿痹痛、劳伤失力等，树皮用于治烫伤，叶用于治疮疔、外伤出血，果实用于治胃痛、气喘。

分布　阳性树种，喜光照，也稍耐阴湿，抗寒力强。宣城金梅岭、泾县老虎山有分布。

图2　花

图3　果实

图1　狭叶山胡椒

狭叶山胡椒 *Lindera angustifolia*

图2　果枝

科 樟科 Lauraceae

属 山胡椒属 *Lindera*

特征 落叶小乔木或灌木（图1），幼枝黄绿色，冬芽卵圆形，紫褐色。叶椭圆状披针形，长6—14厘米，先端渐尖，基部楔形，下面沿脉疏被柔毛，侧脉8—10对。伞形花序2—3腋生，花被片6，能育雄蕊9。果球形（图2），径约8毫米，黑色，被微柔毛或无毛。

用途 根茎药用，药性味辛、微苦，性凉。有祛风除湿、散血止痛、清热解毒的功效。

分布 产于山东、浙江、福建、安徽、江苏、江西、河南、陕西、湖北、广东、广西等省区。朝鲜也有分布。郎溪县高井庙、泾县昌桥乡中桥村路边偶见。

乌药 *Lindera aggregata*

科 樟科 Lauraceae

属 山胡椒属 *Lindera*

图1　乌药

特征 常绿小乔木或灌木（图1），根纺锤状。叶卵形、椭圆形或近圆形，先端长渐尖，基部圆，背面叶乳白色，三出脉。伞形花序腋生，无总梗，每花序具7花（图2），花梗被柔毛，雄花花被片长约4毫米，第3轮花丝基部具2宽肾形有柄腺体，退化雌蕊坛状，雌花花被片长约2.5毫米，柱头头状，退化雄蕊长条片状，第3轮花丝基部具2有柄腺体。果卵圆形或近球形（图3）。

用途 果实、根、叶均可提芳香油制香皂，根、种子磨粉可杀虫。

分布 分布于华东、华南、西南等地区。宣城金梅岭，泾县安冲水库、老虎山、董家冲等地常见。

图2　花序

图3　果实

山鸡椒 *Litsea cubeba*

科 樟科 Lauraceae

属 木姜子属 *Litsea*

特征 落叶小乔木或灌木（图1），枝、叶芳香。叶互生，长披针形，先端渐尖，基部楔形，侧脉6—10对。伞形花序单生或簇生（图2），花序梗长0.6—1厘米，雄花序具4—6花，花梗无毛，花被片宽卵形，花丝中下部被毛。果近球形，径约5毫米，无毛（图1）。

用途 根、茎、叶和果实均可入药，有祛风散寒、消肿止痛的功效。花、叶也可经过蒸馏得芳香油。

分布 现分布于华东、华中、西南以及陕西等地，南亚和东南亚也有分布。宣城金梅岭、泾县双坑片董家冲等地偶见。

图1 山鸡椒

图2 花

檫木 *Sassafras tzumu*

科 樟科 Lauraceae

属 檫木属 *Sassafras*

特征 高大乔木（图1）。叶卵形或倒卵形，先端渐尖，基部楔形，全缘或2—3浅裂，羽状脉或离基三出脉（图2）。花序长4—5厘米，花序梗与序轴密被褐色柔毛（图3）。雄花花被片长约3.5毫米，能育雄蕊长约3毫米，退化雄蕊长1.5毫米，退化雌蕊明显，雌花具退化雄蕊12，4轮。果近球形，果托浅杯状，果柄上端增粗（图4）。花期3—4月，果期8—9月。

用途 树皮及叶入药，具有祛风逐湿、活血散瘀的功效。材质优良，耐久，用于造船、制作上等家具。

分布 分布于长江流域及以南地区。檫木喜光、喜温暖湿润气候、肥沃排水性良好的酸性土壤。宣城金梅岭，泾县双坑片董家冲等地有分布。

图1 檫木

图2 叶

图3 花序

图4 果实

香樟 *Camphora officinarum*

科 樟科 Lauraceae

属 樟属 *Camphora*

特征 常绿大乔木（图1）。枝、叶及木材均有樟脑气味。叶互生，具离基三出脉（图2）。圆锥花序腋生，具梗。花绿白或带黄色，长约3毫米（图3）。能育雄蕊9，第三轮外向雄蕊（图4），退化雄蕊3，位于最内轮。果卵球形或近球形，紫黑色（图2）。花期4—5月，果期8—11月。

用途 木材及根、枝、叶可提取樟脑和樟油，樟脑和樟油供医药及香料工业用。在两汉，楠木、樟木、梓木和椆木被称为“四大名木”。

分布 产于南方及西南各省区。保护区常见，郎溪县高井庙有大面积樟树林。

图1　樟树林（高井庙）

图2　叶与果

图3　花

图4　第三轮雄蕊

及己 *Chloranthus serratus*

科 金粟兰科 Chloranthaceae

属 金粟兰属 *Chloranthus*

特征 多年生草本。茎单生或数个丛生，具节，下部节上对生2鳞叶。叶对生，4—6生于茎顶，椭圆形、倒卵形或卵状披针形，长7—15厘米，先端渐长尖，基部楔形，具密锐齿，齿尖具腺体，侧脉6—8对（图1）。穗状花序顶生，稀腋生，单一或2—3分枝（图2），花白色，雄蕊3，药隔长2—3毫米。核果近球形或梨形。花期4—5月，果期6—8月。

图1　及己

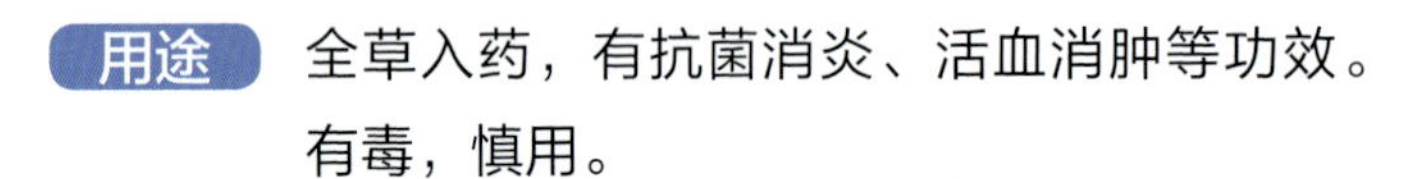

用途 全草入药，有抗菌消炎、活血消肿等功效。有毒，慎用。

分布 产于安徽、浙江、湖南及华南等地。泾县董家冲有分布。

图2　花序

金钱蒲 *Acorus gramineus*

科 菖蒲科 Acoraceae

属 菖蒲属 *Acorus*

特征 多年生草本，植株丛生状（图1）。根茎长5—10厘米，芳香。叶基对折，两侧膜质叶鞘棕色。花序梗长2.5—15厘米，佛焰苞长3—14厘米，肉穗花序黄绿色，圆柱形（图2）。果序径达1厘米，果黄绿色。花期5—6月，果期7—8月。

用途 假山上装饰植物。

分布 各地常栽培。保护区水边或石上偶见。

图1　金钱蒲

图2　花序

图1　菖蒲

菖蒲 *Acorus calamus*

科　菖蒲科 Acoraceae

属　菖蒲属 *Acorus*

特征　多年生草本。叶基生，基部两侧膜质叶鞘宽4—5毫米，叶片剑状线形，长0.9—1.5米，基部对褶，两面中肋隆起，侧脉3—5对（图1）。花序梗二棱形，长15—50厘米。叶状佛焰苞剑状线形，肉穗花序斜上或近直立，圆柱形（图2）。浆果长圆形，成熟时红色。

用途　菖蒲可以提取芳香油，有香气，是中国传统文化中可防疫祛邪的灵草，端午节有把菖蒲叶和艾捆一起插于檐下的习俗，根茎可制香味料。

分布　全国各省区均产。保护区湿地常见。

图2　肉穗花序

图1　紫萍

紫萍 *Spirodela polyrhiza*

科　天南星科 Araceae

属　紫萍属 *Spirodela*

特征　叶状体扁平，宽倒卵形，先端钝圆（图1），上面绿色，下面紫色，掌状脉5—11，下面中央生根5—11条，根长3—5厘米，绿白色（图2）。浮萍（*Lemna minor*）与紫萍的区别在于下面叶生1根（图3）。

用途　全草入药，发汗、利尿。也可作猪饲料，且为放养草鱼的良好饵料。

分布　全球各温带及热带地区广布，生于水田、水塘、湖湾、水沟，常与浮萍形成覆盖水面的飘浮植物群落。保护区各水域常见。

图2　叶背面和根

图3　紫萍与浮萍

浮萍 *Lemna minor*

图1　浮萍

科　天南星科 Araceae

属　浮萍属 *Lemna*

特征　飘浮植物（图1），叶状体对称，上面绿色，下面浅黄、绿白或紫色，近圆形、倒卵形或倒卵状椭圆形，全缘，脉3条，下面垂生丝状根1条，长3—4厘米（图2）。叶状体下面一侧具囊，新叶状体于囊内形成浮出，以极短的柄与母体相连，后脱落。果近陀螺状。

用途　全草可作饲料或绿肥。带根全草入药。

分布　产于南北各省区，生于水田、池沼或其他静水水域。保护区静水水域常见。

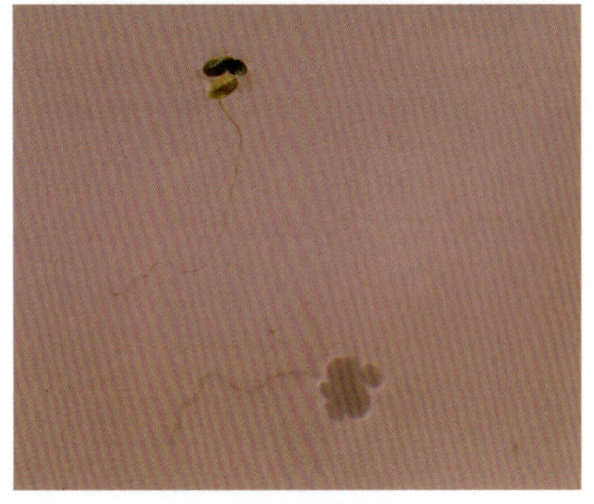

图2　浮萍根

芋 *Colocasia esculenta*

图1　芋

科　天南星科 Araceae

属　芋属 *Colocasia*

特征　湿生草本（图1）。块茎通常卵形，常生多数小球茎，均富含淀粉。叶2—3枚或更多，叶柄长于叶片，长20—90厘米（图2），绿色，侧脉4对，斜伸达叶缘。花序柄常单生，短于叶柄，佛焰苞长短不一，一般为20厘米左右。花期2—4月，果期8—9月。

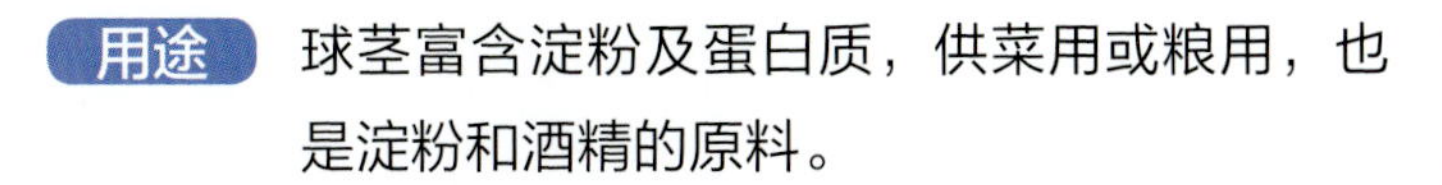

用途　球茎富含淀粉及蛋白质，供菜用或粮用，也是淀粉和酒精的原料。

分布　原产中国和印度、马来半岛等热带地区，现在南北栽培。泾县中桥片浅水处可见。

图2　叶

半夏 *Pinellia ternata*

科 天南星科 Araceae

属 半夏属 *Pinellia*

特征 有毒草本（图1），块茎圆球形。叶2—5，幼叶卵状心形或戟形，老株叶3全裂（图2）。叶柄长15—20厘米，基部具鞘，鞘内、鞘部以上或叶片基部（叶柄顶端）有珠芽。花序梗长25—30厘米，佛焰苞绿或绿白色，雌肉穗花序长2厘米，雄花序长5—7毫米，间隔3毫米，浆果卵圆形，黄绿色，花柱宿存（图3）。花期5—7月，果期8月。

用途 全草有毒，块茎毒性较大，也可药用。

分布 除内蒙古、新疆、青海、西藏尚未发现野生的外，其余各省区广布，常见于草坡、荒地、竹林、田边或疏林下。保护区竹林中偶见。

图1 半夏

图2 叶

图3 花序

图1　一把伞南星

一把伞南星 *Arisaema erubescens*

科　天南星科 Araceae

属　天南星属 *Arisaema*

特征　多年生草本，块茎扁球形。叶1（图1），极稀2。叶放射状分裂，幼株裂片3—4，多年生植株裂片多至20，披针形、长圆形或椭圆形。叶柄长40—80厘米，中部以下具鞘，红或深绿色，具褐色斑块。佛焰苞绿色，背面有白色或淡紫色条纹，雄肉穗花序花密，雄花淡绿至暗褐色，雄蕊2—4，雌花序附属器棒状或圆柱形，浆果（图2），成熟后红色，具种子1—2。花期5—7月，果期9月。

图2　果序

用途　块茎有毒，可入药。

分布　除东北、北部沿海及新疆外均有分布。宣城金梅岭有零星分布。

野慈姑 *Sagittaria trifolia*

科 泽泻科 Alismataceae

属 慈姑属 *Sagittaria*

特征 多年生水生或沼生草本（图1）。根状茎横走，较粗壮。挺水叶箭形。花序圆锥状或总状，总花梗长20—70厘米，下部1—3轮为雌花，上部多轮为雄花，萼片反折，花瓣白色（图2），雄蕊多数，花丝丝状，花药黄色，雌花心皮多数，离生。瘦果两侧扁，倒卵圆形，具翅（图3）。花果期5—10月。

用途 可作家畜、家禽饲料，亦用作花卉观赏。

分布 产于东北、华北、西北、华东、华南、西南等地，上海地区有野生分布。宣城金梅岭有分布。

图1 野慈姑

图2 花

图3 果实

水鳖 *Hydrocharis dubia*

科 水鳖科 Hydrocharitaceae

属 水鳖属 *Hydrocharis*

特征 浮水草本，须根长达30厘米。叶簇生，多漂浮，有时伸出水面，心形或圆形（图1）。花瓣3，白色，宽倒卵形或圆形，中间花蕊黄色（图2）。浆果，球形或倒卵圆形，种子多数，椭圆形。水鳖的生长期在春夏季，花果期8—10月。

用途 中国传统中医药材，全草入药，有清热利湿的功效。

分布 全球广泛分布。保护区静水池沼中常见。

图1 水鳖

图2 花

水车前 *Ottelia alismoides*

科 水鳖科 Hydrocharitaceae

属 水车前属 *Ottelia*

特征 又名龙舌草，国家Ⅱ级保护水生植物，沉水草本（图1）。具须根。叶基生，膜质，幼叶线形或披针形，成熟叶多宽卵形、卵状椭圆形，长约20厘米，全缘或有细齿，叶柄长短随水体深浅而异（图2）。花两性，偶单性，佛焰苞椭圆形或卵形，具1花，顶端2—3浅裂，有3—6纵翅，翅有时呈折叠波状，花瓣白、淡紫或浅蓝色，雄蕊3—9(—12)，花柱6—10，2深裂（图3、图4）。果圆锥形，种子多数，纺锤形。

用途 全草可作猪饲料、绿肥，也可食用。

分布 全球多有分布，常见于湖泊、沟渠、水塘、水田以及积水洼地。保护区仅泾县双坑片池塘大面积分布。

图1　水车前

图2　叶

图3　花

图4　花（示佛焰苞）

黑藻 *Hydrilla verticillata*

科 鳖科 Hydrocharitaceae

属 黑藻属 *Hydrilla*

特征 多年生沉水草本（图1）。茎延长，纤细。叶线形，轮生。花小，单性，雄花单生，具短柄，生于近球形的佛焰苞内，萼片、花瓣和雄蕊均3枚，雌花1至2朵，生于一管状、2齿裂的佛焰苞内，花萼3，花瓣3（图2）。果圆柱形，种子2—6，矩圆形，被瘤状颗粒。花果期5—10月。

用途 净化水体的好材料。

分布 广泛分布于欧亚大陆热带至温带地区。保护区水域常见。

图1 黑藻

图2 花

大茨藻 *Najas marina*

科 水鳖科 Hydrocharitaceae

属 茨藻属 *Najas*

特征 一年生沉水草本，植株多汁（图1）。茎较粗壮，径1—4.5毫米，黄绿至墨绿色，分枝多，二叉状，常疏生锐尖粗刺，刺长1—2毫米。叶近对生或3叶轮生（图2）。花单性，雌雄异株。瘦果椭圆形或倒卵状椭圆形，长4—6毫米。种子卵圆形或椭圆形。

用途 可供观赏，但慎防泛滥失控，影响水生态环境。

分布 产于华东及长江以北各省区。郎溪县高井庙水域偶见。

图1 大茨藻

图2 叶

苦草 *Vallisneria natans*

科 水鳖科 Hydrocharitaceae

属 苦草属 *Vallisneria*

特征 沉水草本。匍匐茎光滑或稍粗糙。叶基生，窄带形，长0.2—2米，绿色或略带紫红色（图1）。花单性（图2），异株。雄佛焰苞卵状圆锥形，每佛焰苞具雄花200余朵或更多，成熟雄花浮水面开放。雌花单生佛焰苞内，萼片3，绿紫色，长2—4毫米，花瓣3，极小，白色，退化雄蕊3，花柱3，顶端2裂。果圆柱形，种子多数。

用途 有药用、观赏、经济等多种价值。

分布 分布于中国多个省区。保护区溪沟、河流、池塘之中常见。

图1　苦草

图2　雌花

竹叶眼子菜 *Potamogeton wrightii*

科 眼子菜科 Potamogetonaceae

属 眼子菜属 *Potamogeton*

特征 多年生沉水草本（图1）。茎圆柱形，径约2毫米。叶线形或长椭圆形，长5—19厘米，边缘浅波状，有细微锯齿，中脉显著（图2），托叶大，近膜质。穗状花序顶生，花多轮，密集或稍密集。果倒卵圆形，花果期6—10月。

用途 适合室内水体绿化，除供观赏外，全草还可作为饲料，也能入药，具清热明目的功效。

分布 中国南北各省区广布。保护区各水域常见。

图1　竹叶眼子菜

图2　叶

菹草 *Potamogeton crispus*

图1 菹草

图2 花序

科 眼子菜科 Potamogetonaceae

属 眼子菜属 *Potamogeton*

特征 多年生沉水草本。茎稍扁，多分枝，节生须根。叶条形，长3—8厘米，叶缘多少浅波状，具细锯齿，叶脉3—5，平行，中脉近基部两侧伴有通气组织形成的细纹（图1）。穗状花序顶生，花2—4轮（图2），每轮2朵对生，花小，花被片4，淡绿色，雌蕊4，基部合生。果卵圆形，花果期4—7月。

用途 全草入药，有清热解毒的功效。菹草净化水体能力强。

分布 中国南北各省区分布。保护区各水域常见。

八蕊眼子菜 *Potamogeton octandrus*

图1 八蕊眼子菜居群

图2 八蕊眼子菜

科 眼子菜科 Potamogetonaceae

属 眼子菜属 *Potamogeton*

特征 无根状茎。茎纤细，圆柱形，节生须根，具分枝。叶两型（图1、图2），花前全为沉水叶，线形，互生，宽约1毫米，先端渐尖，全缘，叶脉3。近花期或花时生出浮水叶，互生，或花序梗下面的叶近对生，叶椭圆形或长圆状卵形，革质，长1.5—2.5厘米。花前沉没水中，穗状花序顶生（图2），花4轮，花被片4，绿色，雌蕊4，离生。果倒卵圆形，背脊钝，无凸起。花果期5—10月。

用途 净化水质。

分布 生于湖泊、池塘、沟渠中。泾县双坑片池塘浅水处有成片分布。

薯蓣 *Dioscorea polystachya*

科 薯蓣科 Dioscoreaceae

属 薯蓣属 *Dioscorea*

特征 缠绕草质藤本。块茎长圆柱形，断面干后白色。叶在茎下部互生，在中上部有时对生，稀3叶轮生，卵状三角形、宽卵形或戟形，边缘常3浅裂至深裂（图1）。花序为穗状花序。蒴果不反折，三棱状扁圆形或三棱状圆形（图2）。花期6—9月，果期7—11月。

用途 营养价值丰富，幼苗可食，可酱、腌渍、炒食、拌凉菜等。果实造型别致，可用于棚架及篱笆的垂直绿化。

分布 中国大部分省区可见。郎溪县高井庙有分布。

图1 薯蓣

图2 果实

图1　菝葜

菝葜 *Smilax china*

科　菝葜科 Smilacaceae

属　菝葜属 *Smilax*

特征　攀援灌木（图1）。根状茎不规则块状。茎疏生刺。叶薄革质，干后常红褐或近古铜色，圆形、卵形或宽卵形，下面粉霜多少可脱落，常淡绿色。花绿黄色，雄花雄蕊6枚，常弯曲（图2），雌花与雄花大小相似，有6枚退化雄蕊（图3）。浆果径0.6—1.5厘米，熟时红色，有粉霜（图4）。

图2　雄花序

用途　有清热解毒、除湿、利关节的功效。还供观赏。

分布　中国各省区常见。宣城金梅岭，泾县老虎山、董家冲，广德卢村水库等地常见。

图3　雌花序

图4　果实

土茯苓 *Smilax glabra*

图1　土茯苓

科　菝葜科 Smilacaceae

属　菝葜属 *Smilax*

特征　攀援灌木（图1）。根状茎块状，匍匐茎长达4米，无刺。叶薄革质，窄椭圆状披针形，下面常绿色，有时带苍白色。伞房花序（图2），花绿白色，雄花六棱状球形，外花被片近扁圆形，雄蕊靠合，雌花外形与雄花相似，退化雄蕊3。浆果径0.7—1厘米，成熟时紫黑色，具粉霜（图3）。花期7—11月，果期11月至翌年4月。

用途　根状茎入药，性甘平，利湿热、解毒、健脾胃，且富含淀粉，可用来制糕点或酿酒。

分布　分布于长江流域以南各省区。泾县董家冲村旁坝埂、安冲水库多见。

图2　花序

图3　果实

老鸦瓣 *Amana edulis*

科 百合科 Liliaceae

属 老鸦瓣属 *Amana*

特征 多年生草本，鳞茎皮纸质，内面密被长柔毛（图1）。茎长10—25厘米，通常不分枝。叶2枚，长条形，长10—25厘米。花顶生，靠近花基部具2枚对生苞片，花被片狭椭圆状披针形，长20—30毫米，宽4—7毫米，白色，背面有紫红色纵条纹，雄蕊3长3短，花柱长约4毫米（图2）。蒴果近球形，有长喙（图3），长5—7毫米。花期3—4月，果期4—5月。

图1　老鸦瓣

用途 鳞茎可入药，其味甘、辛，性寒，有小毒。因其花形秀丽，是早春开花植物，可用作园林地被等。

分布 分布于我国东北至长江流域各省区。郎溪县高井庙偶见。

图2　花

图3　果实

百合 *Lilium brownii* var. *viridulum*

科 百合科 Liliaceae

属 百合属 *Lilium*

特征 多年生草本（图1），鳞茎球状，广展，白色。叶散生，上部叶常比中部叶小，倒披针形，叶缘平整，无毛，叶柄较短。花为喇叭形，有香味，多为白色，背面带紫褐色（图2），无斑点，顶端弯而不卷。蒴果矩圆形，有棱，内具多数种子。花果期6—9月。

用途 百合花姿雅致，叶片青翠娟秀，有较高的观赏价值。百合色白肉嫩，味道甘甜，营养丰富。其鲜花含芳香油，可作香料。

分布 分布于河北、山西、河南、陕西、湖北、湖南、江西、安徽和浙江等省区。保护区偶见。

图1 百合

图2 花

鸢尾 *Iris tectorum*

科 鸢尾科 Iridaceae

属 鸢尾属 *Iris*

特征 植株基部包有老叶残留叶鞘及纤维。根状茎粗壮，二歧分枝。叶基生，黄绿色，宽剑形，无明显中脉（图1）。花茎高20—40厘米，花蓝紫色（图2），花被筒细长，上端喇叭形，外花被裂片圆形或圆卵形，中脉有白色鸡冠状附属物，花药鲜黄色，花柱分枝扁平，淡蓝色。蒴果长椭圆形或倒卵圆形，长5—6厘米（图3）。种子梨形，黑褐色。

用途 鸢尾花主要色彩为蓝紫色，有“蓝色妖姬”的美誉，是庭院中的重要花卉之一，由于鸢尾花香气淡雅，可以用于调制香水。

分布 华北、华南、华东地区常见。泾县双坑片区偶见。

图1　鸢尾

图2　花

图3　果实

图1　花菖蒲

花菖蒲 *Iris ensata* var. *hortensis*

科　鸢尾科 Iridaceae

属　鸢尾属 *Iris*

特征　是玉蝉花的变种。多年生宿根挺水型水生花卉（图1）。叶基生，线形，叶中脉凸起，两侧脉较平整。花葶直立并伴有退化叶1—3枚。花大直径可达15厘米，蓝紫色（图2）。蒴果长圆形，有棱，种皮褐黑色。花期6—7月，果期8—9月。

图2　花

用途　药用，清热利水、消积导滞。供观赏，可用于盆栽点缀景色，地栽造景，池畔，配置水景花园。

分布　华北、华东地区常见栽培。宣城金梅岭水域多见。

小花鸢尾 *Iris speculatrix*

科 鸢尾科 Iridaceae

属 鸢尾属 *Iris*

特征 多年生草本，基部包有棕褐色老叶鞘纤维。根状茎二歧状分枝。叶基生，灰绿色，线形，无明显中脉，长约30厘米（图1）。花茎高达25厘米，苞片2—3，草质，绿色，花蓝紫或乳白色（图2），径5—6厘米，雄蕊长2.5—3.2厘米，花药黄色，子房纺锤形。蒴果长椭圆状柱形，喙细长，果柄弯成90度。种子多面体形，棕褐色。花期5月，果期7—8月。

用途 根状茎用于治疗食滞腹胀、症瘕积聚、跌打损伤等。

分布 生荒地、路旁及山坡草丛中。泾县董家冲路边偶见。

图1　小花鸢尾

图2　花

射干 *Belamcanda chinensis*

科 鸢尾科 Iridaceae

属 射干属 *Belamcanda*

特征 根状茎斜伸。叶互生，剑形，无中脉，嵌迭状2列，长20—40厘米，宽2—4厘米，排成一平面（图1）。花序叉状分枝，花橙红色，有紫褐色斑点（图2），雄蕊3，花药条形，外向开裂，子房倒卵形。蒴果倒卵圆形，室背开裂果瓣外翻，中央有直立果轴（图3）。种子球形，黑紫色，有光泽。花期6—8月，果期8—9月。

用途 药用价值丰富，具有清热解毒、消痰、利咽的功效。也是一种园林花卉，花形飘逸，观赏价值高。

分布 中国南北多省均有分布。南陵县长乐保护点旁有栽培。

图1　射干

图2　花

图3　果实

火炬花 *Kniphofia uvaria*

科 阿福花科 Asphodelaceae

属 火把莲属 *Kniphofia*

特征 多年生草本。株高80—120厘米。茎直立（图1）。叶丛生、草质、剑形。通常在叶片中部或中上部开始向下弯曲下垂，很少有直立。总状花序着生数百朵筒状小花，呈火炬形，花冠橘红色（图2）。蒴果黄褐色，种子棕黑色，呈不规则三角形。花果期6—10月。

用途 花茎挺拔，花序大，状如火炬，壮丽可观，适于观赏，也可做切花。

分布 原产南非。仅见于宣城金梅岭有少数栽培。

图1 火炬花

图2 总状花序

黄花菜 *Hemerocallis citrina*

科 阿福花科 Asphodelaceae

属 萱草属 *Hemerocallis*

特征 植株一般较高大，根近肉质，中下部常有纺锤状膨大（图1）。花葶长短不一，一般稍长于叶，上部多少圆柱形，有分枝（图2），苞片披针形，花被淡黄色（图3）。蒴果钝三棱状椭圆形。种子约20多个，黑色，有棱。花果期5—9月。

图1 黄花菜

用途 有清热利尿、凉血止血等功能，主治尿血、便血、月经不调等症，黄花菜是花卉园艺方面的珍品，有一定的观赏价值。黄花菜营养价值丰富，富含蛋白质、脂肪、糖类等，人们食用后常有舒畅安逸的感觉，因此，有时称作“安神菜”。

分布 产于秦岭以南各省区以及河北、山西和山东。南陵县杨树塘有少量栽培。

图2 花葶

图3 花

萱草 *Hemerocallis fulva*

科 阿福花科 Asphodelaceae

属 萱草属 *Hemerocallis*

特征 多年生草本。根近肉质，中下部呈纺锤状。叶条形，长40—80厘米，宽1.3—3.5厘米（图1、图2）。花葶粗壮，高0.6—1米，圆锥花序具6—12朵花或更多（图2），花被6片，开展，向外反卷，外轮3片，内轮3片边缘稍作波状，雄蕊6，子房上位，花柱细长（图3）。蒴果长圆形。花果期5—7月。

用途 花色鲜艳，是一种观赏价值很高的花卉植物。根茎还具有良好的药用价值，可以消肿退火，其味甘凉，有润肺的功效。

分布 全国各地常见栽培，秦岭以南各省区有野生的。保护区常见栽培。

图1　萱草

图2　萱草居群

图3　花

薤白 *Allium macrostemon*

科 石蒜科 Amaryllidaceae

属 葱属 *Allium*

特征 鳞茎单生，近球状，基部常具小鳞茎，外皮带黑色，不裂（图1）。叶半圆柱状或三棱状半圆柱形，中空，短于花葶。伞形花序少花，松散，花梗近等长，长为花被片3—5倍，珠芽暗紫色（图2），花钟状开展，红紫色至紫色，花被片长8—12毫米（图3），子房近球形，花柱伸出花被。花期5—8月，果期7—9月。

用途 《本草原始》中记载，薤白具有增强免疫力、保护心肌损伤的作用。其鳞茎可药用，也可作蔬菜食用。

分布 除新疆、青海外，全国各省区均产。宣城金梅岭、泾县董家冲荒地常见。

图1 薤白

图2 花序（示珠芽）

图3 花

葱 *Allium fistulosum*

科 石蒜科 Amaryllidaceae

属 葱属 *Allium*

特征 鳞茎单生或聚生，圆柱状，稀窄卵状圆柱形，外皮白色，膜质或薄革质，不裂。叶圆柱状，中空，与花葶近等长（图1）。伞形花序球状，多花（图2），较疏散，花被片长6—8.5毫米，近卵形，花丝为花被片长度的1.5—2倍，花柱细长，伸出花被外。花果期4—7月。

图1 葱

用途 可以促进胃液分泌，帮助消化，促进血液循环，也有兴奋作用，对流行性感冒、头痛、鼻塞等症状有辅助治疗作用。还具有增强纤维蛋白溶解活性和降低血脂的作用。

分布 全国各地广泛栽培。保护区有栽培。

图2 花序

韭菜 *Allium tuberosum*

科 石蒜科 Amaryllidaceae

属 葱属 *Allium*

特征 鳞茎簇生，圆柱状。叶线形，扁平，实心，短于花葶（图1）。伞形花序（图2），两性花，花冠白色，花被片6片，雄蕊6枚。子房上位。蒴果（图3），子房3室，每室内有胚珠两枚。成熟种子黑色。花果期7—9月。

用途 叶、花葶和花均作蔬菜食用。种子等可入药，具有补肾、健胃、提神、止汗等功效。

图1 韭菜

分布 全国广泛栽培。保护区常见栽培。

图2 花序

图3 果实

藠头 *Allium chinense*

科 石蒜科 Amaryllidaceae

属 葱属 *Allium*

特征 鳞茎数枚聚生，狭卵状，鳞茎外皮白色或带红色，膜质，不破裂。叶2—5枚，圆柱状，具3—5棱，中空，近与花葶等长（图1）。花葶侧生，圆柱状。伞形花序半球状（图2），较松散，花淡紫色至暗紫色（图3），花被片宽椭圆形至近圆形，顶端钝圆，花柱伸出花被外。蒴果。花果期10—11月。

图1　藠头

用途 成熟的藠头个大肥厚，洁白晶莹，辛香嫩糯，含糖、蛋白质、钙、磷、铁、胡萝卜素、维生素C等多种营养物质，是烹调佐料和佐餐佳品。

分布 原产我国，长江流域和以南各省区广泛栽培。泾县琴溪偶见野生。

图2　花序

图3　花

葱莲 *Zephyranthes candida*

科 石蒜科 Amaryllidaceae

属 葱莲属 *Zephyranthes*

特征 多年生草本，鳞茎卵形，径约2.5厘米，颈长2.5—5厘米。叶线形，肥厚（图1）。花茎中空，单花顶生，总苞片先端2浅裂，花梗长约1厘米，花白色，外面稍带淡红色，花被片6，雄蕊6，长约为花被1/2，花柱细长，柱头3凹缺（图2、图3）。蒴果近球形。

用途 宜在庭院、小径旁栽培，供观赏。

分布 原产南美，国内广为栽培。南陵县长乐片多见。

图1　葱莲

图2　花

图3　花（示雌雄蕊）

图1　石蒜

石蒜 *Lycoris radiata*

科　石蒜科 Amaryllidaceae

属　石蒜属 *Lycoris*

特征　多年生草本。鳞茎近球形，径1—3厘米。叶深绿色，秋季出叶，窄带状，长约15厘米。花茎高约30厘米，顶生伞形花序有4—7花（图1），总苞片2，披针形，花鲜红色，花被筒绿色（图2），雄蕊伸出花被，比花被长约1倍。花期8—9月，果期10月。

用途　鳞茎含有石蒜碱、多花水仙碱、力可拉敏等十多种生物碱，有解毒、祛痰、利尿、催吐、杀虫等功效。宜观赏。

分布　分布于华东、华南、西南等省区。宣城金梅岭等地有分布。

图2　花

绵枣儿 *Barnardia japonica*

科 天门冬科 Asparagaceae

属 绵枣儿属 *Barnardia*

特征 多年生草本。鳞茎卵形或近球形，高2—5厘米，宽1—3厘米，鳞茎皮黑褐色。叶狭带形，基生（图1）。花葶通常比叶长，总状花序长2—20厘米，具多数花，花紫红、粉红或白色，径4—5毫米（图2）。蒴果近倒卵形（图3）。种子黑色，长圆状狭倒卵形。花果期7—11月。

用途 可药用，也可食用，有活血止痛、解毒消肿、强心利尿的功效。绵枣儿花色艳丽，持续时间长，具有较高的观赏价值。

分布 分布于东北、华北、华中以及华东等省区。郎溪县高井庙、南陵县长乐片等林地多见。

图1 绵枣儿

图2 花序

图3 果实

玉簪 *Hosta plantaginea*

科 天门冬科 Asparagaceae

属 玉簪属 *Hosta*

特征 多年生草本，根状茎粗厚。叶卵状心形、卵形或卵圆形，先端渐尖，基部心形，侧脉6—10对（图1）。花葶高40—80厘米，着花9—15朵，外苞片卵形或披针形，长2.5—7厘米，内苞片很小，花单生或2—3簇生，白色，芳香，雄蕊与花被近等长或略短（图2）。蒴果圆柱状，有3棱。花果期8—10月。

图1 玉簪

用途 根味甘、淡，性微寒，具有消肿、解毒、止血的功效。此外，因其姿态清秀，为中国庭院中的传统香花。

分布 各地常见栽培，公园尤多。保护区偶有栽培。

图2 花

天门冬 *Asparagus cochinchinensis*

科 天门冬科 Asparagaceae

属 天门冬属 *Asparagus*

特征 攀援植物，根中部或近末端呈纺锤状。茎平滑匍匐，分枝具棱或窄翅（图1）。叶状枝常3成簇，扁平或中脉龙骨状微呈锐三棱形。花常2朵腋生，淡绿色，雌花大小和雄花相似。浆果径6—7毫米（图2），成熟时红色，具1种子。花期5—6月，果期8—10月。

用途 块根是常用中药，有滋阴润燥、清火止咳的功效。

分布 从河北、山西、陕西、甘肃等省至华东、中南、西南各省区。泾县昌桥乡中桥村旁林地有分布。

图1　天门冬

图2　果实

阔叶土麦冬 *Liriope muscari*

科 天门冬科 Asparagaceae

属 山麦冬属 *Liriope*

特征 多年生草本，根细长，有时具纺锤形小块根。叶密集，革质，基部渐窄，有横脉（图1）。总状花序，花葶长于叶，花紫色或紫红色。浆果球形，初绿色，熟时黑紫色（图2）。花果期7—9月。

用途 叶色浓绿，叶片密集披散，适用于城市绿化中乔、灌、草的多层栽植结构。块根药用。

分布 广见栽培或野生。扬子鳄管理局草坪有大面积栽培。

图1　阔叶土麦冬

图2　果序

图1　麦冬

麦冬 *Ophiopogon japonicus*

科　天门冬科 Asparagaceae

属　沿阶草属 *Ophiopogon*

特征　多年生草本（图1），根较粗，具小块根（图2），淡褐黄色。茎很短，叶基生成丛，禾叶状，长10—50厘米，具3—7条脉，边缘具细锯齿。花葶长6—15（—27）厘米，总状花序长2—5厘米，具多花，白色或淡紫色（图3）。果实球形（图4），直径7—8毫米。花期5—8月，果期8—9月。

用途　本种小块根是中药麦冬，有生津解渴、润肺止咳的功效。

分布　原产中国，生于山坡阴湿处、林下或溪旁，现广为栽培。保护区常见。

图2　块根

图3　花

图4　果实

图1　多花黄精

多花黄精 *Polygonatum cyrtonema*

科 天门冬科 Asparagaceae

属 黄精属 *Polygonatum*

特征 根状茎肥厚，连珠状或结节成块，常一年长一节。叶互生，椭圆形、长圆状披针形，稍镰状弯曲。花序具2—14花，伞形，花被黄绿色，花丝长3—4毫米，两侧扁或稍扁，花药长3.5—4毫米，花柱长1.2—1.5厘米（图1）。浆果成熟时黑色（图2），具3—9种子。花期5—6月，果期8—10月。

用途 多花黄精常入药，尤以九华黄精盛名。

分布 产于四川、贵州、华中、华东、两广地区。郎溪县高井庙、宣城金梅岭、泾县董家冲常见。

图2　果实

棕榈 *Trachycarpus fortunei*

科 棕榈科 Arecaceae

属 棕榈属 *Trachycarpus*

图1 棕榈

特征 乔木状，树干圆柱形，被密集的网状纤维（图1）。叶片呈3/4圆形或者近圆形，深裂成30—50片具皱折的线状剑形。花序粗壮，常雌雄异株。雄花序长约40厘米，每2—3朵密集着生于小穗轴上，雄蕊6枚（图2）。雌花序长80—90厘米，雌花淡绿色，通常2—3朵聚生，球形，3裂，花无梗（图3）。果实阔肾形，成熟时由黄色变为淡蓝色，有白粉（图4）。花期4月，果期12月。

用途 其叶鞘纤维可作绳索，编蓑衣、棕绷、地毡，制刷子和作沙发的填充料等，果实、叶、花、根等亦入药。

分布 产于长江以南各省区。扬子鳄管理局有栽培。

图2 雄花序

图3 雌花

图4 果实

水竹叶 *Murdannia triquetra*

图1　水竹叶

图2　花

科　鸭跖草科 Commelinaceae

属　水竹叶属 *Murdannia*

特征　多年生草本。根状茎长而横走，具叶鞘，茎肉质，下部匍匐，节生根，上部上升（图1）。叶无柄，叶片竹叶形，平展或稍折叠，先端渐钝尖。花序具单花（图2）。蒴果卵圆状三棱形，两端钝或短尖，每室3种子，有时1—2颗。种子短柱状，不扁，红灰色。花期9—10月，果期10—11月。

用途　可作饲料，幼嫩茎叶可供食用，全草有清热解毒、利尿消肿的功效，亦可治蛇虫咬伤。

分布　华东、华中、华南和西南等地有分布。保护区浅水湿地多见。

裸花水竹叶 *Murdannia nudiflora*

图1　裸花水竹叶

图2　花序

科　鸭跖草科 Commelinaceae

属　水竹叶属 *Murdannia*

特征　多年生草本（图1）。根须状。叶几全茎生，茎生叶叶鞘长不及1厘米，被长刚毛。聚伞花序数朵，短而密集，排成顶生，少分枝圆锥花序，花瓣紫色，能育雄蕊2，不育雄蕊2—4，花丝下部有须毛（图2）。蒴果卵圆状三棱形（图1），每室2种子，种子黄棕色，有深窝孔。花果期6—10月。

用途　药用。可清热解毒、止咳止血。全草和烧酒捣烂，外敷可治蛇疮。

分布　分布于华东、华南地区。广德卢村水库坝埂偶见。

图1 鸭跖草

鸭跖草 *Commelina communis*

科 鸭跖草科 Commelinaceae

属 鸭跖草属 *Commelina*

特征 一年生披散草本。茎匍匐生根，多分枝（图1）。叶披针形或卵状披针形。花顶生或腋生，雌雄同株。萼片膜质，内面2枚常靠近或合生。花瓣深蓝色（图2），内面2枚具爪，雄蕊6，可育雄蕊3，花丝长（图3），不育雄蕊3，退化成蝴蝶状，黄色（图4）。

用途 花蓝色美丽，具有较高的观赏价值。花语和象征意义为希望和理想。

分布 分布于中国云南、四川、甘肃以东各地。保护区常见。

图2 花

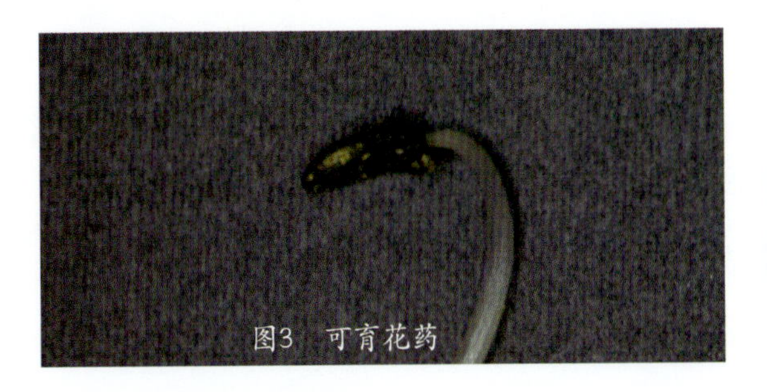
图3 可育花药

图4 不育花药

饭包草 *Commelina benghalensis*

科 鸭跖草科 Commelinaceae

属 鸭跖草属 *Commelina*

特征 多年生披散草本。茎大部分匍匐，节生根。叶有柄，卵形，常皱褶（图1）。花序下面一枝具细长梗，具1—3朵不孕的花，萼片膜质，披针形，花瓣蓝色，圆形，内面2枚具长爪（图2）。蒴果椭圆状，3室，腹面2室每室2种子。种子多皱。

用途 饭包草可入菜，可入药，也可盆栽作观赏植物。

分布 产于中国西南、西北、华北、华南、华东等地。宣城金梅岭、郎溪县高井庙等地常见。

图1　饭包草

图2　花

凤眼莲 *Eichhornia crassipes*

科 雨久花科 Pontederiaceae

属 凤眼莲属 *Eichhornia*

特征 也叫水葫芦，浮水草本。茎极短，具长匍匐枝。叶基生，莲座状排列，圆形、宽卵形或宽菱形，基部宽楔形，全缘，具弧形脉，上面深绿色，光亮，质厚，两边微向上卷，叶柄中部膨大成囊状或纺锤形（图1）。花葶从叶柄基部的鞘状苞片腋内伸出，具棱，穗状花序长17—20厘米，常具9—12花，花被片基部合生成筒，裂片6，花瓣状，卵形或长圆形，四周淡紫红色，中间蓝色的中央有1黄色圆斑，花冠近两侧对称（图2）。蒴果卵圆形。花期7—10月，果期8—11月。

用途 全草入药，具有清热解毒、除湿、祛风的功效。具较高的观赏价值，既宜庭院水池放养，又适盆栽观赏。凤眼莲也是十大外来入侵杂草之一。

分布 现广布于我国长江、黄河流域及华南各省区。保护区浅水区域偶见。

图1　凤眼莲

图2　花

图1　梭鱼草

梭鱼草 *Pontederia cordata*

科　雨久花科 Pontederiaceae

属　梭鱼草属 *Pontederia*

特征　直立水生草本植物（图1）。全株无毛，根状茎粗壮，具柔软须根。基生叶宽卵状心形，先端急尖或渐尖，具弧状脉。叶柄膨大成囊状，茎生叶叶柄渐短，基部增大成鞘。总状花序顶生，花被片椭圆形，淡蓝色，其余各枚较小，花丝丝状（图2）。蒴果长卵圆形。种子长圆形，有纵棱。花期7—8月，果期9—10月。

用途　全草药用，具有清热、去湿、定喘、解毒的功效。叶碧绿，花美丽，可作观赏植物。

分布　美洲热带和温带均有分布，华东、华北等地有引种栽培。宣城金梅岭等湿地多见。

图2　花序

鸭舌草 *Monochoria vaginalis*

图1　鸭舌草

图2　花

科 雨久花科 Pontederiaceae

属 雨久花属 *Monochoria*

特征 水生草本，全株无毛。根状茎极短，具柔软须根。叶基生和茎生，心状宽卵形、长卵形或披针形，具弧状脉，叶柄基部扩大成开裂的鞘，顶端有舌状体（图1）。花通常3—5(稀10余朵)，蓝色（图2），花被片卵状披针形或长圆形，雄蕊6，其中1枚较大，花药长圆形，其余5枚较小，花丝丝状。蒴果卵圆形或长圆形。种子多数，椭圆形。花期8—9月，果期9—10月。

用途 为池塘水面的装饰材料，亦可盆栽观赏。其嫩叶可以作为蔬菜食用。全草入药。

分布 产于南北各省区。保护区浅水处常见。

芭蕉 *Musa basjoo*

图1　芭蕉（南陵县长乐保护点）

科 芭蕉科 Musaceae

属 芭蕉属 *Musa*

特征 植株高2.5—4米（图1）。叶长圆形，长2—3米，宽25—30厘米。花序顶生，下垂（图2），苞片红褐色或紫色，花瓣黄褐色，雄蕊5枚，较长，雌蕊1枚，稍短（图2、图3）。浆果棱状长圆形，具3—5棱，肉质，内具多数种子（图4）。种子黑色，具疣突及不规则棱角。花期7—8月，果期8—11月。

图2　花序

图3　花

图4　果实

用途 芭蕉的叶纤维为造纸原料。果肉、花、叶、根中均含有多种丰富的微量元素，营养丰富，有较高食用价值。

分布 原产琉球群岛，我国多栽培。南陵县长乐片有栽培。

美人蕉 *Canna indica*

科 美人蕉科 Cannaceae

属 美人蕉属 *Canna*

特征 多年生草本植物，高可达1.5米，全株绿色无毛，被蜡质白粉。具块状根茎，地上枝丛生。单叶互生。叶片卵状长圆形，具鞘状叶柄。总状花序（图1），花单生或对

图1 花序

生，萼片3，绿白色，先端带红色。花冠大多红色，外轮退化雄蕊2—3枚，鲜红色。唇瓣披针形，弯曲。蒴果，长卵形，绿色（图2）。花、果期3—12月。

用途 是亚热带和热带常用的观花植物。块茎可煮食或提取淀粉，茎叶纤维可造纸、制绳。

分布 原产热带美洲、印度、马来半岛等热带地区。泾县双坑片栽培有大花美人蕉（*Canna×generalis*）（图3）。

图2　果序

图3　大花美人蕉（泾县双坑）

姜花 *Hedychium coronarium*

科 姜科 Zingiberaceae

属 姜花属 *Hedychium*

特征 茎高达2米（图1），具根状茎（图2）。叶长圆状披针形或披针形，长20—40厘米，先端长渐尖。穗状花序顶生，椭圆形（图3），苞片覆瓦状排列，紧密，卵圆形，每苞片有2—3花，花白色，侧生退化雄蕊长圆状披针形（图4）。花期8—12月。

用途 观赏，食用。

分布 原产印度境内的喜马拉雅山。泾县昌桥乡中桥村有栽培。

图1 姜花

图2 根状茎

图3 穗状花序

图4 花

图1　长苞香蒲

长苞香蒲 *Typha domingensis*

图2　花序

科　香蒲科 Typhaceae

属　香蒲属 *Typha*

特征　多年生水生或沼生草本（图1）。根状茎粗壮，乳黄色，先端白色。叶长0.4—1.5米，宽3—8毫米，叶鞘长，抱茎。雌雄花序远离，雄花序长7—30厘米，雌花序位于下部，雄花由2或3雄蕊组成，雌花具小苞片，孕性雌花子房披针形，长，不孕雌花子房近倒圆锥形（图2）。小坚果纺锤形，纵裂，果皮具褐色斑点。种子黄褐色。花果期6—8月。

用途　长苞香蒲具优美的竖线条，适合水边栽植。

分布　分布于安徽、黑龙江、吉林、辽宁、内蒙古、河北、河南、山东、山西、陕西、甘肃、新疆、江苏、江西、贵州、云南等省区。保护区各水域均可见。

图1　谷精草居群

谷精草 *Eriocaulon buergerianum*

图2　谷精草

图3　花序

科　谷精草科 Eriocaulaceae

属　谷精草属 *Eriocaulon*

特征　草本。叶线形，丛生，长4—10(—20)厘米。花葶多数，长25(—30)厘米，扭转，4—5棱（图1、图2）。花序近球形（图3），禾秆色，长3—5毫米。雄花：花萼佛焰苞状，外侧裂开，3浅裂，长1.8—2.5毫米，背面及先端多少有毛，花冠裂片3，近锥形，几等大，近顶处有黑色腺体，端部常有白毛，雄蕊6，花药黑色。种子长圆状，具横格。花果期7—12月。

用途　可药用。也可地栽及林下观赏，观花穗及果穗。

分布　广布于江苏、安徽、浙江、江西、福建、台湾、湖北、湖南、广东、广西、四川、贵州等省区。泾县中桥团结大塘多见。

翅茎灯芯草 *Juncus alatus*

科 灯芯草科 Juncaceae

属 灯芯草属 *Juncus*

特征 多年生草本。茎丛生，扁，两侧有窄翅，横隔不明显（图1、图2）。基生叶多枚，茎生叶1—2，叶片扁平，线形，长5—16厘米，具不明显横隔或几无横隔，叶鞘两侧扁，边缘膜质，叶耳不显著。具（4—)7—27个头状花序，排成聚伞状，有3—7花，苞片2—3，宽卵形，雄蕊6，花药长圆形，黄色，子房椭圆形，1室，花柱短，柱头3分叉。蒴果三棱状圆柱形，顶端具突尖，淡黄褐色。花期4—7月，果期5—10月。

图1　翅茎灯芯草

图2　茎与叶

用途 茎髓及全草可药用。清心降火、利尿通淋。

分布 广布于河北、陕西、甘肃、山东、江苏、安徽、浙江、江西、福建、河南、湖北、湖南、广东、广西、四川、贵州、云南等省区。泾县中桥片区湿地多见。

灯芯草 *Juncus effusus*

科 灯芯草科 Juncaceae

属 灯芯草属 *Juncus*

特征 多年生草本（图1）。根状茎粗壮横走，茎丛生，直立。叶全部为低出叶，呈鞘状或鳞片状，包围在茎的基部。聚伞花序假侧生（图2），含多花，花被片线状披针形，黄绿色，雄蕊3枚，花药黄色，雌蕊花柱极短，柱头3分叉。蒴果长圆形或卵形，黄褐色（图3）。种子卵状长圆形，黄褐色。花期4—7月，果期6—9月。

图1　灯芯草

用途 可供纤维，茎内白色髓心可入药，并可作烛心。保护区湿地常见。

分布 产于全世界温暖地区及我国湿润半湿润区。保护区常见。

图2 花序

图3 果序

穹隆薹草 *Carex gibba*

科 莎草科 Cyperaceae

属 薹草属 *Carex*

特征 秆丛生，高20—60厘米，直立，三棱形，基部老叶鞘褐色，纤维状（图1）。叶长于或等长于秆，苞片叶状，长于花序。小穗卵形或长圆形，长0.5—1.2毫米，宽3—5毫米，雌雄顺序（图2），花密生，穗状花序上部小穗较接近，下部小穗疏离，基部1小穗有分枝，长3—8毫米，雌花鳞片宽卵形或倒卵状圆形，长1.8—2毫米，两侧白色膜质，中部绿色，3脉，花柱基部增粗，圆锥状，柱头3。小坚果紧包于果囊中，近圆形。花果期4—8月。

用途 为耕地和湿地杂草。

分布 生于山坡路旁、田边、地边草丛、湿地等。保护区常见。

图1 穹隆薹草

图2 花序

单性薹草 *Carex unisexualis*

科 莎草科 Cyperaceae

属 薹草属 *Carex*

特征 秆高（10）15—50厘米，扁三棱形，基部叶鞘淡褐色（图1）。叶短于秆，平展或对折，微弯曲，苞片刚毛状或鳞片状。小穗15—30个，单性，稀雄雌顺序，雌小穗长圆状卵形，长5—8毫米，宽约4毫米，花柱基部不膨大，柱头2，雄小穗长圆形，长约6毫米，宽2—3毫米，雌雄异株，稀同株。小坚果疏松包于果囊中，卵形或椭圆形，平凸状，深褐色，有光泽，具短柄，具小尖头（图2）。花果期4—6月。

用途 耐践踏，可作草坪。

分布 分布于江苏、安徽、浙江、江西、湖北、湖南、云南等省。宣城金梅岭路边石缝中偶见生长。

图1 单性薹草

图2 花序

卵果薹草 *Carex maackii*

科 莎草科 Cyperaceae

属 薹草属 *Carex*

特征 秆丛生。高20—70厘米，宽1.5—2毫米，直立，近三棱形，上部粗糙，中下部具叶，基部叶鞘褐色无叶片（图1）。叶短于或近等长于秆，基部苞片刚毛状，余则鳞片状。小穗10—14，卵形，长0.5—1厘米，雌雄顺序，花密生，雌花鳞片卵形，长2.2—2.8毫米，淡褐色，中间绿色，1脉，花柱基部不膨大，柱头2。小坚果疏松包于果囊中，长圆形或长圆状卵形，微双凸状（图2）。花果期5—6月。

图1 卵果薹草

图2 果序

用途 具有返青早、色泽好、寿命长、容易繁殖、地下根茎发达、耐践踏等特性，可作为草坪植物。

分布 产于东亚，喜长于溪边或湿地。宣城金梅岭多见。

弯囊薹草 *Carex dispalata*

科 莎草科 Cyperaceae

属 薹草属 *Carex*

特征 秆丛生，高40—80厘米，锐三棱形，较粗壮，上部棱稍粗糙，基部鞘红棕色无叶片。叶几等长于秆，2侧脉明显，上端边缘粗糙，苞片叶状，下部的苞片长于小穗，上部的短于小穗。小穗4—6（图1），常集生秆上端，顶生雄小穗圆柱形，长4—6厘米，具柄，侧生雌小穗圆柱形，长3—9厘米，密生多花，雌花鳞片卵状披针形或披针形，先端渐尖，具短尖或芒，3脉，柱头3。果囊斜展，后期近平展，卵形，稍鼓胀三棱状，小坚果稍松在果囊中，倒卵形或椭圆状倒卵形，三棱状（图2），长约2毫米，顶端具短尖。

用途 可作为湿地景观栽培。

分布 广泛分布于浅水湿地。宣城金梅岭、宣州区黄渡乡前进作业队有分布。

图1 弯囊薹草

图2 花序和果实

溪水薹草 *Carex forficula*

科 莎草科 Cyperaceae

属 薹草属 *Carex*

特征 秆紧密丛生。高40—90厘米，三棱形，粗糙，基部叶鞘无叶片，黄褐色（图1）。叶与秆等长或稍长于秆，宽2.5—4毫米，边缘反卷，绿色，苞片叶状，短于小穗，基部无鞘。小穗3—5（图2），顶生的雄性，线形，长3—4厘米，具柄，侧生小穗雌性，窄圆柱形，长1.5—5厘米，花密生，有时基部花稍稀疏，最下部的小穗具短柄，余无柄，雌花鳞片披针形或长圆形，长约3毫米，暗锈色或紫褐色，中部绿色，3脉，花柱基部不膨大，柱头2，早落。小坚果紧包于果囊中，卵形或宽倒卵形。花果期6—7月。

用途 在水土保持、公路绿化、堤坝绿化、机场绿化中发挥重要作用。

分布 分布于安徽、吉林、辽宁、河北等省区。宣城杨林水库沿岸有分布。

图1 溪水薹草

图2 花序

二形鳞薹草 *Carex dimorpholepis*

科 莎草科 Cyperaceae

属 薹草属 *Carex*

图1 二形鳞薹草

特征 秆丛生（图1），高35—80厘米，锐三棱形，上部粗糙。基部叶鞘红褐色或黑褐色。叶短于或等长于秆，边缘稍反卷，苞片下部的2枚叶状，长于小穗。小穗4—6个（图2），有长梗，常下垂，顶生小穗雌雄顺序，圆柱形，雄性部分较雌性部分长，或两端为雄性，侧生小穗雌性，圆柱形，纤细，下垂，柱头2。果囊椭圆形。

用途 常见杂草，也可作为草坪。

分布 生于林中、山坡、草地、沟谷水边或林下湿处。保护区常见。

图2 果序

水虱草 *Fimbristylis littoralis*

科 莎草科 Cyperaceae

属 飘拂草属 *Fimbristylis*

特征 秆丛生（图1），高5—60厘米，扁四棱形，具纵槽，基部包1—3无叶片的鞘，鞘侧扁，鞘口斜裂，有时刚毛状，长3.5—9厘米。叶侧扁，套褶，剑状，有稀疏细齿，先端刚毛状，鞘侧扁，背面锐龙骨状，苞片2—4。小穗单生辐射枝顶端，球形或近球形，长1.5—5毫米，宽1.5—2毫米，鳞片膜质，卵形，长约1毫米，栗色，具白色窄边，3脉，雄蕊2，花药长圆形，花柱三棱形，无缘毛，柱头3。小坚果倒卵形或宽倒卵形，钝三棱形（图2）。

用途 全草可入药，有清热解毒、活血利尿的功效。

分布 全国各省区多产。保护区湿地常见。

图1 水虱草

图2 水虱草三柱头

两歧飘拂草 *Fimbristylis dichotoma*

科 莎草科 Cyperaceae

属 飘拂草属 *Fimbristylis*

特征 秆丛生。高15—50厘米（图1）。叶线形，略短于秆或与秆等长，宽1—2.5毫米，被柔毛或无，上端近平截，膜质部分较宽，浅棕色，苞片3—4，叶状。小穗单生辐射枝顶，卵形、椭圆形或长圆形（图2），长0.4—1.2厘米，宽约

图1 两歧飘拂草

2.5毫米，多花。鳞片卵形、长圆状卵形或长圆形，脉3—5，具短尖，雄蕊1—2，花丝较短，花柱扁平，长于雄蕊，柱头2。小坚果宽倒卵形，双凸状，无疣状突起。花果期7—10月。

用途 杂草。

分布 分布于水边湿地。保护区湿地常见。

图2 花序

牛毛毡 *Eleocharis yokoscensis*

科 莎草科 Cyperaceae

属 荸荠属 *Eleocharis*

特征 秆多数，细如毛发，密丛生如牛毛毡，故有此名。高2—12厘米（图1）。叶鳞片状，叶鞘长0.5—1.5厘米，微红色。小穗卵形（图2），淡紫色，具几朵花，基部1鳞片无花，抱小穗基部一周，上部的鳞片螺旋状排列，下部的近2列，卵形，长约3.5毫米，膜质，中间微绿色，两侧紫色，边缘无色，中脉明显，下位刚毛3—4，长为小坚果约2倍，柱头3。小坚果窄长圆形，钝圆三棱状，无明显棱。花果期4—11月。

图1 牛毛毡

用途 危害水稻。若稻田中牛毛毡的覆盖度高，会大大降低水温，从而影响水稻生长；且牛毛毡吸肥力强，防除不易。也可药用。

分布 几遍布于全国。泾县中桥片团结大塘周边多见。

图2 花序

荸荠 *Eleocharis dulcis*

图1 荸荠

科 莎草科 Cyperaceae

属 荸荠属 *Eleocharis*

特征 多年生宿根性草本植物，秆多数，丛生，直立，圆柱状，高15—60厘米（图1）。秆基部具2—3叶鞘，鞘长2—20厘米，鞘口斜截。具匍匐根状茎，在其顶端生膨大的球茎，俗称荸荠（图2）。小穗圆柱形，长1.5—4厘米，宽6—7毫米，具多花，基部有2鳞片无花，余鳞片均具1两性花。柱头3。小坚果宽倒卵形，双凸状，棕色，具四至六角形网纹。花果期5—10月。

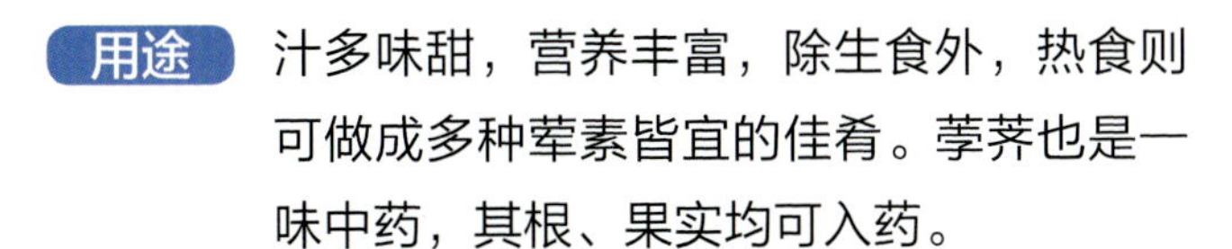

用途 汁多味甜，营养丰富，除生食外，热食则可做成多种荤素皆宜的佳肴。荸荠也是一味中药，其根、果实均可入药。

分布 全国各地都有栽培。泾县双坑片区偶见。

图2 球茎

水葱 *Schoenoplectus tabernaemontani*

科 莎草科 Cyperaceae

属 水葱属 *Schoenoplectus*

特征 秆圆柱状，高1—2米，平滑，基部叶鞘3—4，鞘长达38厘米，膜质（图1）。叶片线形，苞片1，直立。长侧枝聚伞花序简单或复出（图2），假侧生，辐射枝4—13或更多，长达5厘米，小穗单生或2—3簇生辐射枝顶端，卵形或长圆形，多花。鳞片椭圆形或宽卵形，具短尖，膜质，1脉，

图1 水葱

雄蕊3，柱头2(3)。小坚果倒卵形或椭圆形，双凸状，稀菱形。

用途 地上部分可入药，具有利水消肿的功效。在水景园中主要作水景装饰植物，也用作造纸或编织草席等材料。

分布 分布于安徽、浙江、福建、台湾、广东、广西、云南。泾县双坑片湿地可见。

图2 花序

水毛花 *Schoenoplectiella triangulata*

科 莎草科 Cyperaceae

属 萤蔺属 *Schoenoplectiella*

特征 多年生草本，根状茎粗短。秆丛生，稍粗壮（图1），高50—120厘米，锐三棱形，基部具2个叶鞘，鞘棕色。苞片1枚，直立或稍展开，长2—9厘米。小穗5—9（—20）聚集成头状（图2），卵形、长圆状卵形、圆筒形或披针形，顶端钝圆或近于急尖，具多数花，鳞片卵形或长圆状卵形，淡棕色，具红棕色短条纹，背面具1条脉，下位刚毛6条，有倒刺，雄蕊3，花柱长，柱头3。小坚果倒卵形或宽倒卵形，扁三棱形。花果期5—8月。

用途 秆为做蒲包的材料。

分布 中国除新疆、西藏外，广布于全国各地，生于水塘边、沼泽地等。宣城金梅岭、杨林水库，泾县双坑片偶见。

图1 水毛花

图2 花序

图1　碎米莎草

碎米莎草 *Cyperus iria*

科 莎草科 Cyperaceae

属 莎草属 *Cyperus*

特征 一年生草本。秆丛生，扁三棱状，基部具少数叶。叶短于秆，宽2—5毫米，平展或折合，叶鞘短，红棕或紫棕色。叶状苞片3—5，下部的2—3片较花序长（图1）。穗状花序与长侧枝组成复出聚伞花序（图2），卵形或长圆状卵形，小穗松散排列，斜展，长圆形至线状披针形，鳞片疏松排列，宽倒卵形，雄蕊3，柱头3。小坚果，三棱状，褐色。花果期6—10月。

图2　花序

用途 有行气解郁，调经止痛的功效，可以治疗消化不良、乳房胀痛、月经不调、经闭痛经等症状。

分布 除青藏高原外，几遍全国。保护区随处可见。

香附子 *Cyperus rotundus*

科 莎草科 Cyperaceae

属 莎草属 *Cyperus*

特征 秆高15—95厘米（图1），稍细，锐三棱状（图2），基部块茎状。叶稍多，短于秆，叶鞘棕色，常裂成纤维状。小穗斜展（图3），线形，长1—3厘米，具8—28朵花，鳞片稍密覆瓦状排列，卵形或长圆状卵形，雄蕊3，花药线形，花柱长，柱头3。小坚果长圆状倒卵形，三棱状，长为鳞片的1/3—2/5。花果期5—11月。

用途 根和花都可入药，具有理气解郁、调经止痛的功效，还可治疗消化不良，月经不调等症状。

分布 原产非洲、南亚和欧洲，现亚洲、澳大利亚和美洲的热带至温带地区均有生长。保护区随处可见。

图1　香附子

图2　秆

图3　花序

高秆莎草 *Cyperus exaltatus*

科 莎草科 Cyperaceae

属 莎草属 *Cyperus*

特征 秆高1—1.5米，钝棱状，粗壮，基部生多叶。叶几与秆等长，宽0.6—1米，边缘粗糙（图1），叶状苞片3—6，下部几枚长于花序（图2）。长侧枝聚伞花序（图3），第一次辐射枝5—10，长达18厘米，第二次辐射枝长1—4厘米，穗状花序圆筒形，长2—5厘米，小穗多数，具6—16朵花，小穗轴具白色透明窄翅，雄蕊3，花药线形，花柱细长，柱头3。小坚果倒卵形或近椭圆形，三棱状。花果期6—8月。

用途 全株可供观赏。秆挺拔笔直，可供编织草席、坐垫、提包和草帽。

分布 分布于安徽、广东、海南、江苏、浙江、江西、山东、湖北等省区。郎溪县骆村水库偶见。

图1 高秆莎草

图2 花序（示苞片）

图3 花序

扁穗莎草 *Cyperus compressus*

图1 扁穗莎草

科 莎草科 Cyperaceae

属 莎草属 *Cyperus*

特征 秆丛生。高5—25厘米，锐三棱状，基部叶较多（图1）。具须根。叶短于或几等长于秆，叶状苞片3—5，长于花序。小穗密排列（图2），斜展，窄披针形，长1—2.5厘米，宽约4毫米，稍扁，具8—40朵花，鳞片密覆瓦状排列，卵形，具稍长短尖，雄蕊3，花药线形，花柱长，柱头3，较短。小坚果倒卵形，三棱状，三面稍凹，长为鳞片的1/3。花果期7—12月。

用途 药用。用于养心、调经行气。外用于跌打损伤。

分布 广布于华东、华南地区。保护区沙地常见。

图2 花序

异型莎草 *Cyperus difformis*

图1 异型莎草

科 莎草科 Cyperaceae

属 莎草属 *Cyperus*

特征 秆丛生。高5—65厘米，稍粗或细，扁三棱状，平滑，下部叶较多（图1）。具须根。叶短于秆，叶鞘稍长，褐色，叶状苞片2—3，长于花序。鳞片稍松排列，近扁圆形，先端圆，3脉不明显（图2）。雄蕊（1）2，花药椭圆形，花柱极短，柱头3。小坚果倒卵状椭圆形，三棱状，淡黄色。花果期7—10月。

用途 全草入药。味咸、微苦、性凉，具有行气活血、通淋、利小便的功效。

分布 全国多见。保护区湿地随处可见。

图2 花序

水蜈蚣 *Kyllinga polyphylla*

图1 水蜈蚣

图2 花序

科 莎草科 Cyperaceae

属 水蜈蚣属 *Kyllinga*

特征 多年生草本植物（图1）。茎丛生，横走，三棱形。叶片线形，先端渐尖，基部鞘状抱茎，全缘，两面绿色、下面中脉明显。头状花序（图2），花顶生，单一，花柱细长，柱头2。坚果卵形，极小。

用途 味辛、微苦、甘，性平，具有疏风解毒、清热利湿、活血解毒的功效。水蜈蚣植株矮小，密生如毯，果序似蜈蚣，翠绿如茵，可盆栽供观赏。

分布 分布于中国华南、华东、西南、华中等地区。保护区常见。

湖瓜草 *Lipocarpha microcephala*

图1 湖瓜草

图2 雄蕊

科 莎草科 Cyperaceae

属 湖瓜草属 *Lipocarpha*

特征 一年生草本，秆丛生，高10—20厘米，被微柔毛（图1）。叶基生，短于秆，宽1—2毫米，中脉不明显，边缘常内卷，叶状苞片2—3，较花序长。穗状花序2—3(4)簇生秆顶端，无柄，卵形，具多数螺旋状覆瓦状排列小苞片，每小苞片具1小穗，小苞片倒披针形，先端尾状细尖外弯，长1—1.5毫米，薄膜质，淡绿色，雄蕊2，花柱细长，柱头3，被微柔毛（图2）。小坚果窄长圆形。花果期6—10月。

用途 药用，用于清热止惊。

分布 全国各地均有分布。泾县中桥团结大塘和郎溪骆村水库有大面积分布。

图1 水稻

水稻 *Oryza sativa*

科 禾本科 Poaceae

属 稻属 *Oryza*

特征 一年生。秆直立，高0.5—1.5米（图1）。叶鞘松散，叶舌披针形，两侧基部下延成叶鞘边缘，具2镰形抱茎叶耳。叶片线状披针形，长约40厘米，宽约1厘米，无毛，粗糙。圆锥花序疏松（图2），小穗矩圆形，两侧压扁，含3小花，下方2小花退化仅存极小的外稃而位于一两性小花之下，颖强烈退化，在小穗柄的顶端呈半月状的痕迹，外稃退化，两性小花外稃常具细毛，有芒或无芒，内稃3脉。雄蕊6枚。颖果。

用途 广泛栽培，为主要粮食作物之一。

分布 中国南方为主要产稻区，北方各省也有栽种。南陵县长乐片水稻常见。

图2 圆锥花序

假稻 *Leersia japonica*

科 禾本科 Poaceae

属 假稻属 *Leersia*

特征 多年生草本。高60—80厘米，节密生倒毛（图1）。小穗长5—6毫米，带紫色（图2）。外稃具5脉，脊具刺毛，内稃具3脉，中脉生刺毛。雄蕊6，花药长3毫米。花果期夏秋季。

用途 药用。除湿，利水。治风湿麻痹，下肢浮肿。

分布 广布于安徽、江苏、浙江、湖南、湖北、四川、贵州、广西、河南、河北等省区。南陵县长乐汪村池塘周边广布。

图1 假稻

图2 花序

菰 *Zizania latifolia*

科 禾本科 Poaceae

属 菰属 *Zizania*

特征 又名茭白，多年生草本，具匍匐根状茎。秆高大直立（图1），高1—2米，基部节上生不定根。叶鞘长于其节间，有小横脉。叶舌膜质。叶片扁平宽大。圆锥花序长30—50厘米，分枝多数簇生，果期开展（图2）。雄小穗长10—15毫米，着生于花序下部或分枝之上部，带紫色，雄蕊6枚（图3），雌小穗圆筒形。颖果圆柱形，长约12毫米。

用途 秆基嫩茎为真菌*Ustilago edulis*寄生形成，粗大肥嫩，称茭白（图4），是美味的蔬

图1 菰

图2　花序

图3　花

菜。颖果称菰米，作饭食用，有营养保健价值。全草为优良的饲料，为鱼类的越冬场所。也是固堤造陆的先锋植物。

分布　水生或沼生，常见栽培。南陵县长乐、郎溪县骆村水库等可见。

图4　茭白

阔叶箬竹 *Indocalamus latifolius*

科　禾本科 Poaceae

属　箬竹属 *Indocalamus*

特征　秆高可达2米，秆环略高，箨环平。叶鞘质厚，坚硬，叶舌截形，叶片长圆状披针形，先端渐尖（图1、图2）。圆锥花序基部为叶鞘所包裹，花序分枝上升或直立，小穗常带紫色，小穗轴节间密被白色柔毛，花药紫色或黄带紫色，柱头2，羽毛状。笋期4—5月。

图1　阔叶箬竹

用途　秆丛状密生，叶大翠绿，姿态雅丽，常供绿化观赏。其秆径小，但通直，近实心，适宜作鞭杆、毛笔杆及筷子等用。竹叶宽大，隔水湿，可供防雨斗笠的衬垫物及包粽子的材料。

图2　叶

分布　产于东南沿海一带及安徽、湖北、湖南、四川等省。郎溪县高井庙多见。

箬竹 *Indocalamus tessellatus*

科 禾本科 Poaceae

属 箬竹属 *Indocalamus*

特征 秆箨长于节间，被棕色刺毛，边缘有棕色纤毛。无箨耳和缝毛。箨叶披针形或线状披针形，长达5厘米，不抱茎，易脱落。每小枝2至数叶，叶鞘无毛，无叶耳和缝毛。叶椭圆状披针形，下面沿中脉一侧有一行细毛（图1、图2）叶片明显比阔叶箬竹叶片窄。花序、小穗及小穗柄被柔毛。笋期5月。

用途 有清热解毒、止血、消肿的功效。 箬竹生长快，叶形大，枝叶密生，可用于营造公园、庭院地被景观。

分布 原产中国，现分布于中国华东、华中地区及陕南汉江流域各地。郎溪县高井庙林场有分布。

图1 箬竹

图2 箬竹茎叶

图1　毛竹

毛竹 *Phyllostachys edulis*

科 禾本科 Poaceae

属 刚竹属 *Phyllostachys*

特征 秆高达20多米，径12—20厘米，新秆密被细柔毛，有白粉（图1）。箨环隆起，初被一圈毛，后脱落（图2）。叶披针形，叶耳不明显。小穗仅有1朵小花，小花颖片1枚，外稃长22—24毫米，上部及边缘被毛，内稃稍短于外稃，花丝长4厘米，花药长约12毫米，柱头3，羽毛状。颖果长2—3厘米。笋期4月，花期5—8月。

用途 因其生长周期短、生长迅速、繁殖能力强、成材快等优点，广泛应用于建筑业、造纸业、农业及其他方面。毛竹嫩笋可以食用，各个部位均具有药用价值。

分布 分布于长江以南地区。郎溪县高井庙林场有大面积分布。

图2　毛竹秆

紫竹 *Phyllostachys nigra*

科 禾本科 Poaceae

属 刚竹属 *Phyllostachys*

特征 高大竹类，幼竿绿色（图1），一年生以后秆逐渐变为紫黑色（图2）。箨耳长圆形至镰形，紫黑色，箨舌拱形至尖拱形，紫色，箨片三角形至三角状披针形，绿色，脉为紫色。叶片质薄，长7—10厘米，宽约1.2厘米（图3）。花枝短穗状，佛焰苞4—6片。柱头3，羽毛状。笋期4月下旬。

用途 可供用材及观赏。

分布 原产我国，南北各地多有栽培。广德卢村水库尾稍山坡有栽培。

图1 紫竹

图2 秆

图3 叶

雷竹 *Phyllostachys violascens* 'Prevernalis'

科 禾本科 Poaceae

属 刚竹属 *Phyllostachys*

特征 秆高可达10米，节暗紫色，老秆绿色、黄绿色或灰绿色（图1）。秆环与箨环均中度隆起（图2）。箨鞘褐绿色或淡黑褐色。叶片带状披针，花枝呈穗状，佛焰苞内生假小穗，外稃背部有短柔毛疏生，内稃疏生短柔毛。由于早春打雷即出笋（图3），故称“雷竹”。

用途 具有培育周期短、出笋早、产量高、笋期长等特点，是极为优良的笋用竹种，具有极高的经济价值。

分布 原产中国浙江、安徽等省，以临安、余杭、德清等浙江西北丘陵平原地带为中心分布。郎溪县高井庙多有栽培。

图1　雷竹（高井庙）

图2　雷竹秆

图3　雷竹笋

图1 孝顺竹

孝顺竹 *Bambusa multiplex*

科 禾本科 Poaceae

属 簕竹属 *Bambusa*

特征 秆高4—7米，直径1.5—2.5厘米，幼时薄被白蜡粉（图1）,节处具白环（图2）。秆箨幼时薄被白蜡粉，早落。箨鞘呈梯形，背面无毛，先端稍向外缘一侧倾斜，呈不对称的拱形。箨片直立，狭三角形。末级小枝具5—12叶（图3）。花药紫色，先端具一簇白色画笔状毛，柱头3，羽毛状。成熟颖果未见。

用途 多种植以作绿篱或供观赏。

分布 分布于我国东南部至西南部，野生或栽培。保护区偶见栽培。

图2 秆

图3 小枝

图1 雀麦

雀麦 *Bromus japonicus*

科 禾本科 Poaceae

属 雀麦属 *Bromus*

特征 秆直立。高40—90厘米（图1）。叶鞘闭合，被柔毛，叶舌先端近圆形，长1—2.5毫米，叶片长12—30厘米，宽4—8毫米，两面生柔毛（图2）。圆锥花序疏展（图3），长20—30厘米，向下弯垂，上部着生1—4枚小穗，着生7—11小花，外稃椭圆形，草质，边缘膜质，具9脉，内稃长7—8毫米，宽约1毫米，两脊疏生细纤毛。颖果长7—8毫米。花果期5—7月。

图2 叶

图3 花序

用途 全草药用，无毒。有止汗、催产的功效。主治汗出不止、难产等。

分布 分布于辽宁、内蒙古、河北、山西、山东、河南、陕西、甘肃、安徽、江苏、江西、湖南、湖北、新疆、西藏、四川、云南、台湾。保护区林地常见。

小麦 *Triticum aestivum*

科 禾本科 Poaceae

属 小麦属 *Triticum*

特征 秆丛生（图1）。高0.6—1.2米，6—7节。叶片长披针形，长10—20厘米，宽0.5—1厘米。穗状花序（图2），小穗具3—9小花，长约1厘米，顶生小花不孕。颖卵圆形，长6—8毫米，背面主脉上部呈脊，先端延伸为短尖头或短芒。外稃长圆状披针形，长0.8—1厘米，5—9脉，顶端无芒或具芒，芒长1—15厘米。颖果长6—8毫米。花果期5—7月。

用途 小麦是一种营养丰富、经济价值较高的商品粮。 其颖果是人类的主食之一，磨成面粉后可制作面包、馒头、饼干、面条等食物，发酵后可制成啤酒、酒精。

分布 我国南北各地广为栽培，品种很多，性状均有所不同。保护区耕地有栽培。

图1 小麦

图2 麦穗

拂子茅 *Calamagrostis epigeios*

科 禾本科 Poaceae

属 拂子茅属 *Calamagrostis*

特征 多年生草本，具根状茎。秆直立，平滑无毛或花序下稍粗糙，高45—100厘米，径2—3毫米（图1）。叶鞘平滑或稍粗糙，叶舌膜质，长圆形，叶片长15—27厘

图1 拂子茅

米，宽4—8（13）毫米，扁平或边缘内卷。圆锥花序紧密，圆筒形（图2）。小穗长5—7毫米，淡绿色或带淡紫色，雄蕊3，花药黄色，长约1.5毫米。花果期5—9月。

用途 观赏草种，适宜布置花带、花境或片植做背景。

分布 欧亚大陆温带地区皆有。宣城红星水库桥边，郎溪县高井庙库塘埂有分布。

图2 花序

野燕麦 *Avena fatua*

图1 野燕麦

图2 花序及花

科 禾本科 Poaceae

属 燕麦属 *Avena*

特征 一年生草本（图1）。须根较坚韧。秆直立，光滑无毛，具2—4节。叶鞘松弛、光滑或基部被微毛。叶舌透明，膜质，叶片扁平。圆锥花序开展，金字塔形（图2），分枝具棱角，粗糙。小穗长18—25毫米，含2—3小花。小穗轴密生淡棕色或白色硬毛。颖草质，几相等，通常具9脉。芒自稃体中部稍下处伸出，长2—4厘米，膝曲。颖果，长6—8毫米。花果期4—9月。

用途 除为牛、马等的青饲料外，常为麦田间杂草。

分布 广布于我国南北各省区。保护区荒地常见。

高羊茅 *Festuca elata*

图1 高羊茅

图2 花序

科 禾本科 Poaceae

属 羊茅属 *Festuca*

特征 秆高15—20厘米（图1）。叶鞘开口几达基部，叶舌平截，具纤毛，长约0.2毫米。叶片内卷较软，稍粗糙。圆锥花序穗状（图2），长2—5厘米，宽4—8毫米，侧生小穗柄短于小穗，稍粗糙。小穗淡绿色或紫红色，长4—6毫米，具3—5（6）小花，颖片披针形，第一颖具1脉，第二颖具3脉，外稃5脉，芒粗糙，内稃近等长于外稃，子房顶端无毛。花果期6—9月。

用途 适口性良好，是牛、羊、马均喜食的饲料。

分布 分布于黑龙江、吉林、内蒙古、陕西、甘肃、宁夏、青海、新疆、四川、云南、西藏、山东及安徽山区。保护区偶见。

看麦娘 *Alopecurus aequalis*

科 禾本科 Poaceae

属 看麦娘属 *Alopecurus*

特征 秆少数丛生，高15—45厘米（图1）。叶鞘无毛，短于节间，叶舌长2—6毫米，膜质。叶片长3—11厘米，下面粗糙。圆锥花序灰绿色（图2），细条状圆柱形，长2—7厘米，宽3—5毫米。小穗椭圆形或卵状长圆形，长2—3毫米，颖近基部连合，脊被纤毛，外稃膜质，先端钝，芒自稃体下部1/4处伸出，长1.5—3.5毫米，内藏或稍外露，花药橙黄色。颖果长约1毫米。花果期4—9月。

用途 全草入药。味淡、性凉。利水消肿、解毒。治水肿、水痘、小儿腹泻、消化不良。

分布 产于中国大部分省区。保护区湿地常见。

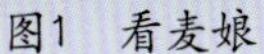

图1 看麦娘

图2 花序

图1　菵草居群

菵草 *Beckmannia syzigachne*

图2　花序

科　禾本科 Poaceae

属　菵草属 *Beckmannia*

特征　秆丛生，高15—90厘米，1—4节（图1）。叶鞘无毛，多长于节间，叶舌长3—8毫米，膜质。叶片长5—20厘米，宽0.3—1厘米。圆锥花序长10—30厘米，分枝稀疏，直立或斜升（图2）。小穗灰绿色，具1小花，长约3毫米，颖背部灰绿色，具淡色横纹，外稃常具伸出颖外之短尖头。花药黄色，长约1毫米。颖果黄褐色，长圆形，长约1.5毫米，顶端具丛生毛。花果期4—10月。

用途　春、夏两季生长迅速，枝叶繁茂，宜早期收割，贮制干草，草质柔软，营养价值较高；果实可作为精料，亦可食用。也可作为牧草。

分布　中国各地广布。保护区湿地多见。

粟草 *Milium effusum*

科 禾本科 Poaceae

属 粟草属 *Milium*

特征 秆高0.7—1.5米，质较软，无毛，3—5节（图1）。圆锥花序疏松开展（图2），长10—20厘米，分枝细弱，每节多数簇生，下部裸露，上部着生小穗。小穗窄椭圆形，灰绿或带紫红色，长3—3.5毫米，颖光滑或微粗糙。外稃乳白色，长约3毫米，光亮，内稃与外稃同质等长，成熟时深褐色，被微毛，鳞被卵状披针形。花药长约2毫米。花果期5—7月。

用途 草质柔软，为牲畜爱吃的饲料；谷粒也是家禽的优良饲料；秆为编织草帽的良好材料。

分布 分布于东北各省、新疆、甘肃、青海、陕西、河北、西藏及长江流域诸省区。泾县董家冲偶见。

图1 粟草

图2 花序

早熟禾 *Poa annua*

科 禾本科 Poaceae

属 早熟禾属 *Poa*

特征 一年生或冬性禾草。秆直立或倾斜，质软，高6—30厘米（图1）。叶鞘稍压扁，中部以下闭合。叶舌长1—3毫米，圆头。叶片扁平或对折。圆锥花序宽卵形（图2），长3—7厘米，开展，分枝1—3枚着生各节，平滑。小穗卵形，含3—5小花，花药黄色。颖果纺锤形，长约2毫米。花期4—5月，果期6—7月。

用途 具有清热解毒、利湿消肿、止咳、降血糖等功效。其茎叶柔软，有一定的营养价值，是优良饲料。且适用于建造各类草坪。

分布 分布于中国内蒙古、山西、河北、辽宁、吉林、黑龙江等地。保护区春季常见。

图1 早熟禾

图2 花序

芦竹 *Arundo donax*

科 禾本科 Poaceae

属 芦竹属 *Arundo*

特征 多年生草本。秆高3—6米，径1—3.5厘米，坚韧，多节，常生分枝（图1）。叶鞘长于节间，无毛或颈部具长柔毛。叶舌平截，先端具纤毛。叶片扁平，长30—50厘米，宽3—5厘米，上面与边缘微粗糙，基部白色，抱茎（图2）。圆锥花序长30—60（—90）厘米（图3），宽3—6厘米，分枝稠密，斜升。小穗长1—1.2厘米，具2—4小花。颖果细小黑色。花果期9—12月。

用途 味苦、甘，性寒。具有清热泻火的功效。芦竹可以编织各种日用品，亦是造纸、造

图1 芦竹

纤维的原料，经济价值很高。

分布 生于河岸道旁、砂质壤土上。泾县双坑片、宣城杨林水库边偶见。

图2 叶

图3 花序

芦苇 *Phragmites australis*

科 禾本科 Poaceae

属 芦苇属 *Phragmites*

特征 多年生草本，根状茎十分发达（图1）。秆直立，中空（图2），节下被腊粉。叶舌边缘密生一圈长约1毫米的短纤毛。叶片披针状线形。圆锥花序大型，长20—40厘米，着生稠密下垂的小穗（图3）。雄蕊3，花药黄色。颖果长约1.5毫米。该种与荻的区别是前者茎空心，花序坚挺，后者茎实心，花序偏向一侧（图4）。

图1 芦苇

用途 秆为造纸原料或作编席织帘及建棚材料，茎、叶嫩时为饲料，根状茎供药用，为固堤造陆先锋环保植物。

分布 产于全国各地。生于江河湖泽、池塘沟渠沿岸和低湿地。保护区各片区均有分布。

图2 茎

图3 花序

图4 芦苇和荻

柳叶箬 *Isachne globosa*

科 禾本科 Poaceae

属 柳叶箬属 *Isachne*

图1 柳叶箬

特征 多年生草本。秆直立或基部倾斜，节生根，高30—60厘米，节无毛（图1）。叶鞘短于节间，无毛，但一侧边缘的上部或全部具疣基毛，叶舌纤毛状。叶片狭披针形，长3—10厘米，宽3—8毫米，顶端短渐尖，两面均具微细毛而粗糙，边缘质地增厚，软骨质，全缘或微波状。圆锥花序（图2），小穗椭圆状球形，长2—2.5毫米，淡绿或成熟后带紫褐色。第一小花常为雄性，较第二小花质软而窄，第二小花雌性，近球形，外稃边缘和背部常有微毛，鳞被楔形，先端平截或微凹。颖果近球形。花果期夏秋季。

用途 药用兼观赏。

分布 产于安徽、浙江、江西、福建、湖南、广东、广西等省区。仅见于金梅岭。

图2 花序

画眉草 *Eragrostis pilosa*

科 禾本科 Poaceae

属 画眉草属 *Eragrostis*

特征 一年生。秆高15—60厘米，4节（图1）。叶鞘扁，鞘缘近膜质，鞘口有长柔毛，叶舌为一圈纤毛，长约0.5毫米。叶无毛，线形扁平或卷缩，长6—20厘米，宽2—3毫米。圆锥花序开展（图2），长10—25厘米，宽2—10厘米，小穗长0.3—1厘米，宽1—1.5毫米，有4—14小花，颖膜质，披针形，第一颖长约1毫米，无脉，第二颖长约1.5毫米，1脉，外稃宽卵形，先端尖，内稃迟落或宿存，稍弓形弯曲。雄蕊3，花药长约0.3毫米。颖果长圆形。花果期8—11月。

图1　画眉草

图2　圆锥花序

用途　全草药用，利尿通淋，清热活血。

分布　生于荒芜田野草地上，分布几遍全国。保护区路边常见。

乱草 *Eragrostis japonica*

科　禾本科 Poaceae

属　画眉草属 *Eragrostis*

特征　也叫碎米知风草，一年生草本。秆高0.3—1米，3—4节（图1）。叶鞘无毛，通常长于节间，叶舌膜质，长约0.5毫米，叶平滑，长3—25厘米。圆锥花序长圆形（图2），长6—15厘米，宽1.5—6厘米。小穗卵圆形，成熟后紫色，长1—2毫米，有4—8小花，颖近等长，长约0.8毫米，1脉，先端钝，外稃宽椭圆形，先端钝，内稃先端3齿裂。雄蕊2，花药长约0.2毫米。颖果棕红色并透明，卵圆形。花果期6—11月。

图1　乱草

图2　圆锥花序

用途　全草入药，清热凉血。主治咯血、吐血。

分布　分布于安徽、浙江、台湾、湖北、江西、广东、云南等省区。保护区常见。

结缕草 *Zoysia japonica*

图1 结缕草

图2 花序

科 禾本科 Poaceae

属 结缕草属 *Zoysia*

特征 多年生草本。具横走根茎。秆直立（图1），基部常有宿存枯萎的叶鞘。叶片扁平或稍内卷。总状花序呈穗状，长2—4厘米（图2）。雄蕊3枚。花柱2，柱头帚状。颖果卵形。花果期5—8月。

用途 本种具横走根茎，易于繁殖，适作草坪。

分布 生于平原、山坡或海滨草地上。分布于日本、朝鲜。保护区草坪、宣城金梅岭路边石缝间有分布。

鼠尾粟 *Sporobolus fertilis*

科 禾本科 Poaceae

属 鼠尾粟属 *Sporobolus*

特征 多年生草本。秆较硬，直立丛生（图1），叶舌长约0.2毫米，纤毛状。叶较硬，常内卷，稀扁平，长15—65厘米，先端长渐尖。圆锥花序线形，常间断（图2），长7—44厘米，小穗灰绿略带紫色，颖膜质，第一颖长约0.5毫米，无脉，第二颖长1—1.5毫米，卵形或卵状披针形，1脉；外稃等长于小穗，具中脉及2不明显侧脉，先端稍尖。雄蕊3，花药黄色。囊果成熟后红褐色。花果期3—12月。

用途 具有清热、凉血、解毒、利尿的功效。

分布 产于秦岭以南，华南以北各省区，分布于南亚、东南亚及东亚地区。郎溪县高井庙猛家冲、泾县老虎山路边常见。

图1 鼠尾粟

图2 花序

千金子 *Leptochloa chinensis*

科 禾本科 Poaceae

属 千金子属 *Leptochloa*

特征 秆直立，基部膝曲，高30—90厘米，无毛（图1）。叶鞘无毛，短于节间，叶舌膜质。叶扁平或多少内卷，长5—25厘米。圆锥花序长10—30厘米（图2），小穗多少紫色，具3—7小花，颖不等长，1脉；外稃先端无毛或下部有微毛，第一外稃长1.5毫米，内稃稍短于外稃。花药长0.5毫米。颖果长圆球形。

用途 具有泻下逐水的功效，外用可疗癣等。

分布 分布于华东、华南、华北、西南等省区。保护区湿地随处可见。

图1 千金子

图2 圆锥花序

牛筋草 *Eleusine indica*

科 禾本科 Poaceae

属 穇属 *Eleusine*

特征 一年生草本。秆丛生，基部倾斜（图1）。叶鞘两侧压扁而具脊。叶片平展，线形。穗状花序2—7个指状着生于秆顶（图2），很少单生，小穗含3—6小花，鳞被2，折叠，5脉。花果期6—10月。

图1 牛筋草

用途 秆叶强韧，全株可作饲料，又为优良保土植物。入药部位是全草，味甘、淡，性凉，主要是清热利湿、凉血解毒、散瘀止血。

分布 分布于全世界温带和热带地区，产于我国南北各省区。郎溪县高井庙及其他片区多见。

图2 花序

狗牙根 *Cynodon dactylon*

科 禾本科 Poaceae

属 狗牙根属 *Cynodon*

特征 低矮草本，具根茎。秆细而坚韧，下部匍匐，节上常生不定根，直立部分高10—30厘米（图1）。叶鞘微具脊，鞘口常具柔毛，叶舌仅为一轮纤毛，叶片线形。穗状花序3—5枚（图2）。小穗灰绿色或带紫色，仅含1小花。柱头紫红色。颖果长圆柱形。花果期5—10月。

图1 狗牙根

用途 根茎可喂猪，牛、马、兔、鸡等喜食其叶；全草可入药，有清血、解热、生肌的功效。

分布 广布于我国黄河以南各省区。扬子鳄管理局草坪有分布。

图2 花序

淡竹叶 *Lophatherum gracile*

科 禾本科 Poaceae

属 淡竹叶属 *Lophatherum*

特征 须根中部膨大呈纺锤形小块根。秆高40—80厘米，5—6节（图1）。叶鞘平滑或外侧边缘具纤毛。叶舌长0.5—1毫米。叶片长6—20厘米，具横脉。圆锥花序长12—25厘米，宽5—10厘米（图2）。小穗线状披针形，颖先端钝，5脉，边缘膜质。颖果长椭圆形。花果期6—10月。

用途 叶为清凉解热药，根药用，有清凉、解热、利尿及催产的功效。又可作牧草。

分布 广布于江苏、安徽、浙江、江西、福建、台湾、湖南、广东、广西、四川、云南。泾县中桥团结大塘有分布。

图1 淡竹叶

图2 花序

升马唐 *Digitaria ciliaris*

图1　升马唐

科 禾本科 Poaceae

属 马唐属 *Digitaria*

特征 一年生草本植物（图1）。秆基部横卧地面，节处生根和分枝，高可达90厘米。叶鞘常短于其节间，叶片线形或披针形，上面散生柔毛，边缘稍厚，微粗糙。总状花序5—8枚（图2）穗轴边缘粗糙。小穗披针形，孪生于穗轴之一侧，1柄长，1柄短（图3）。5—10月开花结果。

用途 是一种优良牧草，也是果园旱田中危害庄稼的主要杂草。

分布 广泛分布于世界的热带、亚热带地区，中国南北各省区均有分布。保护区常见。

图2　花序

图3　颖果

稗 *Echinochloa crus-galli*

科 禾本科 Poaceae

属 稗属 *Echinochloa*

特征 一年生草本，秆高50—150厘米（图1），光滑无毛，基部倾斜或膝曲。叶鞘疏松裹秆，平滑无毛。叶舌缺。叶片扁平，线形，长10—40厘米。圆锥花序直立，近尖塔形（图1）。小穗卵形，长3—4毫米，脉上密被疣基刺毛。第一小

图1　稗

图2　长芒稗

花通常中性，其外稃草质，上部具7脉，顶端延伸成一粗壮的芒，内稃薄膜质，狭窄，具2脊。第二外稃椭圆形，平滑，光亮。花果期夏秋季。该植物与长芒稗（*Echinochloa caudata*）（图2）常因为后者芒远远长于稗草而易识别。

用途　全草可作绿肥及饲料，也可入药，具有凉血止血的功效，茎、叶纤维可作造纸原料。

分布　分布全国，以及全世界温暖地区。生于沼泽地、沟边及水稻田中。保护区湿地常见。

求米草 *Oplismenus undulatifolius*

科　禾本科 Poaceae

属　求米草属 *Oplismenus*

特征　秆纤细，基部平卧地面，节处生根。叶鞘短于或上部长于节间，密被疣基毛（图1）。叶舌膜质，叶片扁平，披针形至卵状披针形，先端尖，基部略圆形而稍不对称，

图1　求米草

图2　花序

通常具细毛。圆锥花序长2—10厘米，主轴密被疣基长刺柔毛（图2）。雄蕊3，花柱基分离。花果期7—11月。

用途 草质柔软，适口性好，营养丰富，是较为理想的放牧草。

分布 广布于我国南北各省区，分布于世界温带和亚热带。郎溪县高井庙林场、泾县中桥、双坑片多见。

金色狗尾草 *Setaria pumila*

科 禾本科 Poaceae

属 狗尾草属 *Setaria*

特征 一年生草本。单生或丛生（图1）。秆直立或基部倾斜膝曲。叶鞘下部扁压具脊。叶片线状披针形或狭披针形，上面粗糙，下面光滑，近基部疏生长柔毛。圆锥花序紧密呈圆柱状或狭圆锥状（图2），主轴具短细柔毛，刚毛金黄色或稍带褐色。花果期6—10月。与狗尾草相比，金色狗尾草花序狭而且呈金色而易区别（图3）。

用途 为田间杂草。秆、叶可作牲畜饲料，可作牧草。

分布 产于全国各地，生于林边、山坡、路边和荒芜的园地及荒野。保护区广布。

图1　金色狗尾草

图2　花序

图3　金色狗尾草和狗尾草

图1　狗尾草居群

狗尾草 *Setaria viridis*

科　禾本科 Poaceae

属　狗尾草属 *Setaria*

特征　一年生草本。须状根。秆直立或基部膝曲。叶鞘松弛，叶舌极短，叶片扁平，长三角状狭披针形或线状披针形（图1）。圆锥花序紧密，呈圆柱状或基部稍疏离，长短不一（图2、图3），直立或稍弯垂，主轴被较长柔毛，通常绿色或褐黄到紫红或紫色。小穗2—5个簇生于主轴上或更多的小穗着生在短小枝上。花果期5—10月。

用途　秆、叶可作饲料，也可入药，治痈瘀、面癣。

分布　产于全国各地，生于海拔4000米以下的荒野、道旁，为旱地作物常见杂草。保护区随处可见。

图2　长短不一花序（同株）

图3　花序

图1 狼尾草

狼尾草 *Pennisetum alopecuroides*

科 禾本科 Poaceae

属 狼尾草属 *Pennisetum*

特征 多年生草本。须根较粗壮。秆直立，丛生（图1）。叶鞘光滑，两侧压扁，主脉呈脊，秆上部者长于节间，叶舌具纤毛，叶片线形，先端长渐尖。圆锥花序直立，刚毛状小枝常呈紫色（图2），小穗通常单生，偶有双生，线状披针形。雄蕊3，花柱基部联合。颖果长圆形。

用途 可供编织或造纸，作饲料，也可作固堤防沙植物。

分布 东北、华北经华东、中南及西南各省区均有。南陵县长乐田埂多见。

图2 花序

瘦瘠伪针茅 *Pseudoraphis sordida*

图1　瘦瘠伪针茅

科　禾本科 Poaceae

属　伪针茅属 *Pseudoraphis*

特征　多年生蔓延草本（图1）。叶片条状披针形至披针形，宽2—4毫米。圆锥花序通常紧缩（图2），长2—5厘米，基部包藏于叶鞘内，分枝仅1枚小穗，穗轴延伸成刚毛状。小穗披针形，长4—5毫米，含2小花仅第二小花结实，雄蕊3枚，成熟时连同整个分枝一起脱落。

用途　优良牧草。

分布　分布于广东、云南、湖北、浙江，江苏、山东、安徽等省区。仅见于郎溪骆村水库和泾县中桥团结大塘滩涂。

图2　花序

野黍 *Eriochloa villosa*

科　禾本科 Poaceae

属　野黍属 *Eriochloa*

特征　秆直立，基部分枝，稍倾斜。高30—100厘米（图1）。叶舌具长约1毫米纤毛。叶片扁平，长5—25厘米，宽5—15毫米。圆锥花序狭长，长7—15厘米，由4—8枚总状花序组成。总状花序长1.5—4厘米，密生柔毛，常排列于主轴之一侧（图2）。雄蕊3，花柱分离。颖果卵圆形，长约3毫米。花果期7—10月。

图1　野黍

用途 在花果期之前，秆细、叶嫩、无异味，是各种畜禽的好饲草。其种子可食用和酿酒用。

分布 分布于东北、华北、华东、华中、西南、华南等地区。广德卢村水库、宣城杨林水库周边荒地多见。

图2 花序

雀稗 *Paspalum thunbergii*

科 禾本科 Poaceae

属 雀稗属 *Paspalum*

特征 多年生草本。秆直立，丛生（图1）。叶鞘具脊，长于节间，叶舌膜质，叶片线形。总状花序3—6枚，互生于主轴，形成总状圆锥花序（图2），小穗椭圆状倒卵形，顶端圆或微凸，第二颖与第一外稃相等，膜质，具3脉，边缘有明显微柔毛，第二外稃等长于小穗，革质，具光泽。花果期5—10月。

用途 是放牧地的优等牧草，牛、羊均喜吃。

分布 分布于日本、朝鲜和中国。保护区林地常见。

图1 雀稗

图2 花序

图1　双穗雀稗

双穗雀稗 *Paspalum distichum*

图2　花序

科　禾本科 Poaceae

属　雀稗属 *Paspalum*

特征　多年生草本（图1）。匍匐茎横走、粗壮，长达1米，向上直立部分高20—40厘米，节生柔毛。叶鞘短于节间，背部具脊，边缘或上部被柔毛。叶舌长2—3毫米，无毛；叶片披针形，长5—15厘米。总状花序2枚对连（图2），长2—6厘米。小穗倒卵状长圆形，长约3毫米，顶端尖，疏生微柔毛；第一颖退化或微小；第二颖贴生柔毛，具明显的中脉。第一外稃具3—5脉，第二外稃草质，等长于小穗，黄绿色，顶端尖，被毛。花果期5—9月。

用途　在局部地区为造成作物减产的恶性杂草。

分布　分布于安徽、江苏、台湾、湖北、湖南、云南、广西、海南等省区。保护区水域常见。

野古草 *Arundinella hirta*

科 禾本科 Poaceae

属 野古草属 *Arundinella*

特征 多年生草本，根茎粗壮（图1）。秆直立，高0.9—1.5米，径2—4毫米，节密被柔毛。圆锥花序长10—40厘米，开展或略收缩（图2），小穗长3—4.2毫米，无毛。颖具5脉，第一颖长2.4—3.4毫米，先端渐尖，第二颖长2.8—3.6毫米。第一小花雄性，长3—3.5毫米，外稃具3—5脉，内稃略短。第二小花长卵形，外稃长2.4—3毫米，无芒。花果期8—10月。

用途 可作饲料及造纸原料。

分布 分布于江苏、江西、湖北、湖南等省区。郎溪县高井庙塘口多见。

图1 野古草

图2 花序

假俭草 *Eremochloa ophiuroides*

科 禾本科 Poaceae

属 蜈蚣草属 *Eremochloa*

特征 多年生草本，具强壮的匍匐茎。高约20厘米。叶鞘压扁，多密集跨生于秆基（图1）。叶片条形，顶生叶片退化。总状花序顶生，稍弓曲，压扁，长4—6厘米（图2）。无柄小穗长圆形，覆瓦状排列于总状花序轴一侧，花药长约2毫米，柱头红棕色。

图1　假俭草

图2　花序

花果期夏秋季。

用途　药用，可用于治疗中暑后的腹痛。假俭草质地较粗糙，生长缓慢，是南方优良的固土护坡材料，广泛用于道路、堤岸、坡地等绿化。

分布　分布于江苏、浙江、安徽、湖北、湖南、福建、台湾、广东、广西、贵州等省区。广德卢村水库偶见。

牛鞭草 *Hemarthria sibirica*

科　禾本科 Poaceae

属　牛鞭草属 *Hemarthria*

特征　多年生草本植物，秆高且粗壮、硬、直立，常有分枝（图1）。叶片条形，先端渐尖，叶鞘无毛。穗形总状花序秆顶或枝梢单生（图2），稍粗壮，略弯曲，穗轴呈压扁三棱形，每节着生扁平小穗一对。小花雄蕊3，柱头2裂（图3）。花果期7—10月。

图1　牛鞭草

用途　茎叶柔嫩，再生力强，产量丰富，盖度大，是一种优良的护堤固沟的牧草；也可用来作为运动场、飞机场的草皮。

分布　产于安徽、江苏、浙江、江西、湖南、湖北、贵州、广东、广西等省区。保护区常见。

图2 花序

图3 花

薏苡 *Coix lacryma-jobi*

科 禾本科 Poaceae

属 薏苡属 *Coix*

特征 一年生粗壮草本。秆直立丛生，多分枝（图1）。叶鞘短于其节间，叶舌干膜质，叶片扁平宽大，开展，基部圆形或近心形。总状花序腋生成束，雌小穗位于下部，外面包以骨质念珠状总苞，雄蕊常退化，雌蕊具细长柱头，伸出，颖果小，雄小穗着生于上部，具有柄、无柄二型（图2）。花果期6—12月。

用途 为念佛串珠用的菩提珠子，工艺价值大。也是优良的牲畜饲料，常药用，临床常用于健脾养胃、祛湿消肿等。

分布 产于我国辽宁以南、西藏以西的湿润及半湿润区。南陵县长乐湿地常见。

图1 薏苡

图2 花果

玉米 *Zea mays*

科 禾本科 Poaceae

属 玉蜀黍属 *Zea*

特征 一年生雌雄同株异花授粉植物（图1）。秆直立，具气生支柱根。叶片线状披针形。雄性圆锥花序顶生（图2）。雌花序被多数宽大的鞘状苞片所包藏，雌蕊具极长而细弱的线形花柱（图3）。颖果扁球形于棒状花托上（图4）。花果期秋季。

图1 玉米

图2 雄花序

图3 雌花序

用途 重要谷物。

分布 是起源于墨西哥的野生黍类，经过逐渐培育而成。我国东北、华北、华东和西南山区主产。宣城金梅岭、保护区内耕地有栽培。

图4 果实

图1　五节芒

五节芒 *Miscanthus floridulus*

科　禾本科 Poaceae

属　芒属 *Miscanthus*

特征　多年生草本，具发达根状茎，高2—4米，节下具白粉（图1）。叶舌长1—2毫米，顶端具纤毛。叶片披针状线形，长25—60厘米。圆锥花序大型（图2），稠密，长30—50厘米，主轴粗壮，延伸达花序的2/3以上，小穗卵状披针形，长3—3.5毫米，第一颖无毛，顶端渐尖或有2微齿，侧脉内折呈2脊，第二颖等长于第一颖，顶端渐尖，具3脉。花果期5—10月。

用途　根系发达，耐旱性较好，能够截留雨水、涵养水源、防止表土流失和滑坡，具有较高的水土保持价值。其幼叶作饲料，秆可作造纸原料。

分布　分布于安徽、江苏、浙江、福建、台湾、广东、海南、广西等省区。保护区随处可见。

图2　花序

荻 *Miscanthus sacchariflorus*

图1 荻居群

科 禾本科 Poaceae

属 芒属 *Miscanthus*

特征 多年生草本，具发达被鳞片的长匍匐根状茎，高1—2.5米，具10多节（图1）。叶舌短，长0.5—1毫米，具纤毛。叶片扁平，宽线形，长20—50厘米，宽5—18毫米。圆锥花序疏展成伞房状（图2），长10—20厘米，宽约10厘米，具10—20枚较细弱的分枝，腋间生柔毛，直立而后开展，总状花序轴节间长4—8毫米，或具短柔毛。颖果长圆形，长1.5毫米。花果期8—10月。

用途 根茎发达，具有固沙、护堤的作用；荻秆可造纸、盖房、织帘等；幼株可用作饲料。

分布 产于安徽省、黑龙江、吉林、辽宁、河北、山西、河南、山东、甘肃及陕西等省区。保护区常见。

图2 花序

高粱 *Sorghum bicolor*

科 禾本科 Poaceae

属 高粱属 *Sorghum*

特征 一年生草本。秆直立，高3—5米，基部节上具支撑根（图1）。叶鞘无毛或稍有白粉，叶舌硬膜质，先端圆，边缘有纤毛，叶片线形至线状披针形（图2）。圆锥花序疏松，主轴裸露，总梗直立或微弯曲。雄蕊3枚，花柱分离，柱头帚状。颖果两面平凸，长3.5—4毫米，淡红色至红棕色（图3）。花果期6—9月。

用途 谷粒供食用、酿酒。颖果能入药，能燥湿祛痰、宁心安神，属于经济作物。

分布 我国南北各省区均有栽培。保护区内偶见栽培。

图1 高粱幼苗

图2 高粱（示叶）

图3 果序

河八王 *Saccharum narenga*

科 禾本科 Poaceae

属 甘蔗属 *Saccharum*

特征 多年生草本，高1—3米，节具长髭毛，节之上下部分均被柔毛或白粉。叶鞘下部遍生疣基柔毛，鞘口密生疣基长柔毛（图1）。叶舌厚膜质，长3—4毫米，钝圆，具纤毛；叶片长线形，长达80厘米，宽6—12毫米，顶生者退化成锥形。圆锥花序长20—30厘米（图2），主轴被白色柔毛，节具柔毛，常着生4枚分枝，总状花序轴节间与小穗柄长约2.5毫米，先端稍膨大，边缘疏生纤毛。雄蕊3枚，花药长1.5毫米。柱头长约1.5毫米，自小穗中部以上之两侧伸出。花果期8—11月。

用途 固堤的良好材料。

分布 广泛分布于亚洲南部的热带地区。保护区河边或池塘边多见。

图1　河八王叶基部

图2　花序（甄爱国　摄）

白茅 *Imperata cylindrica*

科 禾本科 Poaceae

属 白茅属 *Imperata*

特征 多年生草本（图1），具粗壮的长根状茎。秆直立，节无毛。叶鞘聚集于秆基，长于其节间，质地较厚。叶舌膜质，紧贴其背部或鞘口具柔毛。雄蕊2枚，花药长3—4毫米，花柱细长，基部多少连合，柱头2，紫黑色，羽状（图2）。颖果椭圆形，长约1毫米。

用途 根据炮制方法的不同分为白茅根、茅根炭，其花穗、初生未放花序可入药，有止血、解毒、定痛的功效。根茎可以食用，处于花苞时期的花穗可以鲜食，叶子可以编蓑衣。

分布 全国广布。保护区林地、路旁常见。

图1 白茅

图2 花序

黄背草 *Themeda triandra*

科 禾本科 Poaceae

属 菅属 *Themeda*

特征 多年生草本。秆高约60厘米，分枝少（图1）。叶鞘压扁具脊。叶片线形，长10—30厘米，宽3—5毫米，基部具瘤基毛。伪圆锥花序狭窄（图2），长20—30厘米，由具线形佛焰苞的总状花序组成，佛焰苞长约3厘米，总状花序长约1.5

图1 黄背草

图2 花序

厘米，由7小穗组成，基部2对总苞状小穗着生在同一平面，有柄小穗雄性，长约9毫米，第一颖草质，疏生瘤基刚毛。花果期6—9月。

用途 是家畜的饲草。秆叶可供造纸，也可在园林中用作观赏草。

分布 中国除新疆、青海、内蒙古等省区以外几均有分布。郎溪县高井庙塘口多见。

有芒鸭嘴草 *Ischaemum aristatum*

科 禾本科 Poaceae

属 鸭嘴草属 *Ischaemum*

特征 多年生草本。秆直立或下部斜升，高60—80厘米，节上无毛或被髯毛（图1）。叶鞘生疣基毛（图2）。叶舌长2—3毫米。叶片线状被针形，长可达18厘米，宽4—8毫米。总状花序通常孪生且互相贴近而呈圆柱形（图3），无柄小穗披针形，长7—8毫米，第一颖先端钝或具2微齿，上部5—7脉，第二颖等长于第一颖，舟形，先端渐尖，背部具脊。第一小花雄性，稍短于颖，外稃纸质，先端尖，背面微粗糙，具不明显的3脉，内稃膜质，具2脊；第二小花两性，外稃长约5毫米，自先端深2裂至中部，齿间伸出长约10毫米的芒，芒于中部以下膝曲，芒柱通常不伸出小穗之外。雄蕊3，花柱分离。有柄小穗较无柄小穗短小，雄性或退化为中性，其第二小花外稃有时具短直芒。花果期夏秋季。

用途 可用作牧草。

分布 产于华东、华中、华南及西南各省区。泾县双坑、郎溪县高井庙片区有分布。

图1　有芒鸭嘴草

图2　叶鞘

图3　花序

柔枝莠竹 *Microstegium vimineum*

图1 柔枝莠竹

科 禾本科 Poaceae

属 莠竹属 *Microstegium*

特征 蔓生草本。秆高80—120厘米，节无毛，下部横卧地面于节处生根，向上抽出开花分枝（图1）。叶鞘短于其节间，鞘口具柔毛。叶舌截形，长约0.5毫米，背面生毛。叶片长4—8厘米，宽5—8毫米，边缘粗糙，顶端渐尖，基部狭窄，中脉白色，叶腋内常有嫩芽（图2）。总状花序2—6枚，近指状排列于主轴上，总状花序轴节间稍短于其小穗，较粗而压扁（图3）。颖果长圆形，长约2.5毫米。花果期8—11月。

图2 叶腋

用途 用作饲料。

图3 花序

分布 分布于安徽、河北、河南、山西、江西、湖南、福建、广东、广西、贵州、四川及云南等省区。南陵县合义有分布。

荩草 *Arthraxon hispidus*

科 禾本科 Poaceae

属 荩草属 *Arthraxon*

图1 荩草

特征 秆纤细，高10—30厘米，具多分枝，基部匍匐生根（图1）。叶舌膜质，具长约1毫米纤毛。叶片扁平，卵形或卵状披针形，长2—3厘米，宽7—10毫米，两面具毛，顶端变狭，基部心形，抱茎，近边缘基部具较长的疣基纤毛（图2）。总状花序指状排列或簇生于茎顶（图3）。有柄小穗退化仅存一针状柄，柄长0.1—0.5毫米，具毛。颖果长圆形，与稃近等长。花果期9—11月。

用途 是一种优良的野生牧草，耐瘠薄，能起到护坡固土作用。还可供药用，茎叶治久咳，洗疮毒。

分布 遍布中国以及旧大陆的温带至热带。保护区常见。

图2 叶

图3 花序

金鱼藻 *Ceratophyllum demersum*

图1 金鱼藻

科 金鱼藻科 Ceratophyllaceae

属 金鱼藻属 *Ceratophyllum*

特征 多年生沉水草本，全株深绿色，茎细长且有分枝（图1）。叶多轮生，一至二回叉状分歧，裂片丝状或丝状条形，先端带白色软骨质，边缘一侧具细齿。花梗极短，条形，淡绿色，宿存，花柱钻状。坚果宽椭圆形，黑色，平滑，无翅，顶刺为宿存花柱，先端具钩，基部2刺向下斜伸（图2）。花期6—7月，果期8—10月。

用途 全草入药，味淡，性凉，有止血功效，主治内伤吐血、慢性气管炎。

分布 全世界广泛分布。分布于保护区湖泊、池塘的静水中。郎溪县高井庙池塘中有分布。

图2 果实

图1　黄堇

黄堇 *Corydalis pallida*

科　罂粟科 Papaveraceae

属　紫堇属 *Corydalis*

特征　丛生草本植物（图1），高可达60厘米，基生叶多数，莲座状，花期枯萎。茎生叶稍密集，上面绿色，下面苍白色，二回羽状全裂，卵圆形至长圆形，裂片顶端圆钝。总状花顶生和腋生（图2），有时对生，苞片披针形至长圆形，花黄色至淡黄色，萼片近圆形，中央着生，雄蕊束披针形。子房线形。蒴果线形，念珠状（图1），种子黑亮，表面密具圆锥状突起，种阜帽状。

用途　全草药用，亦有清热解毒和杀虫的功能，但服后能使人畜中毒。

分布　生长在林间空地、火烧迹地、林缘、河岸、坡地，全国广布。保护区常见。

图2　花序

尖距紫堇 *Corydalis sheareri*

科 罂粟科 Papaveraceae

属 紫堇属 *Corydalis*

特征 也称地锦苗，草本。具主根。茎上部分枝。基生叶，二回羽状全裂，齿圆齿状，叶面绿色，叶背灰绿色（图1）。总状花序生于茎顶端，花瓣紫红色，先端颜色较深，舟状卵形，具鸡冠状突起和不规则的齿裂，距钻形，末端尖（图2）。蒴果圆柱形。种子圆形，黑色，具乳突。花果期3—6月。

用途 栽培宜观赏。

分布 产自华东、华南地区。保护区偶见。

图1 尖距紫堇

图2 花序

夏天无 *Corydalis decumbens*

科 罂粟科 Papaveraceae

属 紫堇属 *Corydalis*

特征 多年生草本，高达25厘米（图1）。块茎近球形或稍长（图2）。叶二回三出，小叶倒卵圆形，全缘或深裂，裂片卵圆形或披针形（图3）。总状花序具3—10花，花冠近白、淡粉红或淡蓝色，外花瓣先端凹缺，具窄鸡冠状突起。蒴果线形，稍

图1　夏天无

扭曲，种子具龙骨及泡状小突起。因其花期较早，立夏过后不再开花，故名“夏天无”。

用途　药用兼观赏。

分布　分布于江苏、安徽、浙江、福建、江西、湖南、湖北、山西、台湾等省山坡或路边。保护区常见。

图2　示块茎

图3　叶

图1 紫堇（刘坤 摄）

紫堇 *Corydalis edulis*

科 罂粟科 Papaveraceae

属 紫堇属 *Corydalis*

特征 一年生草本，株高达50厘米，主根细长，茎分枝，花枝常与叶对生，基生叶具长柄，叶长5—9厘米，一至二回羽状全裂。总状花序具3—10花，花萼近圆形，具齿，花冠粉红或紫红色（图1、图2），外花瓣较宽，先端微凹，上花瓣距圆筒形，约花瓣1/3，蜜腺伸达近距末端，大部与距贴生，下花瓣近基部渐窄，内花瓣具鸡冠状突起，爪稍长于瓣片，柱头横纺锤形。蒴果线形（图1），下垂，长3—3.5厘米，种子1列，种子密被环状小凹点，种阜小。

用途 对金黄色葡萄球菌有抑制作用，临床上用于治疗肺结核咳嗽咯血、化脓性中耳炎、皮肤细菌性感染和蚊虫叮咬肿痛等。

分布 丘陵、沟边或多石地。保护区常见。

图2 花（刘坤 摄）

刻叶紫堇 *Corydalis incisa*

科 罂粟科 Papaveraceae

属 紫堇属 *Corydalis*

图1 刻叶紫堇

特征 直立草本，高15—60厘米（图1）。根茎短而肥厚，椭圆形。茎不分枝或少分枝，具叶。叶具长柄，基部具鞘，叶片二回三出。总状花序长3—12厘米，多花（图2）。苞片叶状至楔形，具缺刻状齿至分裂。萼片小，丝状深裂。花紫红色至紫色，稀淡蓝色至苍白色。蒴果线形至长圆形（图3），具1列种子，蒴果果皮遇到外力容易卷起（图4）。

用途 全草药用，解毒杀虫，治疮癣、蛇蛟伤。外用，因含刻叶紫堇胺等多种生物碱，不宜内服。

分布 生长于近海平面至1800米的林缘，路边或疏林下。保护区常见。

图2 花序

图3 果实

图4 翻卷的果皮

大血藤 *Sargentodoxa cuneata*

科 木通科 Lardizabalaceae

属 大血藤属 *Sargentodoxa*

图1　大血藤

特征 落叶木质藤本，长达到10余米。三出复叶，或兼具单叶，稀全部为单叶，小叶革质，顶生小叶近棱状倒卵圆形，全缘，侧生小叶斜卵形，先端急尖，基部内面楔形，外面截形或圆形，上面绿色，下面淡绿色（图1）。总状花序，雄花与雌花同序或异序（图2），同序时，雄花生于基部，苞片1枚，长卵形。萼片6，花瓣状，长圆形，花瓣6，小，圆形，长约1毫米，蜜腺性。浆果近球形，成熟时黑蓝色。种子卵球形，基部截形。

用途 根及茎均可供药用，有通经活络、散瘀痛、理气行血、杀虫等功效。茎皮含纤维，可制绳索。枝条可为藤条代用品。

分布 原产中国，国外集中于老挝、越南北部，多生长在山坡灌丛、疏林和林缘中。郎溪县高井庙、泾县董家冲有分布。

图2　花序

五叶木通 *Akebia quinata*

图1　五叶木通

科　木通科 Lardizabalaceae

属　木通属 *Akebia*

特征　落叶木质缠绕藤本，长3—15米，全体无毛（图1）。掌状复叶，簇生于短枝顶端，叶柄细长。夏季开紫色花，短总状花序腋生（图2）。果肉质，浆果状，长椭圆形，略呈肾形，两端圆，直径2—3厘米，熟后紫色。种子多数，长卵形而稍扁，黑色或黑褐色。果期8—9月。

用途　清热利湿、排脓、通经活络、镇痛。主治小便不利、泌尿系统感染、风湿关节痛等。

分布　产于长江流域各省区。泾县老虎山偶见。

图2　花序

三叶木通 *Akebia trifoliata*

科 木通科 Lardizabalaceae

属 木通属 *Akebia*

特征 落叶木质藤本（图1）。掌状3小叶，小叶较大，柄较长，侧生小叶较小、柄较短。总状花序生于短枝叶丛中，雌花常2，稀3或无，花梗长1—4厘米，雄花12—35，花梗长2—6毫米，雄花萼片3，淡紫色，卵圆形，雄蕊6，紫红色，长2—3毫米，花丝很短，退化雌蕊3—6，雌花萼片3，暗紫红色，宽卵形或卵圆形，顶端钝圆，凹入，雌蕊5—9，紫红色，圆柱形（图2）。蓇葖果长5—8厘米，淡紫。花期4—5月，果期7—8月。

用途 根、茎和果均入药，利尿、通乳，有舒筋活络的功效，治风湿关节痛。果也可食及酿酒。种子可榨油。

分布 长江流域各省区常见。郎溪县高井庙有分布。

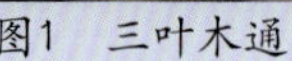

图1　三叶木通

图2　花序

鹰爪枫 *Holboellia coriacea*

科 木通科 Lardizabalaceae

属 八月瓜属 *Holboellia*

特征 茎皮褐色。掌状复叶有小叶3片（图1），小叶厚革质，椭圆形或卵状椭圆形，顶小叶有时倒卵形，先端渐尖或微凹而有小尖头，上面深绿色，有光泽，下面粉绿色，中脉在上面凹入，下面凸起，基部三出脉。花雌雄同株，白绿色或紫色，组成短的伞房式总状花序，总花梗短或近于无梗，数至多个簇生于叶腋（图2）。果长圆状柱形，熟时紫色。花期4—5月，果期6—8月。

用途 果瓤白色多汁，是最佳而鲜甜野果。同时果、根入药，种子可榨油，藤皮纤维可制工艺品等。

分布 生于山地杂木林或路旁灌丛中，耐干旱瘠薄。泾县中桥、董家冲有分布。

图1　鹰爪枫

图2　花序

图1 风龙

风龙 *Sinomenium acutum*

科 防己科 Menispermaceae

属 风龙属 *Sinomenium*

特征 也叫汉防己，藤本。叶常卵形，掌状脉3—5，叶柄非盾状着生（图1）。总状花序或窄圆锥花序（图2），腋生。雄花萼片6，外轮小，内轮大，覆瓦状排列，花瓣6，较小，基部二侧反折呈耳状，包花丝，先端不裂，雄蕊6，分离，花药肥大，药室横裂，雌花萼片及花瓣与雄花相似，退化雄蕊6，较花瓣短，心皮3，花柱外弯。果倒卵圆形，稍扁。种子弯形。花期6—7月，果期8—9月。

用途 根、茎可入药，枝条可编藤器。也可作垂直绿化观花类。

分布 产于长江流域及其以南各省区。郎溪县高井庙路边灌丛偶见。

图2 花序

木防己 *Cocculus orbiculatus*

科 防己科 Menispermaceae

属 木防己属 *Cocculus*

特征 木质藤本植物（图1）。小枝被绒毛至疏柔毛，有条纹。叶片纸质至近革质，阔卵状近圆形。花序少花，腋生，狭窄聚伞圆锥花序，顶生或腋生，被柔毛（图2）。核果近球形，红色至蓝紫色（图3）。花期5—6月。果期8—9月。

用途 味苦、性寒。用于治疗风湿关节痛、风湿性心脏病、水肿，还可治毒蛇咬伤。

分布 广布于中国湿润区及半湿润区，多生长于灌丛、村边、林缘等处。保护区常见。

图1　木防己

图2　花

图3　果实

金线吊乌龟 *Stephania cephalantha*

科 防己科 Menispermaceae

属 千金藤属 *Stephania*

特征 草质藤本，长达2米，全株无毛。块根团块状或近圆锥状，褐色，皮孔突起，小枝紫红色，纤细。叶三角状扁圆形或近圆形，先端具小凸尖，基部圆或近平截，掌状脉7—9（图1）。雌雄花序头状（图2），具盘状托。雄花序梗丝状，常腋生，组成总状。雌花序梗粗，单生叶腋。雄花萼片（4）6（8），花瓣3或4，稀6，聚药雄蕊短。雌花萼片1（2—5），长约0.8毫米，花瓣2（—4），肉质，较萼片小。核果宽倒卵圆形，嫩时绿色，熟时红色（图3）。花期4—5月，果期6—7月。

图1　金线吊乌龟

用途 宜作花廊、篱栅、围墙的垂直绿化材料。其块根可入药，具清热解毒、消肿止痛的功效。

分布 西北至陕西汉中地区，东至浙江、江苏和台湾，西南至四川东部和东南部，贵州东部和南部，南至广西和广东均有分布。郎溪县高井庙塘埂有分布。

图2　花序

图3　果实

千金藤 *Stephania japonica*

科 防己科 Menispermaceae

属 千金藤属 *Stephania*

特征 稍木质藤本，全株无毛。小枝纤细。叶三角状圆形或三角状宽卵形，长宽6—10厘米，先端具小凸尖，基部常微圆，下面粉白（图1），掌状脉10—12条。叶柄长3—12厘米，盾状着生。复伞形聚伞花序腋生（图1），伞梗4—8，小聚伞花序近无梗，密集成头状，雄花萼片6或8，花瓣3或4，黄色，稍肉质，宽倒卵形，聚药雄蕊长0.5—1毫米。雌花萼片及花瓣3—4，与雄花的相似或较小。核果倒卵形或近球形，长约8毫米，红色（图2）。

图1　千金藤

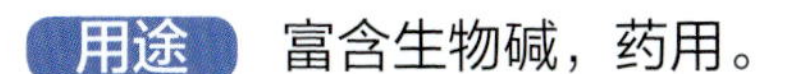

用途 富含生物碱，药用。

分布 广布于华东、华南各省区。郎溪县高井庙多见。

图2　果实

南天竹 *Nandina domestica*

科 小檗科 Berberidaceae

属 南天竹属 *Nandina*

特征 常绿小灌木（图1）。茎常丛生而少分枝，光滑无毛，幼枝常为红色。叶互生，三回羽状复叶，二至三回羽片对生，小叶薄革质、椭圆形或椭圆状披针形。圆锥花序直立，长20—35厘米。花小，白色（图2），具芳香，萼片多轮，外轮萼片卵状三角形，长1—2毫米，向内各轮渐大，最内轮萼片卵状长圆形，长2—4毫米。花瓣长圆形，长约4.2毫米，宽约2.5毫米，先端圆钝。雄蕊6，子房1室。浆果球形，熟时鲜红色（图3），稀橙红色，种子扁圆形。花期3—6月，果期5—11月。

图1　南天竹

用途　根、叶具有强筋活络，消炎解毒的功效，果为镇咳药。但过量有毒。各地庭院常有栽培，为优良观赏植物。

分布　分布于福建、浙江、山东、江苏、江西、安徽、湖南、湖北、广西、广东、四川、云南、贵州、陕西、河南等省区。扬子鳄管理局园内有栽培。

图2　花

图3　果实

图1　阔叶十大功劳

阔叶十大功劳 *Mahonia bealei*

科　小檗科 Berberidaceae

属　十大功劳属 *Mahonia*

特征　常绿灌木或小乔木，高可达2米（图1）。叶长圆形，上面深绿色，叶脉显著，背面淡黄绿色。总状花序簇生，长5—6厘米。芽鳞卵状披针形，苞片阔披针形，花亮黄色至硫黄色（图2），外萼片卵形，花瓣长圆形，花柱极短，胚珠2枚。浆果倒卵形，蓝黑色，微被白粉（图3）。3—5月开花，5—8月结果。

图2　花

用途　四季常绿，树形雅致，开黄花，栽在房前屋后、池边、山石旁，青翠典雅。作为切花供观赏。可入药，有清热解毒、消肿、止泻腹泻等功效。

分布　分布于辽宁、江苏、浙江、安徽、福建、江西、河南、湖北、湖南、广东、广西、重庆、四川、陕西、甘肃等地。扬子鳄管理局园内有栽培。

图3　果实

天葵 *Semiaquilegia adoxoides*

科 毛茛科 Ranunculaceae

属 天葵属 *Semiaquilegia*

特征 块根长达2.5厘米，茎高达32厘米，疏被柔毛，分枝，基生叶多数，一回三出复叶，小叶扇状菱形或倒卵状菱形（图1），3深裂，裂片疏生粗齿。花序具2至数花（图2），萼片5，白色，带淡紫色，花瓣匙形，基部囊状，雄蕊8—14，退化雄蕊2，花柱短。蓇葖果长6—7毫米（图3）。花期5月，果期6月。

用途 常用的中药材，有微毒，可治疗疮疖肿、乳腺炎、扁桃体炎、淋巴结核、跌打损伤等症。块根也可作土农药。

分布 生于海拔100—1050米间的疏林下、路旁或山谷地的较阴处。保护区常见。

图1 天葵

图2 花

图3 蓇葖果

还亮草 *Delphinium anthriscifolium*

科 毛茛科 Ranunculaceae

属 翠雀属 *Delphinium*

特征 一年生草本植物（图1）。茎较高，具直根，叶近羽状复叶，叶菱状卵形或三角状卵形，有叶柄。总状花序，序轴及花梗被短柔毛，萼片堇色或紫色，椭圆形至长圆形。蓇葖果（图2）。种子球形（图3），花果期3—5月。

图1 还亮草

用途 花形奇特，花色明亮，可作为地被种植于公园、庭院、道路旁等，也可应用于花坛。

图2 花与果

图3 种子

分布 产自中国广东、广西、贵州、湖南、江西、福建、浙江、江苏、安徽、河南等省区。生长于山坡，山沟杂林中或草丛中。保护区林地多见。

山木通 *Clematis finetiana*

科 毛茛科 Ranunculaceae

属 铁线莲属 *Clematis*

特征 木质藤本，枝节上被柔毛。三出复叶，小叶革质，全缘（图1）。花序腋生并顶生，1—5（—7）花（图2），白色，平展，窄披针形，长1—2厘米，边缘被绒毛，雄蕊无毛，花药窄长圆形或线形，长4—6.5毫米，顶端具小尖头（图3）。瘦果镰状纺锤形，具黄褐色羽毛状宿存花柱。花期4—6月，果期7—11月。

用途 全株有清热解毒、止痛、活血、利尿的功效，可治感冒、膀胱炎、尿道炎等。

分布 淮河以南多见。生于山坡疏林、溪边、路旁灌丛及山谷石缝中。泾县董家冲有分布。

图1 山木通

图2 花序

图3　花

大花威灵仙 *Clematis courtoisii*

科 毛茛科 Ranunculaceae

属 铁线莲属 *Clematis*

特征 草质藤本。茎疏被毛，节膨大。一至二回三出复叶或一回羽状复叶，小叶纸质，先端渐尖或尖，基部宽楔形，全缘。花序腋生，1花，花序梗长2.5—7厘米。萼片6，白色或带紫色，平展，长椭圆形或椭圆形，长2.7—5厘米，沿中脉疏被柔毛，沿侧脉被绒毛，雄蕊无毛，花药线形（图1、图2）。瘦果倒卵圆形，疏被柔毛，宿存花柱长1.2—3厘米，羽毛状。花期4—5月，果期7—8月。

用途 根及茎可入药，有祛瘀、利尿、解毒的功效。其花大而美丽，是点缀园墙、棚架、围篱及凉亭等垂直绿化的好材料，亦可配植于假山、岩石或盆栽观赏。

分布 多生长在山坡杂草丛中及灌丛中。郎溪县高井庙、泾县中桥有分布。

图1 大花威灵仙

图2 花

女萎 *Clematis apiifolia*

科 毛茛科 Ranunculaceae

属 铁线莲属 *Clematis*

图1 女萎

特征 藤本，枝密被柔毛，三出复叶，小叶纸质，卵形或椭圆形，先端渐尖，基部圆、稍平截或近心形，疏生小牙齿，微3浅裂（图1）。花序腋生或顶生（图2），多花，花序梗长1.8—9厘米，苞片椭圆形或宽卵形，不裂或3浅裂，萼片4，白色，开展，倒卵状长圆形（图3），雄蕊长4—6毫米，无毛，花药窄长圆形，顶端钝，瘦果长卵圆形或纺锤形，长3.5—4.5毫米，被柔毛，宿存花柱长0.8—1.2厘米，羽毛状。7—9月开花，9—10月结果。

用途 全株入药，能消炎消肿、利尿通乳，主治肠炎、痢疾、甲状腺肿大、风湿关节痛、尿路感染，乳汁不下。还有很高的观赏价值。

分布 分布于中国江西、福建、浙江、江苏南部、安徽。泾县双坑片偶见。

图2 花序

图3 花

吴兴铁线莲 *Clematis huchouensis*

科 毛茛科 Ranunculaceae

属 铁线莲属 *Clematis*

特征 草质藤本。茎六棱形，淡黄色。羽状复叶或三出复叶，小叶卵形或椭圆状披针形，长1—5厘米，先端钝、微尖或圆，基部宽楔形，全缘，2—3浅裂或不裂（图1）。花序腋生，1—3花（图2），花序梗长2—6.5厘米。苞片卵形或宽卵形，长2—3厘米，不裂或2—3浅裂。萼片4，白色，斜展，长圆形或长圆状披针形，长1.4—2.2厘米，被柔毛，上部边缘具翅雄蕊无毛，花药线形，长2.5—3.2毫米，顶端具尖头。瘦果宽椭圆形或宽卵圆形，宿存花柱细钻形（图3）。

图1 吴兴铁线莲

图2 花

用途 宜观赏。

分布 产于浙江东北部、江苏东南部、江西北部、安徽等地区。见于南陵县长乐田间。

图3 果

毛茛 *Ranunculus japonicus*

科 毛茛科 Ranunculaceae

属 毛茛属 *Ranunculus*

图1 毛茛

特征 多年生草本，茎直立，高30—70厘米，中空，有槽，生开展或贴伏的柔毛。基生叶多数，叶片圆心形或五角形（图1），基部心形或截形，通常3深裂不达基部，中裂片倒卵状楔形或宽卵圆形或菱形，3浅裂，边缘有粗齿或缺刻，侧裂片不等2裂。聚伞花序有多数花，贴生柔毛，萼片椭圆形，长4—6毫米，生白柔毛，花瓣5，倒卵状圆形，黄色（图2）。聚合果近球形（图3），直径6—8毫米，瘦果扁平，长2—2.5毫米，上部最宽处与长近相等，约为厚的5倍以上，边缘有宽约0.2毫米的棱，无毛，喙短直或外弯。花果期4—9月。

用途 全草含白头翁素，有毒。

分布 除西藏外，在我国各省区广布。生于田沟旁和林缘路边的湿地上。保护区林地多见。

图2 花

图3 果实

扬子毛茛 *Ranunculus sieboldii*

科 毛茛科 Ranunculaceae

属 毛茛属 *Ranunculus*

特征 须根伸长簇生。茎高20—50厘米，斜升，密生开展的白色或淡黄色柔毛（图1）。基生叶与茎生叶相似，为三出复叶。叶片圆肾形至宽卵形，基部心形，中央小叶宽卵形或菱状卵形，3浅裂至较深裂，边缘有锯齿，侧生小叶不等地2裂，背面或两面疏生柔毛。花与叶对生，萼片狭卵形，外面生柔毛，花期向下反折，花瓣5，黄色或上面变白色，雄蕊20余枚（图2、图3）。聚合瘦果圆球形（图4），瘦果扁平。花果期5—10月。

用途 根茎或全草药用，捣碎外敷，发泡截疟及治疮毒，腹水浮肿。

分布 生于山坡林边及湿地。保护区常见。

图1 扬子毛茛

图2 花与果

图3 花（示反折萼片）

图4 聚合瘦果

茴茴蒜 *Ranunculus chinensis*

图1　茴茴蒜

科 毛茛科 Ranunculaceae

属 毛茛属 *Ranunculus*

特征 多年生或一年生草本。茎高达50厘米，茎明显具纵纹，被开展糙毛（图1）。基生叶数枚，为三出复叶，顶生小叶菱形或宽菱形，3深裂，裂片菱状楔形，疏生齿，侧生小叶斜扇形，不等2深裂，两面被糙伏毛；茎生叶渐小。花序顶生，3至数花，花梗长0.5—2厘米，萼片5，反折，窄卵形，长3—5毫米，花瓣5，倒卵形，黄色（图2），雄蕊多数。聚合果长圆形（图1、图3），瘦果扁，斜倒卵圆形，宿存花柱长。花果期4—9月。

用途 全草入药，消炎止痛。

分布 全国广布。保护区丘陵、溪边、湿地常见。

图2　花

图3　果实

禺毛茛 *Ranunculus cantoniensis*

科 毛茛科 Ranunculaceae

属 毛茛属 *Ranunculus*

特征 多年生草本，茎高达65厘米，与叶柄均被开展糙毛（图1）。基生叶为三出复叶，

图1　禺毛茛

长3—14厘米，宽3.8—17厘米，小叶具柄，顶生小叶菱状卵形或宽卵形，3深裂，具小齿，侧生小叶斜宽卵形，不等2全裂或2深裂。茎生叶较小。花序顶生，4—10花，萼片5，不反折，窄卵形，花瓣5，黄色，雄蕊多数（图2、图3），花柱直或稍弯。聚合果球形，瘦果扁，斜倒卵圆形，无毛，具窄边，宿存花柱三角形，长1毫米，直或稍弯。花期3—9月。

用途　全草含原白头翁素，捣敷发泡，治黄疸、目疾。

分布　全国多见。保护区沟旁、湿地等多见。

图3　花背面

图2　花正面

猫爪草 *Ranunculus ternatus*

图1　猫爪草

科　毛茛科 Ranunculaceae

属　毛茛属 *Ranunculus*

特征　草本植物。块根多个簇生，近纺锤形或近长圆形，肉质，聚集呈猫爪状。茎高5—17厘米。基生叶从生，顶端裂片长圆状卵形，侧生裂片楔状倒卵形，较小，边缘有钝牙具了或缺刻，茎生叶无柄，裂片条形，先端钝（图1）。花序有少数花，花茎被疏柔毛，绿色，广椭圆形，被柔毛，花瓣黄色，倒卵形（图2）。瘦果广倒卵形。花期4—5月，果期5—6月。

用途　块根可入药，味甘、辛，性温。有散结、消肿的功效。

分布　中国广西、台湾、江苏、浙江、江西、湖南、安徽、湖北、河南等地有分布。保护区多见。

图2　花

刺果毛茛 *Ranunculus muricatus*

图1　刺果毛茛

科　毛茛科 Ranunculaceae

属　毛茛属 *Ranunculus*

特征　多年生草本。茎高达28厘米，无毛（图1）。基生叶无毛，宽卵形或圆卵形，基部近平截或平截状楔形，3浅裂，中裂片菱状倒梯形，再3裂或具牙齿，侧裂片斜卵形，不等2裂。花与上部茎生叶对生，花托疏被毛，萼片5，窄卵形，花瓣5，窄倒卵形，雄蕊多数（图2）。瘦果扁，倒卵圆形，具刺（图3、图4）。宿存花柱长2毫米。3—4月开花，4—5月结果。

用途 全草有毒，一般不内服。捣碎外敷，可截虐、消肿及治疮癣。

分布 分布于安徽、江苏、浙江和广西。保护区道旁、田野杂草丛中多见。

图2 花

图3 叶、花与果

图4 果实（示刺）

石龙芮 *Ranunculus sceleratus*

科 毛茛科 Ranunculaceae

属 毛茛属 *Ranunculus*

特征 一年生草本，茎高达75厘米，基生叶5—13，叶五角形、肾形或宽卵形，长1—4厘米，宽1.5—5厘米，基部心形，3深裂，中裂片楔形或菱形，3浅裂，小裂片具1—2纯齿或全缘，侧裂片斜倒卵形，不等2裂（图1）。聚伞花序有多数花，花小，萼片椭圆形，长2—3.5毫米，外面有短柔毛，花瓣5，倒卵形，

图1 石龙芮

黄色（图2），等长或稍长于花萼，基部有短爪，雄蕊10多枚。花托在果期伸长增大呈圆柱形，聚合果长圆形（图3），瘦果极多数，近百枚，紧密排列。花果期5—8月。

用途 有清热解毒，消肿散结的功效。石龙芮有毒，一般外用，不作内服，皮肤有破损及过敏者禁用，孕妇慎用。

分布 中国各地均有分布。保护区水田、溪边、池塘边多见。

图2 花

图3 果实

清风藤 *Sabia japonica*

科 清风藤科 Sabiaceae

属 清风藤属 *Sabia*

特征 落叶藤本植物。老枝常宿存木质化单刺状或双刺状叶柄基部（图1）。叶椭圆形、卵状椭圆形，上面中脉有疏毛，下面带白色，侧脉3—5对。花基部有4苞片（图2），苞片倒卵形。花梗长2—4毫米，果柄长2—2.5厘米。萼片5，近圆形或宽卵形，长约0.5毫米，具缘毛。花瓣5，淡黄绿色，具脉纹（图3）。花盘杯状，有5裂齿。分果爿近圆形或肾形，径约5毫米（图4）。花期3—4月，果期7—9月。

图1　清风藤老枝

用途 宜观赏，攀援力强，叶深绿而茂密，是棚架遮阴及柱状体绿化的优良植物。

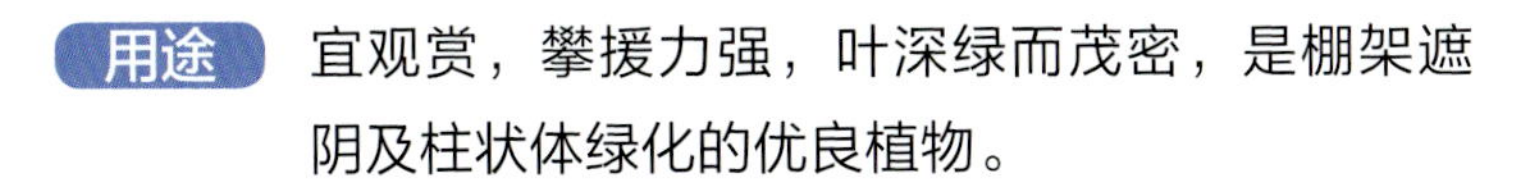

分布 分布于安徽、江苏、浙江、台湾、福建、江西、广东、广西、湖南、湖北、四川、贵州等地。泾县中桥、老虎山、董家冲山谷林间偶见。

图2　花

图3　花序

图4　果实

图1　莲

莲 *Nelumbo nucifera*

科　莲科 Nelumbonaceae

属　莲属 *Nelumbo*

特征　别称荷、芙蕖、水芙蓉，野生者为国家Ⅱ级保护植物。未开的花蕾称菡萏，已开的花朵称鞭蕖，属多年生水生宿根草本植物。叶圆形（图1）。花单生于花葶顶端，萼片4—5，早落，花瓣多数，红、粉红或白色（图2），有时变态成雄蕊。雄蕊多数，花丝细长，药隔棒状心皮多数，离生，埋于倒圆锥形花托穴内（图3）。坚果椭圆形或卵形，俗称莲子。花期6—8月，果期8—10月。

图2　荷花

图3　雄蕊和花托

用途　植株各部分都可以入药，主要功效为散淤止血、去湿消风。莲还可食用，5000年前先人就采摘莲实为粮。主供观赏。

分布　分布在中国南北各地。泾县双坑有大面积栽培。

二球悬铃木 *Platanus acerifolia*

科 悬铃木科 Platanaceae

属 悬铃木属 *Platanus*

特征 落叶大乔木，其株高达35米（图1）。树皮光滑，呈片状脱落，幼枝覆盖有浓密灰黄色星状绒毛。叶呈宽卵形，基部平截或微心形，叶柄具柄下芽（图2）。花序球形（图3），通常两个生一串上，花为单性，雌雄同株，萼片小，花瓣较大，呈匙形，花期4—5月。聚花果球状，果期9—10月。

用途 鲜叶可作食用菌培养基、肥料，也可作供牲畜食用的粗饲料，枯叶可作治虫烟雾剂的供热剂原料。宜作行道树。

分布 原产欧洲东南部至西亚，世界各地均有引种栽培。扬子鳄管理局附近多见。

图1 二球悬铃木

图2 柄下芽

图3 花序

黄杨 *Buxus sinica*

科 黄杨科 Buxaceae

属 黄杨属 *Buxus*

图1　黄杨

特征 灌木或小乔木（图1），高1—6米。枝圆柱形，有纵棱，小枝四棱形。叶革质，阔椭圆形或长圆形，叶面光亮，中脉凸出。花序腋生，头状，花密集（图2），雄花约10朵，无花梗，外萼片卵状椭圆形，内萼片近圆形，长2.5—3毫米，无毛，雄蕊连花药长4毫米，不育雌蕊有棒状柄，末端膨大。雌花萼片长3毫米，子房较花柱稍长，无毛。蒴果近球形，具宿存花柱（图3）。花期3月，果期5—6月。

用途 以根、叶入药，具祛风除湿、行气活血的功效。宜作庭院观赏植物。

分布 多生于山谷、溪边、林下或栽培。扬子鳄管理局周围有栽培。

图2　花

图3　果实

匙叶黄杨 *Buxus harlandii*

科 黄杨科 Buxaceae

属 黄杨属 *Buxus*

特征 灌木，高3—4米，枝圆柱形，小枝四棱形。叶薄革质，通常匙形，或有狭卵形，长2—4厘米，宽8—18毫米，先端圆或钝，基部狭长楔形，有时急尖，叶面绿色，光亮，中脉两面凸出（图1），叶长宽比大于4。花序腋生，头状，长5—6毫米，花密集，花序轴长约2.5毫米，苞片卵形，背面无毛，或有短柔毛。蒴果卵形，长5毫米，宿存花柱直立，长3—4毫米。

用途 可作观赏植物，也是木雕、家具等的上佳材料。根叶有清热解毒、化痰止咳、祛风、止血的功能，是民间常用草药。

分布 原产中国，在云南、广东、安徽等地都有栽培。郎溪县高井庙林场偶有栽培。

图1 匙叶黄杨

芍药 *Paeonia lactiflora*

科 芍药科 Paeoniaceae

属 芍药属 *Paeonia*

特征 多年生草本，茎高40—70厘米，无毛。茎生叶为二回三出复叶，上部茎生叶为三出复叶（图1）。花数朵，生茎顶和叶腋，有时仅顶端一朵开放，径8—11.5厘米。苞片4—5，披针形，不等大。萼片4，宽卵形或近圆形，长1—1.5厘米。花瓣9—13，倒卵形，长3.5—6厘米，白色、粉红色、红色。蓇葖果长2.5—3厘米（图2），径1.2—1.5厘米，顶端具喙。花期5—6月，果期8月。

用途 花大美丽，宜作观赏草本植物。

分布 华东、东北、华北、陕西及甘肃南部有栽培。泾县琴溪有栽培。

图1 芍药

图2 蓇葖果

图1 枫香树

枫香树 *Liquidambar formosana*

科 蕈树科 Altingiaceae

属 枫香树属 *Liquidambar*

特征 也叫枫树，落叶乔木（图1），高达30米。叶掌状3裂，基部心形（图2）。雄性短穗状花序常多个排成总状，雄蕊多数（图3）。雌性头状花序有花24—43朵，花柱先端卷曲（图4）。蒴果圆球形（图5）。种子多数。花期4—5月。果期9—10月。《山海经》记载："黄帝杀蚩尤于黎山，弃其械，化为枫树"，因为兵器沾染了血，所以枫叶秋后变红，风景非常优美。

用途 树脂供药用，能解毒止痛、止血生肌；根、叶及果实亦入药，有祛风除湿、通络活血的功效。

分布 产于中国秦岭及淮河以南各省区。郎溪县高井庙林场扬子鳄基地周围有直径50—100厘米的枫树群落。宣城金梅岭也有分布。

图2　枫香树叶

图3　雄花序

图4　雌花序

图5　蒴果

虎耳草 *Saxifraga stolonifera*

科 虎耳草科 Saxifragaceae

属 虎耳草属 *Saxifraga*

特征 多年生草本，茎高达45厘米，被长腺毛。基生叶近心形、肾形或扁圆形，先端急尖或钝，基部近截、圆形或心形，边缘7—11浅裂，并具不规则牙齿和腺睫毛，两面被腺毛和斑点，被长腺毛，茎生叶1—4，叶片披针形（图1）。聚伞花序圆锥状，具7—61花，花瓣白色，5枚，其中3枚较短，中上部具紫红色斑点，另外2枚较长（图2）。花果期4—11月。

用途 本种可供观赏，全草可入药，能清热解毒、凉血、止血。

分布 分布于中国安徽、福建、广东、广西、贵州、甘肃东南部等省区。郎溪县高井庙林下、灌丛有分布。

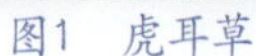

图1 虎耳草

图2 花

凹叶景天 *Sedum emarginatum*

图1 凹叶景天

科 景天科 Crassulaceae

属 景天属 *Sedum*

特征 多年生草本。茎细弱，高10—15厘米。叶对生，匙状倒卵形或宽卵形，先端圆，有微缺，基部渐窄，有短距（图1）。花序聚伞状，顶生，多花（图2），萼片5，披针形或窄长圆形，先端钝，基部有短距，花瓣5，黄色，线状披针形或披针形，鳞片5，长圆形（图3）。蓇葖果略叉开。种子细小，褐色。

用途 全草入药，味酸、性凉，有清热解毒、凉血止血、利湿的功效。冬季叶色转红，是良好的阳生地被植物，适合配置岩石园或镶边地被材料。

分布 主产于云南、四川、湖北、湖南、江西、安徽、浙江、江苏、甘肃、陕西、福建等省区。广德卢村水库、泾县中桥等地有分布。

图2 花序

图3 花

图1 垂盆草

垂盆草 *Sedum sarmentosum*

科 景天科 Crassulaceae

属 景天属 *Sedum*

特征 多年生草本。3叶轮生，叶倒披针形或长圆形，基部骤窄，有距（图1）。聚伞花序，有3—5分枝，花少，宽5—6厘米。萼片5，披针形至长圆形。花瓣5，黄色，披针形至长圆形，长5—8毫米，先端有稍长的短尖（图2）。雄蕊10，较花瓣短。鳞片10，楔状四方形，长0.5毫米，先端稍有微缺。心皮5，长圆形，长5—6毫米，略叉开，有长花柱（图3）。花期5—7月，果期8月。

用途 耐干旱、瘠薄，常作为庭院地被材料，可用于花坛、花境或岩石园，也作为屋顶绿化和植物立体雕塑的优良材料。味甘、淡，性凉。有利湿退黄、清热解毒的功效。

分布 产于中国长江中下游以及东北地区。宣城金梅岭偶见。

图2 花

图3 果实

珠芽景天 *Sedum bulbiferum*

科 景天科 Crassulaceae

属 景天属 *Sedum*

特征 多年生草本（图1）。根须状。茎高7—22厘米，茎下部常横卧。叶腋常有圆球形、肉质珠芽着生（图2）。基部叶常对生，上部的互生。花序聚伞状，分枝3，常再二歧分枝，萼片5，披针形至倒披针形，长3—4毫米，宽达1毫米，有短距，先端钝，花瓣5，黄色（图2），披针形，长4—5毫米，宽1.25毫米，先端有短尖，雄蕊10，长3毫米，心皮5，略叉开。花期4—5月。

图1 珠芽景天

图2 花和珠芽

用途 全草可供药用，具有消炎解毒、散寒理气的功效。也可栽培供观赏。

分布 产于广西、广东、福建、四川、湖北、湖南、江西、安徽、浙江、江苏。生于海拔1000米以下低山、平地树荫下。宣城金梅岭有分布。

八宝 *Hylotelephium erythrostictum*

科 景天科 Crassulaceae

属 八宝属 *Hylotelephium*

特征 多年生草本。叶对生，稀互生或3叶轮生，长圆状披针形或卵状披针形。伞房花序顶生，花密生，顶半球形（图1），径2—6厘米。苞片卵形。萼片5，三角状卵形。花瓣5，雄蕊对萼的较花瓣稍长，对瓣的稍短：鳞片5，线状楔形，长约1毫米，先端微缺。心皮5，倒卵状或长圆形，长2.5—5毫米，有短柄，花柱短。花期7—8月，果期9月。

图1 八宝

用途 活血化瘀，解毒消肿。可治蛇虫咬伤。也可栽培供观赏。

分布 分布广，对土壤无严格选择，适应性强。泾县昌桥乡中桥村有栽培。

小二仙草 *Gonocarpus micranthus*

科 小二仙草科 Haloragaceae

属 小二仙草属 *Gonocarpus*

特征 多年生陆生草本，高达45厘米，茎直立或下部平卧，多分枝，带赤褐色（图1）。叶对生，卵圆形，基部圆，先端短尖或钝，疏生锯齿，背面带紫褐色，茎上部的叶有时互生，渐成苞片状（图2）。顶生圆锥花序由纤细总状花序组成，花两性，萼筒深裂，宿存，花瓣4，淡红色，雄蕊8。坚果近球形。花期4—8月，果期5—10月。

用途 全草入药，可作羊饲料。

分布 分布于华中、华东、华南及西南东部。仅见于郎溪县高井庙林地草丛中。

图1　小二仙草

图2　茎与叶

穗状狐尾藻 *Myriophyllum spicatum*

科 小二仙草科 Haloragaceae

属 狐尾藻属 *Myriophyllum*

特征 多年生沉水草本，根状茎发达。叶3—6片轮生，丝状细裂，裂片约13对（图1）。花单性或杂性，雌雄同株，单生于水上枝苞片状叶腋，常4花轮生，由多花组成顶生或腋生穗状花序，长6—10厘米。如为单性花，则上部为雄花，下部为雌花，中部有时为两性花，基部有1对苞片。雄花萼筒宽钟状，顶端4深裂，平滑。花瓣4，宽匙形，顶端圆，粉红色。雄蕊8，花药长椭圆形，淡黄色，无花梗（图2）。果爿宽卵形或卵状椭圆形。花期从春到秋，陆续开放，4—9月陆续结果。

用途 全草入药，清凉、解毒。夏季生长旺盛，可为养猪、养鱼、养鸭的饲料。

分布 为欧亚大陆广布种。保护区水域多见。

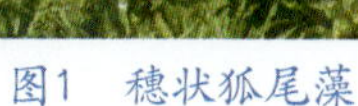
图1 穗状狐尾藻

图2 花

粉绿狐尾藻 *Myriophyllum aquaticum*

科 小二仙草科 Haloragaceae

属 狐尾藻属 *Myriophyllum*

特征 多年生挺水或沉水草本。茎上部直立，下部具有沉水性。叶轮生，多为5叶轮生，叶片圆扇形，一回羽状，两侧有8—10片淡绿色的丝状小羽片（图1、图2）。雌雄异株，穗状花序，白色。雌花生于茎叶腋中，白色，开花后伸出花冠外。果实广卵形，具4条浅槽，顶端具残存的萼片及花柱。本种与轮叶狐尾藻（*Myriophyllum verticillatum*）相似，前者叶叶5—7枚轮生，后者叶常4片轮生，或3片或5片轮生。

图1 粉绿狐尾藻

用途 株形美观，叶色清新，为优良的水生植

图2　粉绿狐尾藻居群

物。本种观赏性好、生长快，有一定的入侵性，栽培时需注意。

分布 自然分布于南美，在亚热带和热带地区有栽培，中国南北各地池塘、河沟、沼泽中常有生长，常与穗状狐尾藻混在一起。郎溪县高井庙陶金村水塘有分布。

乌苏里狐尾藻 *Myriophyllum ussuriense*

科 小二仙草科 Haloragaceae

属 狐尾藻属 *Myriophyllum*

特征 多年生水生草本，根状茎发达（图1）。茎圆柱形。叶4片轮生，有时3片轮生，宽披针形，长0.5—1厘米，羽状深裂，裂片短，对生，线形，全缘（图2）。花单生叶腋，雌雄异株，无花梗，雄花花萼钟状，花瓣4，雄蕊8或6，雌花花萼壶状，贴生于子房，子房4室，四棱形，柱头4裂，羽毛状。果圆卵形，有4条浅沟。花果期夏秋季。

图1　乌苏里狐尾藻生境

图2　乌苏里狐尾藻

用途 生于池塘和湖泊中，观赏价值高，净水效果佳，高效去除水中有机物、氨氮、磷酸盐等。

分布 产于黑龙江、吉林、河北、安徽、江苏、浙江、台湾、广东、广西等省区。仅见于泾县中桥村团结大塘。

蛇葡萄 *Ampelopsis glandulosa*

图1　蛇葡萄

科　葡萄科 Vitaceae

属　蛇葡萄属 *Ampelopsis*

特征　木质藤本，枝圆柱形，有纵棱纹，卷须2—3叉分枝，相隔2节间断与叶对生，小枝被灰色柔毛。单叶，心形或卵形，长与宽近相等，先端圆钝或钝尖，边缘具不规则浅钝齿（图1）。花序梗长1—2.5厘米，被锈色长柔毛，花瓣5，卵椭圆形，高0.8—1.8毫米，被锈色短柔毛，雄蕊5，花药长椭圆形，长甚于宽，花盘明显，边缘浅裂，子房下部与花盘合生，花柱明显，基部略粗，柱头不扩大。果实近球形（图2），有种子2—4颗。

图2　蛇葡萄（示果）

用途　根可入药，味辛，性苦凉，有清热解毒、祛风活络、止痛的功效。

分布　分布于江苏、安徽、浙江、江西、福建、湖南、湖北等地区。泾县老虎山、董家冲偶见。

白蔹 *Ampelopsis japonica*

科　葡萄科 Vitaceae

属　蛇葡萄属 *Ampelopsis*

特征　木质藤本，小枝无毛。3小叶复叶或5小叶掌状复叶，小叶羽状深裂或边缘深锯齿（图1）。聚伞花序通常集生，径1—2厘米，花序梗长1.5—5厘米（图1）。花萼碟形，边缘波状浅裂，花瓣宽卵形。果实球形（图2）。花期5—6月，果期7—9月。

图1　白蔹

用途 全株入药，具清热解毒、消肿止痛的功效。其提取物在美容化妆品、保健品方面有经济价值。

分布 原产于中国，主要分布于中国东北、华北、华东、华中及西南各地。扬子鳄管理局周边有分布。

图2 果实

爬山虎 *Parthenocissus tricuspidata*

科 葡萄科 Vitaceae

属 地锦属 *Parthenocissus*

特征 木质落叶大藤本（图1、图2）。小枝无毛或嫩时被极稀疏柔毛，枝上有卷须，卷须短，多分枝，卷须顶端及尖端有黏性吸盘，遇到物体便吸附在上面（图3）。单叶，倒卵圆形，通常3裂，基部心形，有粗锯齿。花序生短枝上，基部分枝，形成多歧聚伞花序，花萼碟形，边缘全缘或呈波状，无毛，花瓣长椭圆形（图4）。果实球形（图5），成熟时蓝色，径1—1.5厘米，有种子1—3。花期5—8月，果期9—10月。

图1 爬山虎

用途 根茎可入药，破瘀血、消肿毒。果可酿酒。且可供观赏。

分布 原产于亚洲东部，现在多引种。保护区多见。

图2　藤本茎

图3　吸盘

图4　花

图5　果实

绿叶爬山虎 *Parthenocissus laetevirens*

科 葡萄科 Vitaceae

属 地锦属 *Parthenocissus*

特征 木质藤本，小枝圆柱形或有显著纵棱。卷须总状5—10分枝，相隔2节间断与叶对生，卷须顶端嫩时膨大呈块状，后遇附着物扩大成吸盘。叶为掌状5小叶，小叶倒卵长椭圆形或倒卵披针形（图1）。多歧聚伞花序圆锥状，长6—15厘米，花序中常有退化小叶。花序梗长0.5—4厘米，被短柔毛。子房近球形，花柱明显，基部略粗，柱头不明显扩大。果实球形（图2）。种子倒卵形，顶端圆形，基部急尖成短喙。

用途 具有清热解毒、凉血止血的功效。也可供观赏。

分布 攀援树上或崖石壁上。保护区常见。

图1　绿叶爬山虎

图2　果实

葡萄 *Vitis vinifera*

科 葡萄科 Vitaceae

属 葡萄属 *Vitis*

特征 木质藤本，卷须2叉分枝，叶宽卵圆形，3—5浅裂或中裂，先端急尖，基部深心形，基出脉5（图1）。圆锥花序密集或疏散，多花，与叶对生，花瓣5，呈帽状黏合脱落，雄蕊5，花丝丝状，花药黄色，花盘发达，5浅裂，雌蕊1，在雄花中完全退化，子房卵圆形，花柱短，柱头扩大。浆果圆形或椭圆形（图2），因品种不同，有白、青、红、褐、紫、黑等不同果色。果熟期8—10月。

用途 具有补气血、舒筋络、利小便的功效。具有较强的抗癌性能。果实供食用，可酿酒。

图1 葡萄

图2 葡萄浆果

分布 喜温暖、干燥及通风良好环境，中国栽培葡萄已有2000多年历史。保护区有栽培。

图1　乌蔹莓

乌蔹莓 *Causonis japonica*

科　葡萄科 Vitaceae

属　乌蔹莓属 *Causonis*

特征　草质藤本。卷须2—3叉分枝。鸟足状5小叶复叶，椭圆形至椭圆披针形，先端渐尖，基部楔形或宽圆，具疏锯齿，中央小叶显著狭长（图1）。复二歧聚伞花序腋生，花萼碟形，花瓣三角状宽卵形，花盘发达（图2）。浆果近球形（图3），径约1厘米，有种子2—4。种子倒三角状卵圆形。花期3—8月，果期8—11月。

用途　全草入药。

分布　产于我国除东北外湿润区及半湿润区。保护区随处可见。

图2　花序

图3　果实

紫荆 *Cercis chinensis*

科 豆科 Fabaceae

属 紫荆属 *Cercis*

特征 丛生或单生灌木，高2—5米，树皮和小枝灰白色（图1）。叶纸质，近圆形或三角状圆形。紫荆花，紫红色或粉红色，2—10余朵，簇生于老枝和主干上（图2），通常先于叶开放，但嫩枝或幼株上的花则与叶同时开放，花长1—1.3厘米，花梗长3—9毫米，龙骨瓣基部具深紫色斑纹，子房嫩绿色，花蕾时光亮无毛，后期则密被短柔毛，有胚珠6—7颗。荚果扁狭长形（图3）。花期3—4月，果期8—10月。

图1　紫荆

用途 树皮可入药，有清热解毒、活血行气、消肿止痛的功效。花红美丽，宜观赏。

分布 原产中国。性喜欢光照，有一定的耐寒性。扬子鳄管理局周围有栽培。

图2　花序

图3　荚果

决明 *Senna tora*

图1 决明

科 豆科 Fabaceae

属 决明属 *Senna*

特征 一年生亚灌木状草本植物，直立、粗壮、高可达2米（图1）。叶柄上无腺体，小叶倒卵形或倒卵状长椭圆形。托叶线状，早落。花腋生，常2朵聚生，萼片稍不等大，卵形或卵状长圆形，膜质，花瓣黄色（图2），花药四方形，子房无柄。荚果纤细，近四棱形，种子菱形，光亮。8—11月开花结果。

用途 具有清肝明目、通便的功能。可供观赏。

分布 产于中国长江以南各省区。郎溪县高井庙有分布。

图2 花

云实 *Biancaea decapetala*

图1 云实

科 豆科 Fabaceae

属 云实属 *Biancaea*

特征 木质藤本，茎具粗刺（图1）。二回羽状复叶长20—30厘米，羽片3—10对，具柄，基部有刺1对，小叶8—12对，托叶小，斜卵形，早落。总状花序顶生，直立，具多花，花瓣黄色，盛开时反卷（图2）。荚果长圆柱形（图3），脆革质，栗褐色，沿腹缝线具窄翅，成熟时沿腹缝线开裂，种皮棕色。

用途 具有药用价值和经济价值，根、茎及果药用，性温、味苦、涩，无毒，有散寒、活血通经、解毒杀虫的功效。

分布 全国多见，国外分布于亚洲热带和温带地区。宣城金梅岭偶见。

图2　花

图3　果实

合欢 *Albizia julibrissin*

科 豆科 Fabaceae

属 合欢属 *Albizia*

特征 落叶乔木，树冠开展（图1）。小枝有棱角，嫩枝、叶子、花序上都有细小绒毛。二回羽状复叶，总叶柄近基部及最顶一对羽片着生处各有1枚腺体，羽片4—12对，栽培的有时达20对。花序在枝顶部排成圆锥形状，花多为粉红色（图2）。荚果带状（图3），嫩的果实外表有柔毛，成熟的则没有柔毛。花期6—7月，果期8—10月。

用途 木材纹理通直，质地细密，可作家具和农具。嫩叶可以食用，老叶可以洗衣服。

分布 原产亚洲及非洲，中国东北至华南及西南部各省区有分布。郎溪县高井庙有栽培。

图1　合欢

图2　花序

图3　荚果

国槐 *Styphnolobium japonicum*

科 豆科 Fabaceae

属 槐属 *Styphnolobium*

图1 国槐

特征 落叶乔木，高达25米（图1）。叶柄基部膨大，小叶7—15，卵状长圆形或卵状披针形，先端渐尖，具小尖头。圆锥花序顶生，花萼浅钟状，具5浅齿，疏被毛，花冠乳白或黄白色（图2），旗瓣近圆形，有紫色脉纹，具短爪，翼瓣较龙骨瓣稍长，有爪。荚果串珠状（图3），中果皮及内果皮肉质。种子卵圆形，淡黄绿色，干后褐色。

用途 花和荚果入药，有清凉收敛、止血降压的作用。木材坚韧、耐水湿、富弹性，可供建筑、家具、农具用。

分布 生长于高温高湿的华南、西南地区，以黄河流域华北平原及江淮地区最为习见。扬子鳄管理局院落偶见。

图2 花序和花

图3 荚果

龙爪槐 *Styphnolobium japonicum* 'Pendula'

图1　龙爪槐

科　豆科 Fabaceae

属　槐属 *Styphnolobium*

特征　龙爪槐是槐的栽培品种，枝和小枝均下垂，并向不同方向弯曲盘绕，形似龙爪（图1）。乔木，高达25米，树皮灰褐色，具纵裂纹。羽状复叶长达25厘米，叶柄基部膨大，托叶形状多变，早落，小叶4—7对，对生或近互生，纸质。圆锥花序顶生（图2），长达30厘米。花冠白色或淡黄色，旗瓣近圆形，有紫色脉纹，翼瓣卵状长圆形，龙骨瓣阔卵状长圆形。雄蕊近分离，宿存，子房近无毛。荚果串珠状。花期7—8月，果期8—10月。

图2　花

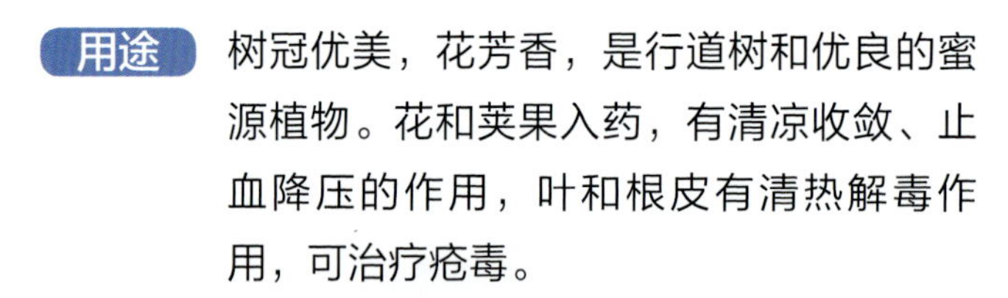

用途　树冠优美，花芳香，是行道树和优良的蜜源植物。花和荚果入药，有清凉收敛、止血降压的作用，叶和根皮有清热解毒作用，可治疗疮毒。

分布　原产中国，现南北各省区广泛栽培。保护区偶有栽培。

野百合 *Crotalaria sessiliflora*

科　豆科 Fabaceae

属　猪屎豆属 *Crotalaria*

特征　直立草本，体高30—100厘米，基部常木质，被紧贴粗糙的长柔毛（图1）。托叶线形，宿存或早落。单叶，形状变异较大，通常为线形、线状披针形、椭圆状披针形或线状长圆形。总状花序顶生、腋生或密生枝顶形似头状，亦有叶腋生出单花，

图1　野百合

花1至多数。苞片线状披针形，花萼二唇形，花冠蓝色或紫蓝色（图2），旗瓣长圆形，翼瓣长圆形或披针状长圆形。荚果短圆柱形。花果期5月至翌年2月。

用途 可供药用，有清热解毒、消肿止痛、破血除瘀等功效。

分布 国内广布。仅见于郎溪县高井庙。

图2 花

图1 黄檀

黄檀 *Dalbergia hupeana*

科 豆科 Fabaceae

属 黄檀属 *Dalbergia*

特征 乔木，10—20米。树皮暗灰色，呈薄片状剥落。羽状复叶，托叶披针形，小叶3—5对，椭圆形或长圆状椭圆形，先端钝或微凹，基部圆或宽楔形，两面无毛（图1）。花萼钟状，萼齿5，最下1枚披针形，较长，上面2枚宽卵形，连合，两侧2枚卵形，较短，花冠白或淡紫色，花瓣具瓣柄，旗瓣圆形，基部无附属体，翼瓣倒卵形，龙骨瓣半月形。荚果宽舌状（图2），果瓣对种子部分有网纹。种子肾形。

用途 根皮可入药，能清热解毒、止血消肿，可治细菌性痢疾和疗疮肿毒等。

分布 原产中国，分布在华东、华中及广东、四川、山西等省区。南陵县长乐管理站旁有分布。

图2 荚果

合萌 *Aeschynomene indica*

图1　合萌

图2　花

科　豆科 Fabaceae

属　合萌属 *Aeschynomene*

特征　一年生亚灌木状草本。茎直立，高0.3—1米，多分枝（图1）。羽状复叶具21—41小叶或更多，托叶卵形或披针形，长约1厘米，基部下延，边缘有缺刻。总状花序，腋生，花萼膜质，花冠淡黄色（图2），子房扁平，线形。种子黑棕色，肾形。花果期7—10月。

用途　全草药用。能清热利湿、祛风明目、通乳。

分布　分布于华北、华东、中南、西南等区域。喜温暖气候。保护区低山湿润地、水田边或池塘边常见。

落花生 *Arachis hypogaea*

图1　落花生

科　豆科 Fabaceae

属　落花生属 *Arachis*

特征　一年生草本。根部具根瘤，茎直立或匍匐，有棱。羽状复叶有小叶2对（图1）。托叶长2—4厘米，被毛。叶柄长5—10厘米，被毛，基部抱茎。小叶卵状长圆形或倒卵形，长2—4厘米，先端钝，基部近圆，全缘，两面被，侧脉约10对。花冠黄或金黄色，旗瓣近圆形，开展，先端凹，翼瓣长圆形或斜卵形，龙骨瓣长卵圆形，短于翼瓣，内弯，先端渐窄成喙状，花柱伸出萼管外。荚果长，膨胀，果皮厚（图2）。

用途 为重要油料作物，可供食用，作工业原料、肥料、饲料等。

分布 原产南美洲巴西，现世界各地广泛栽培。郎溪县高井庙有栽培。

图2 果实

马棘 *Indigofera bungeana*

科 豆科 Fabaceae

属 木蓝属 *Indigofera*

特征 直立灌木，高可达100厘米。茎褐色，圆柱形，羽状复叶，叶轴上面有槽，托叶三角形，小叶对生（图1）。总状花序腋生，总花梗较叶柄短，苞片线形，萼齿近相等，三角状披针形，花冠紫色或紫红色（图2），旗瓣阔倒卵形，翼瓣与龙骨瓣等长，龙骨瓣有距，花药圆球形，子房线形，被疏毛。荚果褐色（图3），种子椭圆形。5—6月开花，8—10月结果。

图1 马棘

用途 全草药用，能清热止血、消肿生肌，外敷治创伤。是美丽的观花灌木。

分布 分布于中国辽宁、内蒙古、河北、山西、陕西。郎溪县高井庙，泾县中桥、董家冲，宣城东风水库有分布。

图2 花

图3 果实

庭藤 *Indigofera decora*

图1　庭藤

科　豆科 Fabaceae

属　木蓝属 *Indigofera*

特征　灌木（图1），高0.4—2米，茎圆柱形或具棱。羽状复叶长8—25厘米，叶轴具棱，叶柄长1—1.5厘米，无毛或疏被毛，托叶早落，小叶3—7（—11)对，对生或近对生，常卵状披针形。总状花序长13—21厘米，花序梗长2—4厘米，萼齿三角形，花冠淡紫或粉红色（图2），稀白色，旗瓣椭圆形，翼瓣稍短，具缘毛，龙骨瓣与翼瓣近等长，有短距，花药卵球形，两端有髯毛。荚果棕褐色，圆柱形。种子椭圆形。

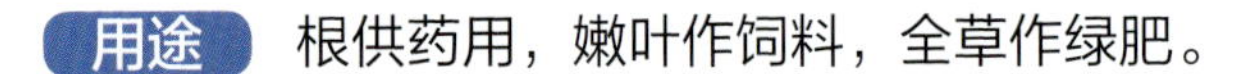

用途　根供药用，嫩叶作饲料，全草作绿肥。

分布　生长于溪边、沟谷旁及杂木林和灌丛中。郎溪县高井庙、宣城金梅岭有分布。

图2　花

鸡眼草 *Kummerowia striata*

图1　鸡眼草

科　豆科 Fabaceae

属　鸡眼草属 *Kummerowia*

特征　一年生草本，高7—15厘米。茎平伏，上升或直立，多分枝，茎和枝上被疏生向上的白毛，有时仅节处有毛（图1）。叶为三出羽状复叶，托叶卵形。花常1—2朵腋生，小苞片4，生于萼下，其中1枚很小，生于花梗关节之下，常具1—3条脉。花梗有毛，花萼膜质，阔钟形，5裂，裂片宽卵形，有缘毛，花冠上部暗紫色（图2）。荚果椭圆形或卵形，稍侧偏。花期7—8月，果期8—10月。

用途 全草药用，能清热解毒、健脾利湿，又可作饲料及绿肥。

分布 产于我国东北、华北、华东（包括台湾）、中南、西北等省区。保护区路旁、山坡、荒地常见。

图2 花与叶

截叶铁扫帚 *Lespedeza cuneata*

科 豆科 Fabaceae

属 胡枝子属 *Lespedeza*

特征 小灌木。其茎被柔毛，叶密集，叶柄短，小叶楔形或线状楔形（图1）。总状花序梗极短，花萼裂片披针形，花冠淡黄或白色（图2），旗瓣基部有紫斑，先端带紫色。荚果宽卵形或近球形，被浮毛。花期7—8月，果期9—10月。

图1 截叶铁扫帚

用途 全株可入药，能活血清热、利尿解毒，也可作饲料。

分布 原产中国华北、西北、华中、华南、西南等地区，截叶铁扫帚喜光、较喜热、耐瘠、较强抗旱，以排水良好的土壤为宜。保护区多见。

图2 花

凹叶铁扫帚 *Lespedeza* sp.

图1　凹叶铁扫帚

科　豆科 Fabaceae

属　胡枝子属 *Lespedeza*

特征　小灌木，高可达1米。托叶线形，羽状3小叶复叶，小叶片倒披针形、先端凹缺。总状花序腋生，稍超出叶，近似伞形花序，花冠白色或旗瓣基部带紫斑。荚果。7—9月开花，9—10月结果。该物种似截叶铁扫帚（*Lespedeza cuneata*），但显然更瘦弱，叶似尖叶铁扫帚（*Lespedeza juncea*），前者小叶顶端凹缺，后者小叶顶端突尖，需要进一步研究。

用途　固氮能力强，且供观赏。

分布　分布于安徽。仅见于南陵县。

图2　花序

绿叶胡枝子 *Lespedeza buergeri*

科　豆科 Fabaceae

属　胡枝子属 *Lespedeza*

特征　灌木，高0.3—1米。枝灰褐色或淡褐色，小叶卵状椭圆形，三叶生，叶面深绿色，叶背浅灰色似豆叶（图1）。总状花序腋生，在枝上部者构成圆锥花序，花萼钟状，5裂至中部，花冠黄白色（图2），裂片卵状披针形或卵形，子房有毛，花柱丝状，稍超出雄蕊，柱头头状。荚果长圆状卵形。花期6—7月，果期8—9月。

图1　绿叶胡枝子

图2　花序

用途　根、花治伤风咳嗽、恶寒发热、头身疼痛、浮肿发黄、小儿惊风、蛔虫腹痛。

分布　生长于海拔1 500米以下山坡、林下、山沟和路旁。保护区山坡多见。

铁马鞭 *Lespedeza pilosa*

科　豆科 Fabaceae

属　胡枝子属 *Lespedeza*

特征　小灌木，茎平卧，全株密被长柔毛。叶具3小叶，小叶宽倒卵形或倒卵圆形，先端圆，近平截或微凹，具小刺尖，基部圆或近平截，两面密被长柔毛。总状花序比叶短，花萼5深裂，花冠黄白或白色（图1），长7—8毫米，旗瓣椭圆形，具瓣柄，翼瓣较旗瓣、龙骨瓣短，花常1—3集生于茎上部叶腋。荚果宽卵形，长3—4毫米，先端具喙，两面密被长柔毛（图2）。花期7—9月，果期9—10月。

用途　全株药用，有祛风活络、健胃益气安神的功效。

分布　国内广布。郎溪县高井庙山坡有零星分布。

图1　铁马鞭花

图2　果实

小槐花 *Ohwia caudata*

科 豆科 Fabaceae

属 小槐花属 *Ohwia*

特征 灌木或亚灌木，高达2米，叶具3小叶，两侧具极窄的翅，顶生小叶披针形或长圆形，侧生小叶较小，先端渐尖，基部楔形（图1）。总状花序，花序轴密被柔毛并混生小钩状毛，每节生2花，具小苞片，花萼窄钟形，花冠绿白或黄白色，有明显脉纹，旗瓣椭圆形，翼瓣窄长圆形，龙骨瓣长圆形。荚果线形，扁平，被伸展钩状毛，背腹缝线浅缢缩，有4—8荚节，长椭圆形（图2）。

用途 其味辛、苦，性温，有清热解毒、祛风利湿的功效。

分布 分布于中国长江以南各省区，西至喜马拉雅山，东至台湾等地。宣城金梅岭、泾县中桥团结大塘偶见。

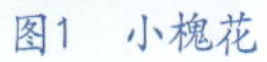

图1 小槐花

图2 荚果

长柄山蚂蟥 *Hylodesmum podocarpum*

科 豆科 Fabaceae

属 长柄山蚂蟥属 *Hylodesmum*

特征 小灌木，茎被开展短柔毛。叶具3小叶，叶柄长2—12厘米，疏被开展短柔毛，顶生小叶宽倒卵形，侧脉约4对，侧生小叶斜卵形，较小（图1）。总状花序或圆锥花序，长20—30厘米，结果时延长至40厘米。花序梗被柔毛和钩状毛。通常每节生2花，花冠紫红色，长约4厘米，旗瓣宽倒卵形，翼瓣窄椭圆形，龙骨瓣与翼瓣相连，均无瓣柄。荚果有2荚节，背缝线弯曲节间深凹入达腹缝线（图2）。花果期8—9月。

图1　长柄山蚂蟥

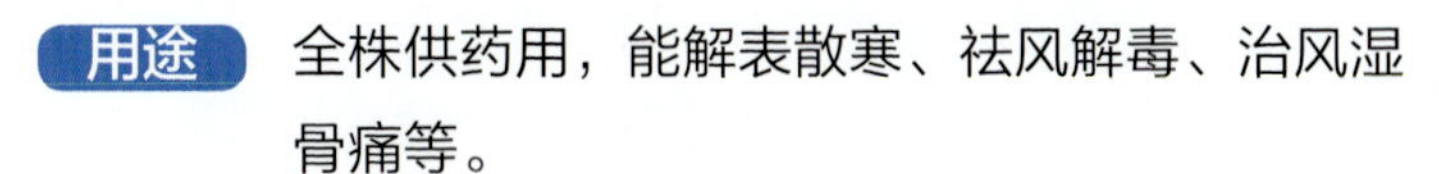

用途　全株供药用，能解表散寒、祛风解毒、治风湿骨痛等。

分布　产于河北、华东、华中、华南、西南等地区。泾县董家冲、郎溪县高井庙有分布。

图2　荚果

鹿藿 *Rhynchosia volubilis*

科　豆科 Fabaceae

属　鹿藿属 *Rhynchosia*

特征　缠绕藤本。全株被灰色至淡黄色柔毛，茎略具棱。叶为羽状或有时近指状三小叶，披针形小托叶，顶生小叶菱形或倒卵状菱形（图1）。总状花序腋生，排列稍密集，花萼钟状，裂片披针形，花冠黄色，旗瓣近圆形，翼瓣倒卵状长圆形，龙骨瓣具喙。红紫色荚果长圆形（图2），黑色种子通常2颗，椭圆形或近肾形（图3）。花期5—8月，果期9—12月。

用途　茎叶可以入药，其味苦、辛。晒干或鲜用，具有祛风、止痛、活血、解毒等功效。

分布　产于中国江南各省区。保护区低山丘陵少见。

图1　鹿藿

图2　荚果

图3　种子

扁豆 *Lablab purpureus*

科 豆科 Fabaceae

属 扁豆属 *Lablab*

特征 多年生缠绕藤本植物。茎长可达6米，淡紫色。羽状复叶，叶片披针形。小托叶线形，侧生小叶两边不等大，偏斜。总状花序直立，花序轴粗壮，小苞片近圆形，花簇生于每一节上。花萼钟状，花冠白色或紫色（图1），旗瓣圆形，翼瓣宽倒卵形，龙骨瓣呈直角弯曲。荚果长圆状镰形，扁平（图2）。种子扁平，长椭圆形，在白花品种中为白色，在紫花品种中为紫黑色，种脐线形。

用途 扁豆的营养成分丰富，嫩荚可作蔬菜食用，但是生食有毒。白花和白色种子可入药，有消暑除湿、健脾止泻的功效。

分布 扁豆原产亚洲西南部和地中海东部地区，各热带地区均有栽培。保护区常见栽培。

图1　花序

图2　果实

野大豆 *Glycine soja*

科 豆科 Fabaceae

属 大豆属 *Glycine*

特征 国家Ⅱ级保护植物，全株疏被褐色长硬毛，茎纤细，长1—4米，叶具3小叶，顶生小叶卵圆形或卵状披针形，两面均密被绢质糙伏毛，侧生小叶偏斜（图1）。总状花序长约10厘米，花小，长约5毫米，苞片披针形，花萼钟状，裂片三角状披针形，花冠淡紫红或白色（图2），旗瓣近倒卵圆形，基部具短瓣，翼瓣斜半倒卵圆形，短于旗瓣，瓣片基部具耳，瓣柄与瓣片近等长，龙骨瓣斜长圆形，短于翼瓣。荚果长圆形（图3），有种子2—3，种子椭圆形，稍扁。

图1 野大豆

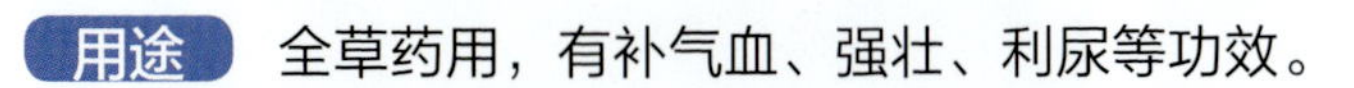

用途 全草药用，有补气血、强壮、利尿等功效。

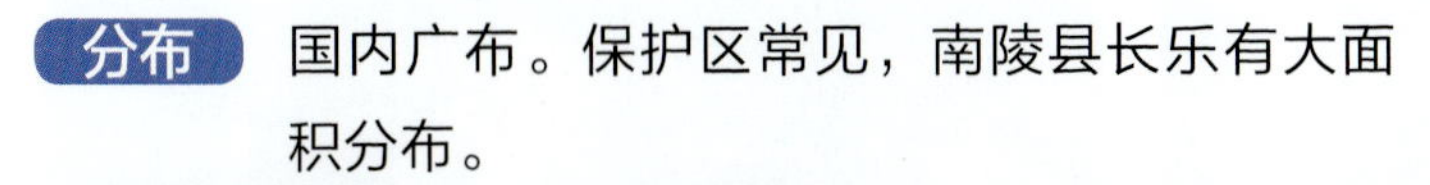

分布 国内广布。保护区常见，南陵县长乐有大面积分布。

图2 花序

图3 荚果

大豆 *Glycine max*

科 豆科 Fabaceae

属 大豆属 *Glycine*

特征 一年生草本，茎直立，粗壮，高达90厘米。3小叶，宽卵形、近圆形或椭圆状披针形，侧生小叶偏斜。总状花序腋生，通常具5—8朵几无柄而密生的花，在植株下部的花单生或成对生于叶腋，花萼钟状，花冠紫、淡紫或白色（图1），旗瓣倒卵圆形，反折，翼瓣长圆形，短于旗瓣，龙骨瓣斜倒卵形，短于翼瓣。荚果长圆形（图2），密被黄褐色长毛，种子椭圆形或近卵球形，光滑，颜色因品种而异。

用途 我国重要粮食及油料作物。

分布 全国各地均有栽培，以东北最著名。保护区田地有栽培。

图1 大豆花

图2 荚果

葛藤 *Pueraria montana* var. *lobata*

科 豆科 Fabaceae

属 葛属 *Pueraria*

特征 粗壮藤本，茎木质，长达8米，全体被黄色长硬毛（图1）。叶3裂，稀全缘，顶生小叶宽卵形或斜卵形，先端长渐尖，侧生小叶斜卵形。总状花序长15—30厘米，中部以上有较密集的花，花紫色（图2），旗瓣倒卵形，翼瓣镰状，较龙骨瓣为窄，龙骨瓣镰状长圆形。荚果长椭圆形，扁平，被褐色长硬毛（图3）。

图1 葛藤

用途 味甘，性平，无毒，主治小儿腹泻。葛花清凉解毒、消炎祛肿，葛根粉是传统的保健食品。

分布 除新疆、青海及西藏外，几乎遍及全国。保护区丘陵多见。

图3　荚果

图2　花序

刺槐 *Robinia pseudoacacia*

图1　刺槐

图2　茎

科 豆科 Fabaceae

属 刺槐属 *Robinia*

特征 落叶乔木（图1），高10—25米。树皮浅裂至深纵裂，稀光滑。小枝初被毛，具托叶刺（图2）。羽状复叶，小叶2—12对。总状花序腋生，长10—20厘米，下垂。花芳香，花萼斜钟形，萼齿5，三角形或卵状三角形，密被柔毛。花冠白色（图1），花瓣均具瓣柄，旗瓣近圆形，反折，翼瓣斜倒卵形，龙骨瓣镰状，三角形。荚果线状长圆形，褐色，扁平。种子近肾形，种脐圆形，偏于一端。

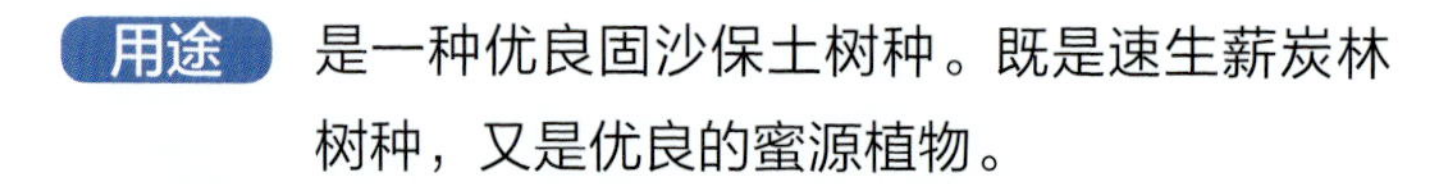

用途 是一种优良固沙保土树种。既是速生薪炭林树种，又是优良的蜜源植物。

分布 中国于18世纪末从欧洲引入青岛栽培，现各地广泛栽植。扬子鳄管理局附近有栽培。

紫藤 *Wisteria sinensis*

图1　紫藤

科 豆科 Leguminosae

属 紫藤属 *Wisteria*

特征 落叶攀援缠绕藤本植物。一回奇数羽状复叶互生（图1）。花紫色或深紫色（图2、图3），花瓣基部有爪，近爪处有2个胼胝体，雄蕊10枚，9枚联合，1枚分离，属于二体雄蕊（图4）。荚果扁圆条形，长达10—20 厘米，密被白色绒毛（图5），种子扁球形、黑色。花期4—5月，果期5—8月。

用途 花可供观赏，也可炒作成菜食用，茎叶供药用。

图2 花序

图3 花

图4 花解剖

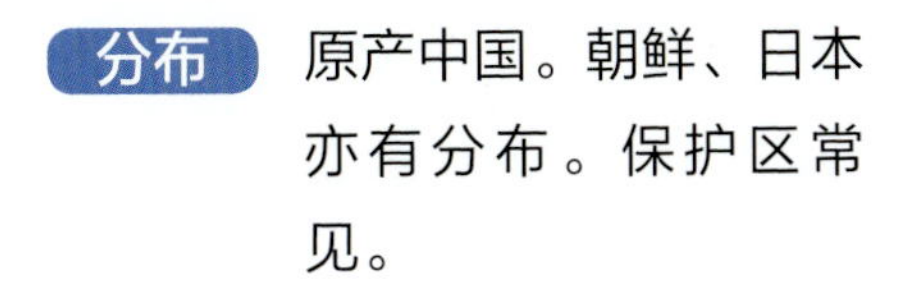

分布 原产中国。朝鲜、日本亦有分布。保护区常见。

图5 荚果

紫云英 *Astragalus sinicus*

科 豆科 Fabaceae

属 黄芪属 *Astragalus*

特征 根肥大，须根发达，茎淡绿色或淡紫红色，柔嫩中空。叶片为奇数羽状复叶，绿或淡绿色（图1）。花为伞形花序，花色由淡紫红到紫红色，偶有白色（图2）。荚果细长（图3），断面呈三角形，种子呈肾状，有光泽，黄绿色。花期2—4月，果期3—5月。

图1　紫云英

用途 是中国重要的绿肥作物，可以提供全面的营养元素，特别是氮素养分，培养地力、改良土壤。

分布 原产中国，长江流域和长江以南各省区广为栽培。南陵县长乐弯塘田间有栽培。

图2　花

图3　果实

图1　南苜蓿

南苜蓿 *Medicago polymorpha*

图2　花序

科 豆科 Fabaceae

属 苜蓿属 *Medicago*

特征 一、二年生草本，茎平卧、上升或直立，近四棱形。羽状三出复叶，托叶大，卵状长圆形，小叶倒卵形或三角状倒卵形，边缘1/3以上具浅锯齿（图1）。花序头状伞形，腋生，花序梗通常比叶短，苞片甚小，花萼钟形，萼齿披针形，与萼筒近等长，花冠黄色，旗瓣倒卵形，比翼瓣和龙骨瓣长，翼瓣长圆形，龙骨瓣比翼瓣稍短（图2、图3）。荚果盘形（图4），暗绿褐色，有辐射状脉纹，近边缘处环结，每圈外具棘刺或瘤突，内具1—2枚种子。种子长肾形，平滑。

用途 有清热利湿、舒筋活血的功效。另外，它有助于治湿热黄疸、尿路结石、目黄赤及夜盲症等。

分布 分布在长江流域以南各省区。保护区常见。

图3　花

图4　果实

天蓝苜蓿 *Medicago lupulina*

图1　天蓝苜蓿

科　豆科 Fabaceae

属　苜蓿属 *Medicago*

特征　二年生或多年生草本，全株被柔毛或有腺毛。主根浅，须根发达。茎平卧或上升。羽状三出复叶（图1）。托叶卵状披针形。花序头状，具花10—20朵，近缘种南苜蓿花少而大。荚果肾形（图2），表面具同心弧形脉纹，被稀疏毛，熟时变黑，有种子1粒。种子卵形，褐色，平滑。花期7—9月，果期8—10月。

用途　常作草坪绿化草本，清热利湿，凉血止血，舒筋活络。外用治蛇咬伤。

分布　产于我国南北各地。保护区常见。

图2　果实

草木樨 *Melilotus suaveolens*

科　豆科 Fabaceae

属　草木樨属 *Melilotus*

特征　二年生草本植物。茎直立粗壮，多分枝，具纵棱，微被柔毛（图1）。羽状三出复叶，全缘或基部有1尖齿，小叶倒卵形、阔卵形、倒披针形至线形，边缘具不整齐疏浅齿。总状花序腋生（图2），花初时稠密，花开后渐疏松，花序轴在花期中显著伸展，花冠黄色，旗瓣倒卵形。荚果卵形，先端具宿存花柱，表面具凹凸不平的横向细网纹。种子卵形，平滑且呈黄褐色。

图1　草木樨

用途 全草入药，味苦，性凉，有解毒、消炎的功效。

分布 原产欧亚温带，中国华东、华北、东北、西北地区种植较多。保护区偶有栽培。

图2　花序

小巢菜 *Vicia hirsuta*

图1　小巢菜

图2　植株

科 豆科 Fabaceae

属 野豌豆属 *Vicia*

特征 一年生草本，攀援或蔓生（图1、图2）。茎细柔有棱，近无毛。偶数羽状复叶末端卷须分支。托叶线形，基部有2—3裂齿。小叶4—8对，线形或狭长圆形，先端平截，具短尖头，基部渐狭，无毛。总状花序明显短于叶。花冠白色、淡蓝青色或紫白色，稀粉红色（图3）。荚果长圆菱形，表皮密被棕褐色长硬毛。种子2，扁圆形，两面凸出。花果期2—7月。

用途 全草入药，有活血、平胃、明目、消炎等功效。

分布 生于山沟、河滩、田边或路旁草丛。北美、北欧、俄罗斯、日本、朝鲜亦有。保护区常见。

图3　花序

大巢菜 *Vicia sativa*

科 豆科 Fabaceae

属 野豌豆属 *Vicia*

特征 一年生或二年生草本，茎斜升或攀援，单一或多分枝，具棱。偶数羽状复叶长2—10厘米，卷须有2—3分支，托叶戟形。花1—2(—4)，腋生（图1），近无梗。萼钟形，外面被柔毛，萼齿披针形或锥形。花冠长1.8—3厘米，紫红或红色，旗瓣长倒卵圆形，先端圆，微凹，中部两侧缢缩，翼瓣短于旗瓣，龙骨瓣短于翼瓣。荚果线状长圆形（图2），长4—6厘米，成熟后呈黄色。花期4—7月，果期7—9月。

用途 为绿肥及优良牧草。全草药用。花果及种子有毒。

分布 全国各地均产。保护区随处可见。

图1　大巢菜

图2　荚果

蚕豆 *Vicia faba*

科 豆科 Fabaceae

属 野豌豆属 *Vicia*

图1　蚕豆

特征 一年生草本，茎粗壮，直立，具4棱，中空，无毛。偶数羽状复叶，卷须短，托叶戟头形或近三角状卵形，微有锯齿，具深紫色密腺点，小叶通常1—3对，互生。总状花序腋生，花序梗几不明显，花2—4朵簇生于叶腋（图1）。荚果肥厚（图2），长5—10厘米，宽2—3厘米，成熟后变为黑色。种子2—4，长方圆形，种皮革质，青绿、灰绿或棕褐色，稀紫色或黑色。

图2　果实

用途　入口软酥，可制酱、酱油、粉丝等产品，可做饲料和蜜源植物。

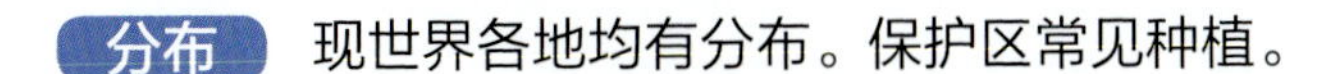

分布　现世界各地均有分布。保护区常见种植。

豌豆 *Pisum sativum*

科　豆科 Fabaceae

属　豌豆属 *Pisum*

特征　一年生攀援草本。全株绿色，光滑无毛，被粉霜（图1）。叶具小叶4—6片，托叶比小叶大，叶状，心形，下缘具细牙齿。花于叶腋单生或数朵排列为总状花序，花萼钟状，深5裂，裂片披针形，花冠颜色多样（图2、图3），雄蕊（9+1）两体。子房无毛，花柱扁，内面有髯毛。荚果肿胀，长椭圆形（图1）。种子2—10颗，圆形，青绿色，有皱纹或无，干后变为黄色。花期6—7月，果期7—9月。

图1　豌豆

用途　种子及嫩荚、嫩苗均可食用，种子含淀粉、油脂，可作药用，有强壮、止泻的功效。

分布　喜光、耐寒、耐旱，对土壤的适应能力极强，在相对贫瘠的土地中也能良好生长，但在盐碱地上生长不良。保护区常见栽培。

图2　白花

图3　红花

狭叶香港远志 *Polygala hongkongensis* var. *stenophylla*

科 远志科 Polygalaceae

属 远志属 *Polygala*

特征 草本植物至亚灌木（图1）。叶膜质至厚纸质，下部叶卵形，上部叶披针形，顶端渐尖，基部圆形且无毛，侧脉不明显，叶柄极短且被短柔毛。总状花序顶生，花序轴被卷曲短柔毛且疏松，萼片宿存，花瓣白色或紫色（图2）。蒴果近圆形且顶端具缺口，种子黑色且被白色细柔毛。

用途 全草均可入药，有安神益智、活血散瘀、消肿解毒、祛痰止咳的功效，可用于治疗失眠、跌打损伤、咳喘、痈肿、毒蛇咬伤等症状。

分布 产于中国江苏、安徽、浙江、江西、福建、湖南和广西等省区。宣城金梅岭林缘、泾县老虎山有分布。

图1 狭叶香港远志

图2 花序

瓜子金 *Polygala japonica*

科 远志科 Polygalaceae

属 远志属 *Polygala*

特征 多年生草本，高达20厘米。茎、枝被卷曲柔毛。叶厚纸质或近革质，卵形或卵状披针形，稀窄披针形，先端钝，基部宽楔形或圆，侧脉3—5对（图1）。总状花序与叶对生，或腋外生，最上花序低于茎顶，苞片1，早落，萼片宿存。花瓣白或紫色，龙骨瓣舟状，具流苏状附属物（图2）。蒴果球形，径6毫米，具宽翅。种子密被白色柔毛。花期4—5月，果期5—8月。

用途 具有祛痰止咳、活血消肿、解毒止痛的功效，用于咳嗽痰多、咽喉肿痛、外治跌打损伤、蛇虫咬伤等症。

分布 主要产于安徽、浙江、江苏等省区。郎溪县高井庙有零星分布。

图1　瓜子金

图2　花

掌叶覆盆子 *Rubus chingii*

科 蔷薇科 Rosaceae

属 悬钩子属 *Rubus*

图1 掌叶覆盆子

特征 藤状灌木，高1.5—3米，枝细，具皮刺（图1）。单叶，近圆形，直径4—9厘米，两面仅沿叶脉有柔毛或几无毛，基部心形，边缘掌状，深裂，稀3或7裂。单花腋生（图2），萼片卵形或卵状长圆形，顶端具凸尖头，外面密被短柔毛，花瓣椭圆形或卵状长圆形，白色，顶端圆钝，长1—1.5厘米，宽0.7—1.2厘米，雄蕊多数，花丝宽扁，雌蕊多数，具柔毛。果实近球形，红色（图3），直径1.5—2厘米，密被灰白色柔毛，核有皱纹。花期3—4月，果期5—6月。

用途 果大，味甜，可食用、制糖及酿酒，又可入药，为强壮剂，根能止咳、活血、消肿。

分布 产于江苏、安徽、浙江、江西、福建、广西。宣城金梅岭、泾县双坑常见。

图2 花

图3 果实

山莓 *Rubus corchorifolius*

科 蔷薇科 Rosaceae

属 悬钩子属 *Rubus*

特征 枝具皮刺。单叶，卵形至卵状披针形，沿中脉疏生小皮刺，边缘不分裂或3裂，基部具3脉，托叶线状披针形（图1）。花单生或少数生于短枝上，花梗长0.6—

2厘米，花直径可达3厘米，花萼无刺，萼片卵形或三角状卵形，花瓣长圆形或椭圆形，白色（图2），顶端圆钝，长于萼片，雄蕊多数，花丝宽扁，雌蕊多数，子房有柔毛。果实由很多小核果组成，近球形或卵球形，直径1—1.2厘米。花期2—3月，果期4—6月。

用途 可供生食、制果酱及酿酒。主治咽喉肿痛、疮痈疖肿、乳腺炎、湿疹、黄水疮等。

分布 除东北、甘肃、青海、新疆、西藏外在中国均有分布。保护区常见。

图1 山莓

图2 花

蓬蘽 *Rubus hirsutus*

科 蔷薇科 Rosaceae

属 悬钩子属 *Rubus*

特征 灌木，高1—2米，疏生皮刺（图1）。小叶3—5，卵形或宽卵形，长3—7厘米，先端急尖或渐尖，基部宽楔形或圆。花常单生，顶生或腋生，苞片具柔毛，花径3—4厘米，花萼密被柔毛和腺毛，萼片卵状披针形或三角状披针形，长尾尖，边缘被灰白色绒毛，花后反折，花瓣倒卵形或近圆形，白色（图2），花丝较宽，花柱和子房均无毛。果近球形（图3），径1—2厘米。

图1 蓬蘽

用途 果实与叶片均具有一定的经济价值，可鲜食或作药用、食用原料。全株入药。

分布 山坡路旁阴湿处或灌丛中。宣城金梅岭、泾县董家冲多见。

图2　花

图3　果实

高粱泡 *Rubus lambertianus*

科 蔷薇科 Rosaceae

属 悬钩子属 *Rubus*

特征 半落叶藤状灌木，高达3米，有微弯小皮刺（图1）。单叶，宽卵形，稀长圆状卵形，先端渐尖，基部心形，3—5裂或呈波状，有细锯齿。托叶离生，线状深裂。花梗长0.5—1厘米，苞片与托叶相似，萼片卵状披针形，全缘，边缘被白色柔毛，内萼片边缘具灰白色绒毛。花瓣倒卵形，白色，无毛（图2）。果近球形，成熟时红色（图3），核有皱纹。

用途 根、叶入药，有清热凉血、解毒疗疮的功效。果实具有较高的营养价值和医疗保健功效，适宜加工成果汁、果酒等。

图1　高粱泡

分布 生于低海拔山坡、山谷、路旁灌木丛中或林缘及草坪。保护区林边、路旁常见。

图2　花

图3　果实

太平莓 *Rubus pacificus*

图1　太平莓

科　蔷薇科 Rosaceae

属　悬钩子属 *Rubus*

特征　常绿矮小灌木，疏生细小皮刺。单叶，革质，宽卵形至长卵形，顶端渐尖，基部心形，基部具掌状5出脉（图1）。花3—6朵成顶生短总状或伞房状花序（图2），或单生于叶腋，花大，萼片卵形至卵状披针形，顶端渐尖，外萼片顶端常条裂，内萼片全缘，在果期常反折，稀直立，花白色，雄蕊多数，花丝宽扁，花药具长柔毛，雌蕊很多，稍长于雄蕊。果实球形，红色（图3），核具皱纹。

用途　此种耐干旱，有固沙作用。全株入药，有清热活血的功效。

分布　产于湖南、江西、安徽、江苏、浙江、福建等省区。泾县双坑、董家冲有分布。

图2　花

图3　果实

茅莓 *Rubus parvifolius*

科　蔷薇科 Rosaceae

属　悬钩子属 *Rubus*

特征　落叶小灌木，株高可达1—2米（图1）。小叶3枚，菱状圆形或倒卵形，边缘有不整齐粗锯齿或缺刻状粗重锯齿，背面白色（图2）。伞房花序顶生或腋生，花瓣卵圆形或长圆形，白色、粉红色至紫红色（图3）。果实卵球形，呈红色。花期5—6月，果期7—8月。

用途 有清热解毒、散淤止血、杀虫疗疮等功效。果实酸甜多汁，可供食用、酿酒及作为保健品原料。

分布 生于山坡杂木林下、山谷、路旁或荒野。保护区常见。

图1 茅莓

图2 叶背面

图3 花及花序

木莓 *Rubus swinhoei*

科 蔷薇科 Rosaceae

属 悬钩子属 *Rubus*

特征 落叶或半常绿灌木，茎细而圆，暗紫褐色（图1）。单叶，叶形变化较大，托叶卵状披针形，稍有柔毛。花常5—6朵，成总状花序，萼片卵形或三角状卵形，花瓣白色，宽卵形或近圆形（图2）。果实球形，由多数小核果组成，成熟时由绿紫红色转变为黑紫色，味酸涩，核具明显皱纹（图3）。

图1 木莓

用途 果味酸，可鲜食、制醋和做果酱。根皮可提取栲胶。全草入药。

分布 分布于中国陕西、湖北、湖南、江西、安徽、江苏、浙江、福建、台湾、广东、广西、贵州、四川。保护区山坡疏林或灌丛中多见。

图2 花

图3 果实

插田泡 *Rubus coreanus*

科 蔷薇科 Rosaceae

属 悬钩子属 *Rubus*

特征 灌木，高1—3米。枝被白粉，具近直立或钩状扁平皮刺（图1）。小叶通常5，卵形、菱状卵形或宽卵形。伞房花序顶生，具花数朵至30余朵，花序轴和花梗均被灰白色短柔毛。花萼被灰白色短柔毛，萼片长卵形或卵状披针形。花瓣倒卵形，淡红至深红色，雄蕊比花瓣短或近等长，花丝带粉红色，雌蕊多数。果近球形，成熟时深红至紫黑色（图2）。

图1 插田泡

用途 果实味酸甜可生食、熬糖及酿酒，又可入药，为强壮剂。根有止血、止痛的功效，叶能明目。

图2 果实

分布 分布于中国、朝鲜和日本。保护区多见。

龙牙草 *Agrimonia pilosa*

图1　龙芽草

科　蔷薇科 Rosaceae

属　龙牙草属 *Agrimonia*

特征　多年生草本植物，根多呈块茎状，茎的表面有稀疏柔毛（图1）。叶互生，为暗绿色，椭圆状卵形或倒卵形，有锯齿。花为穗状总状花序，花瓣为黄色，长圆形（图2）。果实为倒卵状瘦果，顶端有钩刺。花果期为5—12月。

用途　具有收敛止血、解毒、补虚的功能，用于吐血、疟疾等，其内含的酚类、内酯等成分，具有抗肿瘤、降血糖等药理作用，但泄泻发热者忌用。

分布　主要分布于中国河北、陕西、江苏、江西等南北各省区山坡草地及疏林中。保护区常见。

图2　花序

地榆 *Sanguisorba officinalis*

图1　地榆

科　蔷薇科 Rosaceae

属　地榆属 *Sanguisorba*

特征　多年生草本，高达1.2米，茎有棱（图1）。基生叶为羽状复叶，小叶4—6对。基生叶托叶膜质，褐色，外面无毛或被稀疏腺毛，茎生叶托叶草质，半卵形，有尖锐锯齿。穗状花序椭圆形、圆柱形，从花序顶端向下开放，花序梗光滑或偶有稀疏腺毛（图2、图3）。瘦果包藏宿存萼筒内，有4棱。

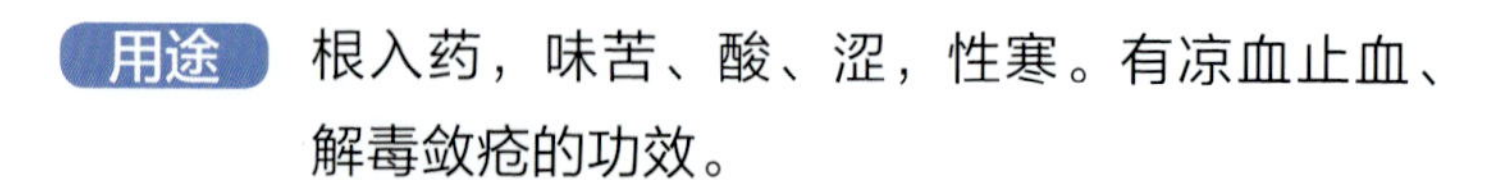

用途　根入药，味苦、酸、涩，性寒。有凉血止血、解毒敛疮的功效。

分布　中国安徽、吉林、陕西、甘肃、河南、四川、云南等省区有分布。生于郎溪县高井庙山坡草甸、灌丛林等。

图2　花序

图3　花枝

小果蔷薇 *Rosa cymosa*

科　蔷薇科 Rosaceae

属　蔷薇属 *Rosa*

特征　攀援灌木，高达5米，小枝有钩状皮刺。小叶3—5，稀7，托叶膜质，离生，线形，早落（图1）。花多朵成复伞房花序，萼片卵形，先端渐尖，常羽状分裂，花瓣白色，倒卵形，先端凹，花柱离生，稍伸出萼筒口，与雄蕊近等长（图2）。蔷薇果球形，径4—7毫米（图1），熟后红至黑褐色，萼片脱落。花期5—6月，果期7—11月。

用途 根味苦、辛、涩，性温，有消肿止痛、止血解毒、补脾固涩的功效。

分布 原产中国，主要分布于华东、西南、中南等地。广德朱村水库、泾县双坑等地有分布。

图1　小果蔷薇

图2　花

毛叶山木香 *Rosa cymosa* var. *puberula*

科 蔷薇科 Rosaceae

属 蔷薇属 *Rosa*

特征 攀援灌木，高2—5米，有钩状皮刺。小叶3—5，稀7（图1）。托叶膜质，离生，线形，早落。花多朵成复伞房花序，花直径1—2.5厘米，花梗长约1.5厘米，幼时密被长柔毛，花瓣白色，倒卵形，先端凹，基部楔形，花柱离生，稍伸出花托口外，与雄蕊近等长，密被白色柔毛。果球形，直径4—7毫米，红色至黑褐色（图2）。花期5—6月，果期7—11月。

图1　毛叶山木香

图2　果实

用途 可栽培供篱笆观赏用。

分布 主要分布于中亚、天山、帕米尔高原，伊朗及阿富汗也有分布。宣城周王镇戚家冲水库有分布。

金樱子 *Rosa laevigata*

图1　金樱子

科　蔷薇科 Rosaceae

属　蔷薇属 *Rosa*

特征　常绿攀援灌木，高可达5米。小枝粗壮，散生扁弯皮刺。小叶革质，通常3，稀5，托叶离生或基部与叶柄合生，披针形，边缘有细齿，齿尖有腺体，早落（图1）。花单生于叶腋，直径5—7厘米，萼片卵状披针形，先端呈叶状，边缘羽状浅裂或全缘，常有刺毛和腺毛，内面密被柔毛，比花瓣稍短，花瓣白色，宽倒卵形，先端微凹（图2）。果梨形，紫褐色，外面密被刺毛，萼片宿存（图3）。花期4—6月，果期7—11月。

用途　具有固精缩尿、固崩止带、涩肠止泻的功效。花大，可供观赏。

分布　产于陕西、安徽、江西、江苏、浙江、湖北、湖南、广东、广西、台湾、福建、四川、云南、贵州。郎溪县高井庙，泾县中桥、老虎山，宣城红星水库等地多有分布。

图2　花

图3　果实

图1　野蔷薇

野蔷薇 *Rosa multiflora*

科　蔷薇科 Rosaceae

属　蔷薇属 *Rosa*

特征　攀援灌木，小枝圆柱形。野蔷薇小叶5—9，多数5，小叶片倒卵形、长圆形或卵形，先端急尖或圆钝，基部近圆形或楔形，边缘有尖锐单锯齿，托叶篦齿状，大部贴生于叶柄，边缘有或无腺毛。花多朵，排成圆锥状花序，花梗长1.5—2.5厘米，花直径1.5—2厘米，萼片披针形，有时中部具2个线形裂片，花瓣白色，宽倒卵形，先端微凹，基部楔形，花柱结合成束，无毛，比雄蕊稍长（图1、图2）。果近球形，直径6—8毫米，红褐色或紫褐色（图3）。花期4—5月，果熟9—10月。

用途　是良好的春季观花树种。果实可酿酒，花、果、根、茎都供药用。

分布　耐贫瘠，全国广布。保护区随处可见。

图2　花

图3　果实

蛇含委陵菜 *Potentilla kleiniana*

图1　蛇含委陵菜

图2　花

科　蔷薇科 Rosaceae

属　委陵菜属 *Potentilla*

特征　多须根，基生叶为近于鸟足状5小叶，连叶柄长3—20厘米，下部茎生有5小叶，上部茎生有3小叶，小叶与基生小叶相似，基生叶托叶膜质，茎生叶托叶草质，绿色，卵形至卵状披针形，稀有1—2齿，顶端急尖或渐尖（图1）。聚伞花序密集枝顶如假伞形，花瓣5（图2），黄色，倒心脏形，先端稍凹。雄蕊多数，雌蕊多数，着生于花托上。瘦果近圆形，具皱纹。花果期4—9月。

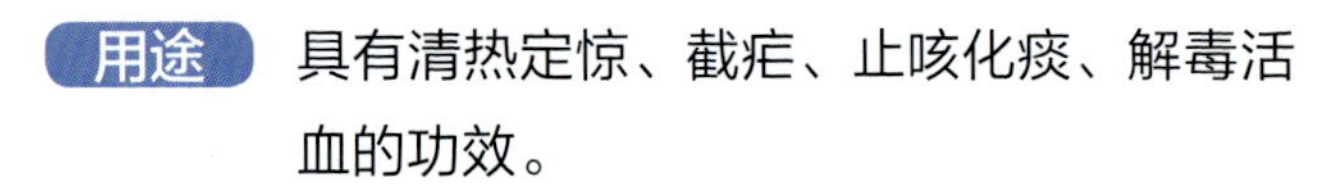

用途　具有清热定惊、截疟、止咳化痰、解毒活血的功效。

分布　分布于华东、中南、西南及辽宁、陕西、西藏等地。郎溪县高井庙、泾县琴溪等地多见。

翻白草 *Potentilla discolor*

图2　翻白草

科　蔷薇科 Rosaceae

属　委陵菜属 *Potentilla*

特征　多年生草本（图1）。根下部常肥厚呈纺锤状。基生叶有2—4对小叶，叶柄密被白色绵毛，小叶长圆形或长圆状披针形，长1—5厘米，先端圆钝，基部楔形、宽楔形，具圆钝稀急尖锯齿，上面疏被白色绵毛或脱落近无毛，下面密被白或灰白色绵毛（图2）。茎生叶1—2，掌状小叶3—5。花茎直立，上升或微铺散，高达45厘米，密被白色绵毛，花瓣黄色（图3）。瘦果近肾形，宽约1毫米。

用途 全草入药，能解热、消肿、止痢、止血。块根含丰富淀粉，嫩苗可食。

分布 分布于日本、朝鲜和中国。生长于海拔100—1850米的荒地、山谷、沟边、山坡草地、草甸及疏林下。郎溪县高井庙林场有分布。

图2 叶背面

图3 花

朝天委陵菜 *Potentilla supina*

科 蔷薇科 Rosaceae

属 委陵菜属 *Potentilla*

特征 一年生或二年生草本植物（图1）。茎平展上升或直立，被疏柔毛或脱落几无毛，叶柄被疏柔毛或脱落几无毛，小叶片长圆形或倒卵状长圆形。顶端呈伞房状聚伞花序。花瓣黄色，花柱近顶生，基部乳头状膨大。瘦果长圆形，表面具脉纹，腹部鼓胀若翅或有时不明显。花果期3—10月。

图1 朝天委陵菜

用途 味甘、酸，性寒，具有收敛止泻、凉血止血、滋阴益肾的功效。

分布 产于中国东北、内蒙古、河北、山西、甘肃、新疆、山东、河南、江苏、安徽等地。郎溪县高井庙荒地有分布。

桃 *Prunus persica*

图1　桃

科　蔷薇科 Rosaceae

属　李属 *Prunus*

特征　乔木，高达8米，冬芽被柔毛，叶披针形，先端渐尖，基部宽楔形，具锯齿（图1）。花单生，先叶开放，径2.5—3.5厘米，花梗极短或几无梗，萼筒钟形，被柔毛，稀几无毛，萼片卵形或长圆形，被柔毛，花瓣长圆状椭圆形或宽倒卵形，粉红色，稀白色（图2），花药绯红色。核果卵圆形，成熟时向阳面具红晕，果肉多色，多汁有香味，甜或酸甜。

用途　桃树干上分泌的胶质，俗称桃胶，可用作黏接剂等，为一种聚糖类物质，水解能生成阿拉伯糖、半乳糖、木糖、鼠李糖、葡糖醛酸等，可食用，也供药用，有破血、和血、益气的功效。

分布　原产中国，世界各地均有栽植。保护区常见栽培，另外，在扬子鳄管理局园内还栽培有紫叶桃（*Prunus persica* 'Zi Ye Tao'）（图3），花色艳丽。

图3　紫叶桃

图2　桃花

图1　红梅

梅花 *Prunus mume*

图2　红梅花

科　蔷薇科 Rosaceae

属　李属 *Prunus*

特征　小乔木或灌木。小枝绿色，无毛。叶卵形或椭圆形，长4—8厘米，先端尾尖，基部宽楔形或圆，具细小锐锯齿，叶柄长1—2厘米，常有腺体。花单生或2朵生于1芽内，径2—2.5厘米，香味浓，先叶开放。花萼常红褐色，有些品种花萼为绿或绿紫色，花瓣倒卵形，白或粉红色（图1、图2）。果近球形，味酸。花期冬春，果期5—6月。

用途　鲜花可提取香精，花、叶、根和种仁均可入药。果实可食。花色美丽、香远益清，主供观赏。

分布　原产我国南方，已有3000多年的栽培历史，无论作观赏还是果树均有许多品种。保护区常见栽培。

图1　杏

杏 *Prunus armeniaca*

科　蔷薇科 Rosaceae

属　李属 *Prunus*

特征　乔木，高达8（—12）米（图1），小枝无毛，叶宽卵形或圆卵形，先端尖或短渐尖，基部圆或近心形，有钝圆锯齿。花单生，先叶开放（图2），被柔毛，花萼紫绿色，萼筒圆筒形，萼片卵形或卵状长圆形，花后反折（图3）。花瓣圆形或倒卵形，白色带红晕。核果球形，稀倒卵圆形，熟时白、黄或黄红色，常具红晕（图4）。

用途　可食用。具降气止咳平喘、润肠通便的功效。树根具有解毒的功效，叶具有祛风利湿、明目的功效，主治水肿、皮肤瘙痒、目疾多泪等。

分布　主要分布于世界各地温带地区。杏树适应性强，耐干旱而不抗涝。保护区偶有栽培。

图2　花枝

图3　花

图4 果实

图1 紫叶李

紫叶李 *Prunus cerasifera* 'Atropurpurea'

科 蔷薇科 Rosaceae

属 李属 *Prunus*

特征 落叶灌木或小乔木，为蔷薇科李属樱桃李的一个品种（图1）。小枝暗红色，无毛，冬芽卵圆形，紫红色，叶片椭圆形、卵形或倒卵形，紫色，托叶膜质，披针形，先端渐尖，边有带腺细锯齿，早落（图2）。花梗无毛或微被短柔毛，萼筒钟状，萼片长卵形，花瓣白色（图3），长圆形或匙形。核果近球形或椭圆形，长宽几相等，黄色、红色或黑色，微被蜡粉，具有浅侧沟（图4）。花期4月，果期8月。

图2 枝条

图3 花

用途 是优良的观花观叶植物，可孤植、丛植、片植于公园、庭院、道路旁等绿地，具有抗较高浓度氯气的功能，可作为抗大气污染的绿化植物栽植。紫叶李果实甜美，可鲜食，也可加工后食用。

分布 原产亚洲西南部，在中国华东、华中、华北、西北、西南地区均有分布，华北及其以南地区种植较广泛。扬子鳄管理局附近有栽培。

图4 核果

李树 *Prunus salicina*

图1 李树

科 蔷薇科 Rosaceae

属 李属 *Prunus*

特征 木本植物，小枝无毛。叶片为矩圆状倒卵形或椭圆状倒卵形（图1）。花梗无毛，萼片长圆状卵形，花瓣5，白色，长圆状倒卵形（图2）。果实黄色或红色，有时为绿色或紫色，外被蜡粉（图1）。花期4月。果期7—8月。

用途 味甘酸，有清热、生津、利水、健胃、祛肝火的功效，主治虚劳内热、消渴、腹水、小便不利、消化不良等症。

分布 产于中国东南部，现中国秦岭周边及以南大部分地区都有栽培。保护区偶有栽培。

图2 花

日本晚樱 *Prunus serrulate* var. *lannesiana*

图1　日本晚樱叶

科　蔷薇科 Rosaceae

属　李属 *Prunus*

特征　乔木，高3—8米。叶片卵状椭圆形或倒卵椭圆形，先端渐尖，基部圆形，边缘有渐尖重锯齿，齿端有长芒，有侧脉6—8对。叶柄长1—1.5厘米，无毛，托叶线形，长5—8毫米，早落（图1）。花序伞房总状或近伞形，有花2—3朵（图2）。总苞片褐红色，倒卵长圆形。苞片褐色或淡绿褐色，边有腺齿，萼片三角披针形，全缘，花瓣白色、粉红色，倒卵形，先端下凹，雄蕊约38枚，花柱无毛。核果球形或卵球形，红色（图3）。花期4—5月，果期6—7月。

用途　花色繁多艳丽，宜作行道树供观赏。花蕾具有镇咳祛风的药用价值。

分布　引自日本，中国各地庭院均有栽培。保护区常见，郎溪县高井庙有千亩樱花林。

图2　花枝

图3　果实

棣棠 *Kerria japonica*

科 蔷薇科 Rosaceae

属 棣棠属 *Kerria*

特征 落叶灌木，高1—3米。小枝绿色，常拱垂。叶互生，三角状卵形或卵圆形，顶端长渐尖，基部圆形、截形或微心形，边缘有尖锐重锯齿。单花，着生在当年生侧枝顶端，花梗无毛，萼片卵状椭圆形，顶端急尖，有小尖头，全缘，无毛，果时宿存。花瓣黄色，宽椭圆形，顶端下凹（图1）。瘦果倒卵形至半球形（图2）。花期4—6月，果期6—8月。

用途 花味微苦、涩、性平，具有化痰止咳、利湿消肿、解毒的功效。棣棠花还可供绿化观赏。

分布 分布于中国华东、西南及陕西、甘肃、河南、湖北、湖南等地，生于山坡、灌木丛中。保护区偶有栽培。

图1　棣棠花

图2　果实

菱叶绣线菊 *Spiraea* × *vanhouttei*

科 蔷薇科 Rosaceae

属 绣线菊属 *Spiraea*

特征 蔷薇科绣线菊属灌木，株高1—2米，小枝呈拱形弯曲，红褐色，无毛。芽小，叶柄短，叶片菱形或圆形至扁椭圆形，花瓣近圆形，白色，花盘圆环形（图1、图2），子房无毛。果稍张开，花柱近直立，萼片直立张开。花期5—6月，果期7—8月。

图1　菱叶绣线菊

用途 其花色艳丽，花朵繁茂，盛开时枝条全部为细巧的花朵所覆盖，形成一条条拱形花带，是极好的观花灌木。

分布 主要分布于中国安徽、江苏、广东、广西及四川等地。保护区偶有栽培。

图2 花

中华绣线菊 *Spiraea chinensis*

科 蔷薇科 Rosaceae

属 绣线菊属 *Spiraea*

特征 灌木，高1.5—3米，小枝呈拱形弯曲，红褐色。叶片菱状卵形至倒卵形，先端急尖或圆钝，基部宽楔形或圆形，边缘有缺刻状粗锯齿，或具不显明3裂（图1）。伞形花序具花16—25朵，花瓣近圆形，先端微凹或圆钝，长与宽2—3毫米，白色（图2）。蓇葖果开张，全体被短柔毛，花柱顶生，直立或稍倾斜，具直立，稀反折萼片。花期3—6月，果期6—10月。

用途 根及叶可入药，其根味苦，性凉，具有止咳、明目、镇痛等功效。

分布 产于内蒙古、河北、河南、陕西、湖北、湖南、安徽、江西、江苏、浙江、贵州、四川、云南、福建、广东、广西。泾县中桥东风水库、董家冲等地有分布。

图1 中华绣线菊

图2 花

野山楂 *Crataegus cuneata*

科 蔷薇科 Rosaceae

属 山楂属 *Crataegus*

特征 落叶灌木，高达1—5米，分枝密，通常具细刺。叶片宽倒卵形至倒卵状长圆形，先端急尖，基部楔形，下延连于叶柄，边缘有不规则重锯齿，顶端常有3或稀5—7浅裂片，托叶大形，草质，镰刀状，边缘有齿。萼片三角卵形，花瓣宽倒卵形，白色（图1）。果实球形，熟时红色（图2）。5—6月开花，7—8月结果。

图1　野山楂

用途 味酸、甘，性微温，具有消食化积、活血化瘀等功效，可用于治疗食积腹胀、泻痢腹痛、肝阳上亢眩晕、产后腹痛等症状。

分布 常生于山谷、多石湿地或山地灌木丛中。宣城金梅岭、泾县老虎山有分布。

图2　果实

红叶石楠 *Photinia × fraseri*

科 蔷薇科 Rosaceae

属 石楠属 *Photinia*

特征 常绿灌木或小乔木，高达4—6米。小枝灰褐色，无毛。叶互生，长椭圆形或倒卵状椭圆形，边缘有疏生腺齿，嫩叶红色（图1）。复伞房花序顶生，花白色，径6—8 毫米（图2）。果球形，径5—6毫米，红色或褐紫色（图3）。

图1 红叶石楠

用途 作行道树，其秆立如火把，做绿篱，其状卧如火龙。修剪造景，形状可千姿百态，景观效果美丽。

分布 主要分布在亚洲东南部与东部和北美洲的亚热带与温带地区，在中国许多省份也已广泛栽培。郎溪县高井庙有成片林。

图2 花

图3 果实

石楠 *Photinia serratifolia*

科 蔷薇科 Rosaceae

属 石楠属 *Photinia*

特征 常绿灌木或小乔木，达12米（图1）。叶革质，长椭圆形或倒卵状椭圆形，侧脉25—30对。伞房花序顶生（图2），径10—16厘米，花序梗和花梗均无毛，花梗

图1　石楠

图2　花序

长3—5毫米，花径6—8毫米，花萼筒杯状，长约1毫米，无毛，萼片宽三角形，长约1毫米，无毛，花瓣白色（图3），近圆形，雄蕊20，花柱2(3)，基部合生，柱头头状，子房顶端有柔毛。果实球形，径5—6毫米，成熟时红色，后褐紫色（图4）。

用途 可制车轮及器具柄，种子可榨油做肥皂，根可提烤胶，果作酿酒的原料。干叶可药用，有利尿、解热、镇痛的作用。

分布 原产陕西秦岭南坡、甘肃南部及淮河流域以南各省区，现在多为栽培。广德卢村水库、扬子鳄管理局等地有栽培。

图3　花

图4　果实

火棘 *Pyracantha fortuneana*

科 蔷薇科 Rosaceae

属 火棘属 *Pyracantha*

特征 常绿灌木，高达3米。侧枝短，先端刺状，幼时被锈色短柔毛，后无毛。叶倒卵形或倒卵状长圆形，先端圆钝或微凹，有时具短尖头，基部楔形，下延至叶柄，有钝锯齿。复伞房花序，花萼筒钟状，萼片三角状卵形，花瓣白色，近圆形（图1）。果近球形，径约5毫米，橘红或深红色（图2）。花期3—5月，果期8—11月。

图1　火棘

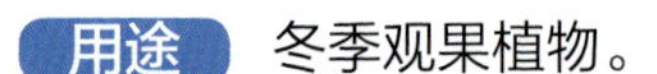

用途 冬季观果植物。

分布 分布于中国黄河以南及广大西南地区，耐贫瘠，抗干旱，耐寒。保护区多见栽培。

图2　果实

垂丝海棠 *Malus halliana*

科 蔷薇科 Rosaceae

属 苹果属 *Malus*

特征 乔木，高达5米（图1）。叶卵形、椭圆形至长椭圆状卵形，先端长渐尖，基部楔形至近圆形，边缘有圆钝细锯齿，常带紫晕。托叶披针形，早落。伞房花序，花梗细弱，下垂，长2—4厘米，紫色。花径3—3.5厘米，花托外面无毛，萼片三角状卵形，先端钝，全缘，花瓣常5数以上，粉红色，倒卵形，长约1.5厘米，基部有短爪（图2）。果梨形或倒卵圆形（图3），

图1　垂丝海棠

径6—8毫米，稍带紫色。花期3—4月，果期9—10月。

用途 树形优美、枝叶扶疏、花色艳丽，观赏价值极高，可做大型盆栽或绿化树植。果实可食用，可制作蜜饯。

分布 分布于陕西、安徽、江苏、浙江、四川、云南等省区。扬子鳄管理局等地有栽培。

图2　花序

图3　果实

枇杷 *Eriobotrya japonica*

科 蔷薇科 Rosaceae

属 枇杷属 *Eriobotrya*

特征 常绿小乔木，高达10米，小枝粗，密被锈色或灰棕色绒毛（图1）。叶革质，披针形、倒披针形、倒卵形或椭圆状长圆形，上部边缘有疏锯齿，上面多皱，下面密被灰棕色绒毛，侧脉11—21对。花多数组成圆锥花序，萼片三角状卵形，花瓣白色，长圆形或卵形，基部有爪（图2）。雄蕊20，花柱5，离生。果球形或长圆形，黄或桔黄色（图1）。

图1　枇杷

用途　可作为水果食用，具有止渴、润燥、清肺、止咳等功效，枇杷叶也可用来治疗胃病。

分布　原产中国，我国早在2000多年前就开始食用和栽培枇杷。后来被引入日本，在18世纪之后，枇杷传入欧洲。保护区常见栽培。

图2　花

棠梨 *Pyrus betulifolia*

图1　棠梨嫩叶

科　蔷薇科 Rosaceae

属　梨属 *Pyrus*

特征　乔木，高达10米，叶卵形或长卵形，先端渐尖，稀急尖，具锐锯齿，两面均具柔毛，侧脉5—10对，托叶膜质，线状披针形（图1）。伞形总状花序，有3—6花，花序梗和花梗幼时均被稀疏柔毛（图2），花瓣宽卵形，具短爪，白色，雄蕊20，稍短于花瓣，花柱和雄蕊近等长。果卵球形或椭圆形，褐色，有稀疏斑点，萼片宿存（图3）。花期4月，果期8—9月。该物种与豆梨（*Pyrus calleryana*）相似，但后者叶不具毛、叶缘具钝锯齿而与前者相区别。

用途　果实有丰富的氨基酸及其他营养成分，冬季常被用来治疗哮喘、咳嗽等，果实水分多、口感好，是人们喜爱的水果。

分布　产于河北、河南、山东、山西、甘肃、湖北、江苏、安徽、江西等省。宣城杨林片林缘有野生。

图2　花

图3　果实

图1　梨树

梨树 *Pyrus pyrifolia*

图2　花序

科　蔷薇科 Rosaceae

属　梨属 *Pyrus*

特征　乔木，树冠开展。小枝粗壮，幼时有柔毛（图1）。二年生的枝紫褐色，具稀疏皮孔。托叶膜质，边缘具腺齿，叶片卵形或椭圆形，先端渐尖或急尖，初时两面有绒毛，老叶无毛。伞形总状花序，总花梗和花梗幼时有绒毛，花瓣5，白色（图2、图3）。果实卵形或近球形，褐色（图4）。花期4月，果期8—9月。

用途　特别解渴的一种水果。有润肺、生津止渴、润肺止咳的作用，可以提高机体免疫力。

分布　常见栽培植物。保护区偶有栽培。

图3　花

图4　果实

胡颓子 *Elaeagnus pungens*

图1　胡颓子

图2　果实

科　胡颓子科 Elaeagnaceae

属　胡颓子属 *Elaeagnus*

特征　直立灌木，高3—4米，具刺，刺顶生或腋生，长20—40毫米。叶革质，椭圆形或阔椭圆形，边缘微反卷或皱波状，上面幼时具银白色和少数褐色鳞片，成熟后脱落，具光泽，干燥后褐绿色或褐色。花白色，下垂，密被鳞片，1—3花生于叶腋锈色短枝，萼筒圆筒形或近漏斗状圆筒形（图1）。果长椭圆形，长1.2—1.4厘米，幼时被褐色鳞片，熟时红色（图2）。花期9—12月，果期次年4—6月。

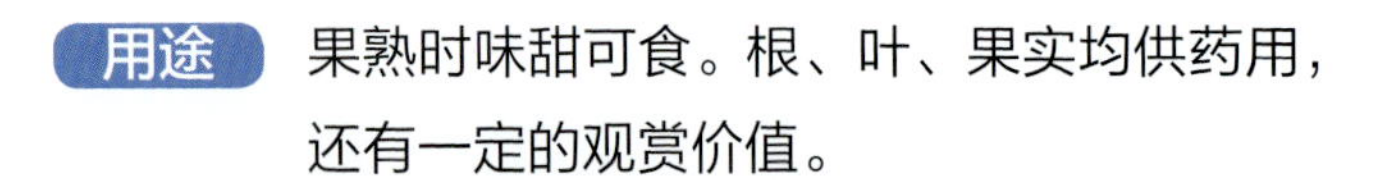

用途　果熟时味甜可食。根、叶、果实均供药用，还有一定的观赏价值。

分布　主产于华东、华南地区。泾县老虎山、团结水库、董家冲、东风水库均有分布。

长叶冻绿 *Frangula crenata*

图1　长叶冻绿

科　鼠李科 Rhamnaceae

属　裸芽鼠李属 *Frangula*

特征　落叶灌木或小乔木，幼枝带红色，小枝被疏柔毛（图1）。叶纸质，倒卵状椭圆形、椭圆形或倒卵形。花梗长2—4毫米，萼片三角形与萼管等长，花瓣近圆形，顶端2裂。核果球形或倒卵状球形，绿色或红色，成熟时黑色或紫黑色（图2）。花期5—8月，果期8—10月。

用途　是一种观叶、观花、观果的园林栽培树种。根有毒。民间常用根、皮煎水或醋浸洗治顽癣，根和果实含黄色染料。

分布 常自然生长于向阳的山坡和疏林中。泾县东风水库偶见。

图2 果实

山鼠李 *Rhamnus wilsonii*

科 鼠李科 Rhamnaceae

属 鼠李属 *Rhamnus*

特征 灌木，小枝互生或兼近对生，枝端有时具刺，顶芽具鳞片。叶互生稀兼近对生，椭圆形或宽椭圆形。花单性异株，4基数，数朵至20余朵簇生小枝基部或1至数朵腋生，花梗长0.6—1厘米，雄花有花瓣，子房3室，花柱3（2）裂。核果倒卵状球形（图1），长约9毫米，熟时紫黑或黑色。

用途 木材坚实，可用于雕刻及制作农具，其种子可榨油，树皮和叶可提取胶，花期很长，可作为蜜源植物，茎皮、果实和根还可作为绿色染料。

分布 在安徽、浙江、福建、江西、湖南、广东、广西和贵州等地均有分布。泾县中桥片、宣城金梅岭有分布。

图1 山鼠李

多花勾儿茶 *Berchemia floribunda*

科 鼠李科 Rhamnaceae

属 勾儿茶属 *Berchemia*

特征 藤状或直立灌木（图1）。叶纸质，上部叶卵形、卵状椭圆形或卵状披针形，长4—9厘米，先端尖，下部叶椭圆形，侧脉9—12对。花常数朵簇生成顶生宽聚伞圆锥花序，花序长达1.5厘米，花序轴无毛或被疏微毛，萼三角形，花瓣倒卵形，雄蕊与花瓣等长。核果圆柱状椭圆形（图2），宿存花盘盘状。花期7—10月，果期翌年4—7月。

用途 根入药，有祛风除湿、散瘀消肿、止痛的功效。

分布 产于安徽、广西、广东、湖南、湖北、四川、贵州、云南等省区。泾县中桥东风水库偶见。

图1 多花勾儿茶

图2 果实

猫乳 *Rhamnella franguloides*

图1 猫乳

科 鼠李科 Rhamnaceae

属 猫乳属 *Rhamnella*

特征 落叶灌木或小乔木，幼枝被柔毛（图1）。叶倒卵状长圆形、倒卵状椭圆形、被疏短毛。花两性，花瓣宽倒卵形，萼片三角状卵形。核果圆柱形或椭圆形，稀倒卵形，熟时红色或橘红色，干后黑或紫黑色（图2）。花期5—7月，果期7—10月。

用途 根供药用，治疥疮，皮含绿色染料。

分布 分布于华东地区、陕西南部、山西南部、河北等地，国外分布于日本、朝鲜。泾县金川镇岩潭村有分布。

图2 果实

北枳椇 *Hovenia dulcis*

图1　北枳椇

科　鼠李科 Rhamnaceae

属　枳椇属 *Hovenia*

特征　也称拐枣，高大乔木，稀灌木，高达10余米（图1）。叶互生，厚纸质至纸质，宽卵形至心形，顶端长或短渐尖，基部截形或心形，常具细锯齿。圆锥状聚伞花序，常顶生，花两性，黄绿色，萼片卵状三角形，无毛，花瓣倒卵状匙形，花柱3浅裂（图2）。浆果状核果近球形（图3），无毛，熟时黑色。种子深褐或黑紫色。花期5—7月，果期8—10月。

用途　味甘，性平，果序轴肥厚、含丰富的糖，可生食、酿酒、熬糖，民间常用以浸制“拐枣酒”。

分布　产于华东、华中、华南及西南东部各省区，日本和朝鲜也有分布。泾县昌桥乡有分布。

图2　花

图3　果实

枣树 *Ziziphus jujuba*

科　鼠李科 Rhamnaceae

属　枣属 *Ziziphus*

特征　落叶小乔木，有长枝，短枝和无芽小枝比长枝光滑，呈之字形曲折（图1），具2

图1　枣树

个托叶刺，长刺粗直，短刺下弯。叶纸质，卵形，卵状椭圆形，顶端钝或圆形，基部稍不对称。花黄绿色，两性，5基数（图2），单生或2—8个密集成腋生聚伞花序，萼片卵状三角形，花瓣倒卵圆形，基部有爪。核果矩圆形或长卵圆形，成熟时红色，后变红紫色（图3）。种子扁椭圆形。花期5—7月，果期8—9月。

用途　枣果实味甜，除供鲜食外，常可以制成蜜枣、红枣、熏枣、黑枣、酒枣等蜜饯和果脯。枣仁和根均可入药，枣仁可以安神。枣树花期较长，芳香多蜜，为良好的蜜源植物。

分布　生长于山区、丘陵或平原。保护区广为栽培。

图2　花

图3　果实

刺榆 *Hemiptelea davidii*

科 榆科 Ulmaceae

属 刺榆属 *Hemiptelea*

特征 落叶乔木或灌木状（图1）。高达10米。小枝被灰白色短柔毛，具长2—10厘米坚硬棘刺（图2）。冬芽常3个聚生叶腋。叶互生，椭圆形或椭圆状长圆形，侧脉8—12对，斜伸至齿尖。花杂性，具梗，与叶同放，单生或2—4朵族生叶腋。花被杯状，4—5裂，雄蕊与花被片同数，花柱短，柱头2，线形，子房侧扁，1室，倒生胚珠1。花被宿存。小坚果黄绿色，斜卵圆形，两侧扁，长5—7毫米。

用途 可作为防沙治沙绿化树种。也可用来制作各种农家用的器具。树皮纤维可作为人造棉、绳索、麻袋的原料，嫩叶可制作成饮料。

分布 产于华北、华东、西南、华中等地区，朝鲜、欧洲及北美有栽培。郎溪县高井庙有分布。

图1 刺榆

图2 硬棘刺

榆 *Ulmus pumila*

科 榆科 Ulmaceae

属 榆属 *Ulmus*

特征 落叶乔木，高达25米。叶椭圆状卵形、长卵形、椭圆状披针形或卵状披针形，长2—8厘米，侧脉9—16对（图1）。花在去年生枝叶腋成簇生状。翅果近圆形，稀倒卵状圆形，长1.2—2厘米，仅顶端缺口柱头面被毛（图2）。果核位于翅果中部，其色与果翅相同。宿存花被无毛，4浅裂，具缘毛，果柄长1—2毫米。花果期3—6月。

用途 木材可作家具、器具、室内装修、车辆、造船、地板等用材。

分布 分布于东北、华北、华东、西北及西南各省区。保护区常见。

图1 榆

图2 果实

杭州榆 *Ulmus changii*

科 榆科 Ulmaceae

属 榆属 *Ulmus*

特征 落叶乔木，高达20余米（图1）。幼枝密被毛。叶卵形或卵状椭圆形，稀宽披针形或长圆状倒卵形，长3—11厘米，侧脉12—24对，常具单锯齿，稀兼具或全为重锯齿（图2）。花自花芽抽出，在二年生枝上成簇状聚伞花序，稀出自混合芽而散生新枝基部。翅果长圆形或椭圆状长圆形，稀近圆形，长1.5—3.5厘米，果核位于翅果中部或稍下。花果期3—4月。

用途 抗风力强，是很好的乡土行道树。木材坚实耐用，可用来做家具、器具、地板、车辆及建筑等。树皮纤维可制绳索及造纸。

图1 杭州榆（位于高井庙）

分布 中国多地分布。郎溪县高井庙有高大乔木。

图2　叶背面（左杭州榆，右榔榆）

榔榆 *Ulmus parvifolia*

科 榆科 Ulmaceae

属 榆属 *Ulmus*

特征 落叶乔木，高可达25米（图1）。树皮灰或灰褐色，成不规则鳞状薄片剥落，内皮红褐色（图2）。一年生枝密被短柔毛。叶披针状卵形或窄椭圆形，稀卵形或倒卵形，侧脉10—15对。秋季开花，3—6朵成簇状聚伞花序，花被片4，深裂近基部。翅果椭圆形或卵状椭圆形，长1—1.3厘米，顶端缺口柱头面被毛，余无毛，果翅较果核窄，果核位于翅果中上部（图3）。花果期8—10月。

用途 边材淡褐色或黄色，心材黄褐色，材质坚韧，纹理直，耐水湿，可供家具、器具、船橹等用材。树皮纤维纯细，杂质少，可作蜡纸及人造棉原料。也可选作造林树种。

图1　榔榆（位于管理局附近）

图2　茎干

图3　果实

分布 广布于河北、山东、江苏、安徽、浙江、福建、台湾、江西、广东、广西、湖南、湖北、贵州、四川、陕西、河南等省区。扬子鳄管理局附近有栽培。

糙叶树 *Aphananthe aspera*

科 大麻科 Cannabaceae

属 糙叶树属 *Aphananthe*

特征 落叶乔木，树皮纵裂，粗糙。叶纸质，卵形或卵状椭圆形，基脉3出，侧生的1对伸达中部边缘，侧脉6—10对，伸达齿尖（图1）。托叶膜质，线形。花单性，雌雄同株，雄花成伞房花序。核果近球形、椭圆形或卵状球形（图2）。花期3—5月，果期8—10月。

用途 枝皮纤维供制人造棉、绳索用。木材坚硬细密，可供制家具、农具和建筑用。叶可作马饲料。

分布 分布于华东、华北、华南地区。泾县中桥片有分布。

图1　糙叶树

图2　果实

图1　朴树

朴树 *Celtis sinensis*

科 大麻科 Cannabaceae

属 朴属 *Celtis*

特征 高大落叶乔木，高达20米（图1）。一年生枝密被柔毛。叶卵形或卵状椭圆形，先端尖或渐尖，基部近对称或稍偏斜，近全缘或中上部具圆齿。雄蕊单生叶腋，雄蕊4，柱头2（图2）。果单生叶腋（图3），稀2—3集生，近球形，成熟时黄或橙黄色，具果柄。花期3—4月，果期9—10月。

用途 木材可作建筑和家具等用材，树皮纤维可代麻制绳、织袋，或为造纸原料，种子油可制肥皂或作滑润油。

分布 产于鲁、豫及以南至川黔大片区域。郎溪县高井庙、宣城金梅岭有分布。

图2　花序

图3　果实

山油麻 *Trema cannabina* var. *dielsiana*

科 大麻科 Cannabaceae

属 山黄麻属 *Trema*

特征 小枝紫红色，后渐变棕色，密被斜伸的粗毛（图1）。叶薄纸质，叶面被糙毛，叶背密被柔毛。花单性，雌雄同株，雄花序常生于花枝的下部叶腋（图2），雄花具梗，直径约1毫米，

图1　山油麻

图2 雄花序

图3 雌花序

花被片5，倒卵形。雌花序常生于花枝的上部叶腋（图3）。核果近球形或阔卵圆形，熟时橘红色，有宿存花被。花期3—6月，果期9—10月。

用途 韧皮纤维供制麻绳、纺织和造纸用，种子油供制皂和作润滑油用。

分布 产于江苏、安徽、浙江、江西、福建、湖北、湖南、广东、广西、四川和贵州等省区。泾县中桥团结大塘有分布。

青檀 *Pteroceltis tatarinowii*

科 大麻科 Cannabaceae

属 青檀属 *Pteroceltis*

特征 高大乔木，高达20余米。树皮深灰色，不规则长片状剥落。叶互生，纸质（图1），宽卵形或长卵形，先端渐尖，基脉3出，托叶早落。花单性同株。雄花数朵簇生于当年生枝下部叶腋。花被5深裂，雄蕊5，花丝直伸，花药顶端具毛。雌花单生于一年生枝上部叶腋，花被4深裂，子房侧扁，花柱短，柱头2。翅果状坚果近圆形或近四方形，黄绿色（图2），具宿存的花柱和花被。花期3—5月，果期8—10月。

图1 青檀

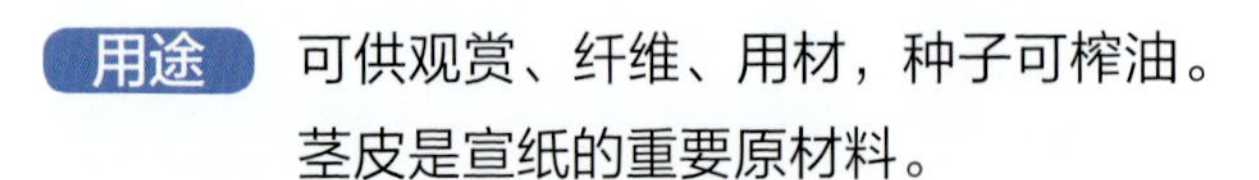

用途 可供观赏、纤维、用材，种子可榨油。茎皮是宣纸的重要原材料。

分布 产于我国辽宁以南大部分湿润半湿润地区。泾县双坑片有分布。

图2 果实

桑 *Morus alba*

科 桑科 Moraceae

属 桑属 *Morus*

图1 桑

特征 乔木或灌木，树皮厚，灰色，具不规则浅纵裂（图1）。叶卵形或广卵形。托叶披针形，早落。花单性，腋生或生于芽鳞腋内。雄花序下垂，雄花花被片宽椭圆形，淡绿色（图2）。花丝在芽时内折，花药2室，纵裂。雌花序长1—2厘米，总花梗长5—10毫米，被柔毛，雌花无梗，花被片倒卵形，顶端圆钝，无花柱，柱头2裂，内面有乳头状突起。聚花果卵状椭圆形，成熟时红色或暗紫色（图3）。花期4—5月，果期5—8月。

用途 树皮纤维柔细，可作纺织原料、造纸原料。根皮、果实及枝条入药。叶为养蚕的主要饲料，亦作药用。桑椹可以酿酒，称桑子酒。

分布 本种原产我国中部和北部。南陵县长乐片有栽培。

图2 雄花序

图3 桑葚

鸡桑 *Morus australis*

科 桑科 Moraceae

属 桑属 *Morus*

特征 落叶乔木或灌木，无刺（图1）。叶3—5条状深裂，中裂片长于侧裂片，裂片具细锯齿。雌雄异株或同株，或同株异序。雄花序被柔毛，花药黄色（图2），雌花序卵形或球形，花柱较长，柱头2裂（图3）。聚花果短椭圆形，径约1厘米。花期3—4月，果期4—5月。

用途 可供纤维，果可食。

分布 国内广布。宣城金梅岭有分布。

图1　鸡桑

图2　雄花序

图3　雌花序

小构树 *Broussonetia monoica*

科 桑科 Moraceae

属 构属 *Broussonetia*

特征 蔓生藤状灌木，小枝显著伸长，幼时被浅褐色柔毛，成长脱落（图1）。叶互生，近对称的卵状椭圆形，边缘锯齿细，齿尖具腺体。花雌雄异株，雄花序短穗状，长1.5—2.5厘米，花序轴约1厘米，雄花花被片3—4，裂片外面被毛，雄蕊3—4，花药黄色，椭圆球形，退化雌蕊小，雌花集生为球形头状花序（图2）。聚花果直径1厘米，花柱线形，延长。花期4—6月，果期5—7月。

用途 茎皮纤维为良好造纸和人造棉原料。嫩枝

图1　小构树

图2　花序

叶、树汁、根皮入药，治风湿痹痛、虚肿、皮炎、跌打损伤。

分布 分布于我国台湾及华中、华南、西南各省区。宣城金梅岭多见。

构树 *Broussonetia papyrifera*

科 桑科 Moraceae

属 构属 *Broussonetia*

特征 乔木，小枝密生柔毛。叶螺旋状排列，广卵形至长椭圆状卵形，边缘具粗锯齿，不分裂或3—5裂。基生叶脉三出，侧脉6—7对（图1）。花雌雄异株，雄花序为柔荑花序，雄蕊4，花药近球形（图2）。雌花序球形头状。聚花果直径1.5—3厘米，成熟时橙红色，肉质（图3）。花期4—5月，果期6—7月。

图1　构树

用途 本种韧皮纤维可作造纸材料，楮实子及根、皮可供药用。

分布 产于中国南北各地，南亚北部、东南亚、东亚等国家也有分布。保护区常见。

图2　构树雄花

图3　果实

图1 薜荔

薜荔 *Ficus pumila*

科 桑科 Moraceae

属 榕属 *Ficus*

特征 攀援或匍匐灌木（图1）。叶两型，营养枝节上生不定根，叶薄革质，卵状心形，长约2.5厘米，先端渐尖，基部稍不对称（图2）。果枝上无不定根，叶革质，卵状椭圆形，长5—10厘米，先端尖或钝，基部圆或浅心形，全缘，上面无毛，下面被黄褐色柔毛，侧脉3—4对，在上面凹下，下面网脉蜂窝状。隐头花序（图3），瘦果近倒三角状球形，有黏液。花果期5—8月。

用途 花序托中瘦果可加工成凉粉食用。叶供药用，有祛风除湿、活血通络等作用。藤蔓柔性好，可用来编织和作造纸原料。

分布 分布于中国东南部，除西北、华北偶见栽培，其余地区常见野生。保护区常见。

图2 营养枝

图3 隐头花序

珍珠莲 *Ficus sarmentosa* var. *henryi*

图1　珍珠莲

科　桑科 Moraceae

属　榕属 *Ficus*

特征　木质攀援匍匐藤状灌木，幼枝密被褐色长柔毛，叶革质，卵状椭圆形，长8—10厘米，宽3—4厘米，先端渐尖，基部圆形至楔形，表面无毛，背面密被褐色柔毛或长柔毛，基生侧脉延长，侧脉5—7对，小脉网结成蜂窝状（图1）。榕果成对腋生，圆锥形（图2），直径1—1.5厘米，表面密被褐色长柔毛，成长后脱落。

用途　是绿化岩石园、园林假山的好材料。瘦果水洗可制作冰凉粉。根和藤入药。

分布　全国广布。宣城杨林水库偶见。

图2　果枝

爬藤榕 *Ficus sarmentosa* var. *impressa*

图1　爬藤榕

科　桑科 Moraceae

属　榕属 *Ficus*

特征　常绿攀援或匍匐灌木（图1）。小枝幼时密被短柔毛，后渐变无毛。叶互生，排成2列。叶片椭圆形、长圆形或卵形，两侧对称。花序单生或成对生于叶腋，花序托近球形，幼时疏被白色短柔毛，成熟时紫黑色。花雌雄异株，雄花与瘿花生于同一植株的同一花序托内壁，雌花生于另一植株的花序托内壁。瘦果倒卵状椭圆体形，有黏液（图2）。

用途　具有保持水土和防风固沙的效用。茎皮纤维是人造棉和造纸的原料。根、茎入药。也可供观赏。

分布 广布于深圳、河南、安徽、江苏、浙江、江西、福建、广东、香港、澳门、海南、广西、湖南、湖北、贵州、云南、四川、陕西、甘肃。郎溪十字镇山地旁有分布。

图2 果实

无花果 *Ficus carica*

科 桑科 Moraceae

属 榕属 *Ficus*

特征 落叶灌木，高达10米（图1）。小枝粗，叶互生，厚纸质，宽卵圆形，下面密被钟乳体及灰色柔毛，基部浅心形，基生脉3—5，侧脉5—7对。雌雄异株，雄花和瘿花同生于一榕果内壁，雄花集生孔口，花被片4—5，雄蕊（1）3（15）。瘿花花柱短，侧生。雌花花被与雄花同，花柱侧生，柱头2裂，线形（图2）。榕果单生叶腋，梨形，径3—5厘米，顶部凹下，熟时紫红或黄色，基生苞片3，卵形，瘦果透镜状。花果期5—7月。

用途 无花果繁殖容易，结果早、病虫害少、效益高，是一种高营养、高药用、多利用的水果。具有药用价值，有健胃清肠、消肿解毒的功效。

分布 我国唐代即从波斯传入，现南北均有栽培，新疆南部尤多。保护区多见栽培。

图1 无花果

图2 花序（雌）

花叶垂榕 *Ficus benjamina* 'Variegata'

图1 花叶垂榕

科 桑科 Moraceae

属 榕属 *Ficus*

特征 常绿乔木，枝叶稠密，柔软下垂。叶薄革质，光滑无毛，卵形或卵状椭圆形，托叶披针形，叶面有乳白色斑块，叶色清秀柔美（图1）。果球形，黄色或红色，成对或单生叶腋。花期8—11月。

用途 树姿优雅，是优良的观叶花木，可作行道树，也可作绿篱。

分布 原产印度、马来西亚等热带地区，在中国华南热带地区有大量栽植。扬子鳄管理局院子内有栽培。

花点草 *Nanocnide japonica*

图1 花点草

科 荨麻科 Urticaceae

属 花点草属 *Nanocnide*

特征 多年生草本，高达45厘米。叶三角状卵形或近扇形，先端钝圆，基部宽楔形，具4—7对圆齿或粗牙齿，上面疏生紧贴刺毛，下面疏生柔毛，基出脉3—5，托叶宽卵形。雄花序为多回二歧聚伞花序，生于枝顶叶腋，具长梗，花序梗被上倾毛。雌花序成团伞花序，雄花紫红色（图1），花被5深裂。瘦果卵圆形，黄褐色，有疣点。花期4—5月，果期6—7月。

用途 药用。化痰止咳，止血。

分布 广布于台湾、福建、浙江、江苏、安徽、江西、湖北、湖南、贵州、云南、四川、陕西和甘肃等省区。宣城金梅岭偶见。

紫麻 *Oreocnide frutescens*

科 荨麻科 Urticaceae

属 紫麻属 *Oreocnide*

特征 小乔木或灌木状，小枝被毛，后渐脱落。叶常生于枝上部，草质，窄卵形，稀倒卵形，基出脉3，侧脉2—3对（图1），托叶线状披针形。花序生于去年生枝和老枝，呈簇生状，团伞花簇径3—5毫米，雄花花被片3，在下部合生，长圆状卵形。瘦果卵球状，两侧稍扁，宿存花被深褐色，内果皮稍骨质，肉质果托壳斗状（图2）。花期3—5月，果期6—10月。

用途 性甘、味凉，具有清热解毒、行气活血、透疹等功效。茎皮可供纤维，含单宁，根、茎、叶入药。

分布 产于长江流域以南地区及陕甘南，中南半岛和日本也有分布。宣城金梅岭、郎溪县高井庙偶见。

图1 紫麻

图2 果实

悬铃木叶苎麻 *Boehmeria platanifolia*

科 荨麻科 Urticaceae

属 苎麻属 *Boehmeria*

特征 亚灌木或多年生草本。茎高达1.5米，上部与叶柄及花序轴密被短毛。叶对生，稀顶部叶互生，叶纸质，扁五角形或扁圆卵形，上部叶常卵形，先端3骤尖或3浅裂，基部平截、浅心形或宽楔形（图1）。花单性，雌雄异株或同株。穗状花序单生叶腋（图2），分枝，雄花

图1 悬铃木叶苎麻

序长8—17厘米，雌花序长5.5—24厘米。雄花花被片4，椭圆形，下部合生。雄蕊4，长1.6毫米。退化雌蕊无短尖头。花期7—8月。

用途 可祛风除湿、治跌打损伤及痔疮。茎皮纤维可作纺织和造纸的原料。种子可供榨油，用于制肥皂。

分布 广布于广东、广西、贵州、湖南、江西、福建、浙江、江苏、安徽、湖北、四川东部、甘肃和陕西的南部、河南西部、山西（晋城）、山东、河北。保护区随处可见。

图2 花序

苎麻 *Boehmeria nivea*

科 荨麻科 Urticaceae

属 苎麻属 *Boehmeria*

特征 亚灌木或灌木。高达1.5米。茎上部与叶柄均密被开展长硬毛和糙毛。叶互生，圆卵形或宽卵形，先端骤尖，基部平截，具齿（图1）。圆锥花序腋生（图2），雄团伞花序花少数。雌团伞花序花多数密集。雄花花被片4，合生至中部，雄蕊4。瘦果近球形，基部缢缩成细柄。花期8—10月。

用途 可作纤维、药用、饲料等，种子可榨油。

分布 产于我国湿润区及中南半岛，甘、陕、豫南部广泛栽培。保护区常见。

图1 苎麻

图2 花序

糯米团 *Gonostegia hirta*

科 荨麻科 Urticaceae

属 糯米团属 *Gonostegia*

特征 多年生草本。茎上部四棱形。叶对生，宽披针形、窄披针形或椭圆形，先端渐尖，基部浅心形或圆形（图1），上面疏被伏毛或近无毛，下面脉上疏被毛或近无毛，基脉3—5，叶柄长1—4毫米，托叶长2.5毫米。花雌雄异株。团伞花序（图2），雄花5基数，花被片倒披针形，雌花花被菱状窄卵形，顶端具2小齿，果期卵形，具10纵肋。瘦果卵球形，白或黑色，有光泽。花期5—9月。

用途 茎皮纤维可制人造棉，供混纺或单纺。其全草可饲猪，也可药用。

分布 在亚洲热带和亚热带地区及澳大利亚广布。保护区常见。

图1 糯米团

图2 花

青冈栎 *Quercus glauca*

科 壳斗科 Fagaceae

属 栎属 *Quercus*

特征 乔木。高达20米。小枝无毛。叶倒卵状椭圆形或长椭圆形，长6—13厘米，先端短尾尖或渐尖，基部宽楔形或近圆形，中部以上具锯齿，常被灰白色粉霜，侧脉9—13对（图1）。壳斗碗状（图2），高6—8毫米，径0.9—1.4厘米，疏被毛，

图1　青冈栎

图2　果实

具5—6环带。果长卵圆形或椭圆形，长1—1.6厘米，径0.9—1.4厘米，近无毛。花期4—5月，果期10月。

用途 木材坚韧，可供桩柱、车船、工具柄等用材；种子含淀粉60%—70%，可作饲料、酿酒，树皮含鞣质16%，壳斗含鞣质10%—15%，可制栲胶。

分布 广布于陕西、甘肃、江苏、安徽、浙江、江西、福建、台湾、河南、湖北、湖南、广东、广西、四川、贵州、云南、西藏等省区。宣城金梅岭，郎溪县高井庙，泾县老虎山、董家冲有分布。

麻栎 *Quercus acutissima*

科 壳斗科 Fagaceae

属 栎属 *Quercus*

特征 落叶乔木（图1），高可达30米，胸径达1米，树皮深灰褐色，冬芽圆锥形。叶片形态多样，通常为长椭圆状披针形，叶缘有刺芒状锯齿，叶片两面同色，叶柄幼时被柔毛，后渐脱落（图2）。花序常数个集生于当年生枝下部叶腋（图3、图4），有花，花柱壳斗杯形，小苞片钻形或扁条形，向外反曲，被灰白色绒毛。坚果卵形或椭圆形，顶端圆形，果脐突起（图5）。3—4月开花，翌年9—10月结果。

图1　麻栎

图2　叶

用途　可供用材，叶可饲蚕，种子含淀粉，壳斗、树皮可提取栲胶。

分布　产于辽宁以南，我国湿润半湿润区，东亚至越南、印度也有分布。扬子鳄管理局、南陵县合义片有分布。

图3　花枝

图4　花序

图5　坚果

图1　白栎

白栎 *Quercus fabri*

科 壳斗科 Fagaceae

属 栎属 *Quercus*

特征 落叶乔木。高达20米，或灌木状（图1）。小枝密被绒毛。叶倒卵形或倒卵状椭圆形，长7—15厘米，先端短钝尖，基部窄楔形或窄圆，锯齿波状或粗钝，幼叶两面被毛，老叶上面近无毛，下面被灰黄色星状毛，侧脉8—12对。雄花序较长（图2），雌花序生2—4朵花，壳斗杯形，包裹约1/3坚果。坚果长椭圆形或卵状长椭圆形，果脐凸起（图3）。花期4月，果期10月。

用途 可供用材，叶蛋白质高，栎实营养价值高，并含单宁。

分布 产于陕南、华东、华中、两广及西南东部。扬子鳄管理局、泾县中桥、老虎山等地有分布。

图2　花序

图3　坚果

苦槠 *Castanopsis sclerophylla*

图1　苦槠

科　壳斗科 Fagaceae

属　锥属 *Castanopsis*

特征　乔木，高达15米（图1、图2）。枝、叶无毛。叶长椭圆形、卵状椭圆形或倒卵状椭圆形，长7—15厘米，先端短尖或短尾状，基部宽楔形或近圆形，中部以上具锯齿，稀全缘，老叶下面银灰色。雄花序常单穗腋生（图3）。壳斗近球形，几全包果（图4），径1.2—1.5厘米，壳斗小苞片突起连成脊肋状圆环，不规则瓣裂。果近球形，子叶平凹，有涩味。花期4—5月，果期10—11月。

图2　苦槠（高井庙林场）

用途　有通气解暑、去滞化瘀的功效。其坚果主要含淀粉，浸水脱涩后可做苦槠豆腐、苦槠粉皮、苦槠粉丝、苦槠糕等多种原生态食品。同时也是板栗嫁接的砧木。

分布　产于长江以南五岭以北各地，西南地区仅见于四川东部及贵州东北部。泾县中桥团结大塘、董家冲林缘多见。

图3　花序

图4　坚果

图1　板栗

板栗 *Castanea mollissima*

科　壳斗科 Fagaceae

属　栗属 *Castanea*

特征　高大乔木（图1）。小枝被灰色绒毛。叶椭圆形或长圆形，先端短尖或骤渐尖，基部宽楔形或近圆，托叶被长毛及腺鳞。雌雄同株，雄花序长10—20厘米，花序轴被毛，雄花3—5成簇，雌花单独或数朵生于总苞内（图2）。成熟壳斗具长短、疏密不一的锐刺（图3）。花期4—5月，果期8—10月。

用途　可供用材、食用及饲料，含鞣质。坚果食用。

分布　广布南北各地。郎溪县高井庙、扬子鳄管理局、泾县老虎山有分布。

图2　雌雄花序

图3　壳斗

茅栗 *Castanea seguinii*

图1　茅栗

科　壳斗科 Fagaceae

属　栗属 *Castanea*

特征　乔木，高达15米，或成灌木状（图1）。小枝暗褐色。叶长椭圆形或倒卵状椭圆形，先端短尖或渐尖，基部宽楔形或圆，有时一侧偏斜，疏生粗锯齿，侧脉9—18对，直达齿尖。托叶窄，长0.7—1.5厘米，花期仍未脱落。雄花序长（图2），雄花簇有花3—5朵。2—3总苞散生雄花序基部，或单生，每总苞具3—5雌花（图3），花柱9或6枚。壳斗径3—4厘米，密被尖刺，每壳斗具（1—）3（—5）果（图4），果长1.5—2厘米，径1.3—2.5厘米。花期5—7月，果期9—11月。

图2　雄花序

图3　雌花序

图4　壳斗及坚果

用途　果实、根、叶可入药，有安神、消食健胃、清热解毒的功效。因其果实香甜可食，也可制淀粉、亦可酿酒。其木材坚硬、耐水湿，也可作枕木、建筑及造船用材，还可制家具。

分布　广布于大别山以南、五岭南坡以北各地。郎溪县高井庙、泾县东风水库和董家冲、广德卢村水库多见。

化香树 *Platycarya strobilacea*

科 胡桃科 Juglandaceae

属 化香树属 *Platycarya*

图1　化香树

特征 高大落叶乔木，高达20米（图1）。奇数羽状复叶，具（3—）7—23小叶。小叶纸质，卵状披针形或长椭圆状披针形，具锯齿，先端长渐尖，基部歪斜。两性花序常单生（图2），雌花序位于下部，雄花序位于上部。果序卵状椭圆形或长椭圆状圆柱形，苞片宿存（图1）。种子卵圆形，种皮黄褐色，膜质。花期5—6月，果期7—8月。

用途 叶具有解毒、止痒、杀虫的功效，但要注意化香树叶有毒，不可内服。根部及老木含有芳香油，种子可榨油。还具有观赏价值。

分布 产于秦岭以南各省区，包括西南至云南等地。朝鲜、日本也有分布。宣城金梅岭林间、泾县东风水库多见。

图2　花序

枫杨 *Pterocarya stenoptera*

图1 枫杨

科 胡桃科 Juglandaceae

属 枫杨属 *Pterocarya*

特征 高大乔木（图1）。高达30米。裸芽具柄，常几个叠生，密被锈褐色腺鳞。偶数稀奇数羽状复叶，叶轴具窄翅；小叶多枚，长椭圆形或长椭圆状披针形，先端短尖，基部楔形至圆，具内弯细锯齿（图2）。雄性葇荑花序长6—10厘米，单独生于去年生枝条上叶痕腋内，花具雄蕊5—12枚（图3）。雌性葇荑花序顶生，长10—15厘米，花序轴密被星芒状毛及单毛，具2枚长达5毫米的不孕性苞片（图4）。果序长20—45厘米，果序轴常被有宿存的毛，果翅狭，条形或阔条形（图1）。花期4—5月，果熟期8—9月。

用途 可作绿化树种，树皮与枝皮含鞣质，亦可供纤维，果实可作饲料、酿酒，种子可榨油。

分布 产于我国陕西、华东、华中、华南及西南东部，华北和东北仅有栽培。保护区常见。

图2 叶

图3 雄花序

图4 雌花序

桤木 *Alnus cremastogyne*

科 桦木科 Betulaceae

属 桤木属 *Alnus*

特征 落叶乔木（图1）。幼枝无毛或被黄色柔毛。叶倒卵状长圆形，倒披针状长圆形或长圆形，长6—16厘米，先端尖、渐尖或尾状，基部近圆、近心形或宽楔形，下面被树脂腺点，脉腋具髯毛，侧脉8—10对。雌花序6—13成总状，长圆状球形，长1—2.5厘米，序梗长1—2厘米，无毛。果序矩圆形，常下垂，长1—3.5厘米，直径1—1.5厘米，2—4枚呈总状排列，小坚果宽卵形（图2）。花期4月，果期秋季。

用途 木材轻软，耐水渍，可供一般家具、板材、胶合板、火柴杆、铅笔杆、室内装饰等用材。其根系发达，固土能力强，是保土改土、涵养水源的优良树种。

分布 原产于华中及云南、贵州、四川、安徽、陕西等省区。仅见于南陵县长乐新塘。

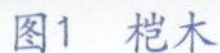

图1 桤木

图2 果实

绞股蓝 *Gynostemma pentaphyllum*

科 葫芦科 Cucurbitaceae

属 绞股蓝属 *Gynostemma*

特征 草质攀援藤本，茎无毛或疏被柔毛（图1）。鸟足状复叶，具（3—）5—7（—9）小叶，小叶膜质或纸质，卵状长圆形或披针形，中央小叶长具波状齿或圆齿状牙齿，侧脉7—8对。小叶柄略叉开，卷须2歧，稀单一。雌雄异株，圆锥花序，雄花序较大，具钻状小苞片，花萼5裂，裂片三角形，花冠淡绿或白色，5深裂。果球形，成熟后黑色（图2）。种子2，卵状心形，扁。

用途 性寒、味苦，具有清热解毒、止咳清肺祛痰、养心安神、补气生精的功效，可用于降血压、降血脂、促进睡眠等。

分布 全国广布。保护区随处可见。

图1　绞股蓝

图2　果实

盒子草 *Actinostemma tenerum*

图1　盒子草

科　葫芦科 Cucurbitaceae

属　盒子草属 *Actinostemma*

特征　柔弱草本植物（图1）。叶形变异大，叶片心状戟形，裂片顶端狭三角形，先端稍钝或渐尖，顶端有小尖头，两面具疏散疣状凸起。雄花总状，有时圆锥状，花序轴细弱，苞片线形，花萼裂片线状披针形，花冠裂片披针形，先端尾状钻形，花丝被柔毛或无毛，雌花单生、双生或雌雄同序（图2）。雌花梗具关节，花萼和花冠同雄花。子房卵状，有疣状凸起。果实绿色，卵形，疏生暗绿色鳞片状凸起，果盖锥形（图3）。7—9月开花，9—11月结果。

用途　种子及全草药用，有利尿消肿、清热解毒、去湿的功效。种子含油，可制肥皂、油饼，也可作肥料及猪饲料。

分布　分布于中国辽宁、河北、河南、山东、江苏、浙江、安徽、湖南、四川、西藏南部、云南西部、广西、江西、福建、台湾，多生于水边草丛中。南陵县合义、泾县东风水库有分布。

图2　花序

图3　果实

栝楼 *Trichosanthes kirilowii*

科 葫芦科 Cucurbitaceae

属 栝楼属 *Trichosanthes*

图1 栝楼

特征 攀援藤本（图1）。茎多分枝，被伸展柔毛。叶纸质，近圆形，裂片菱状倒卵形，常再浅裂，叶基心形，两面沿脉被长柔毛状硬毛，基出掌状脉5。雌雄异株，雄总状花序单生，或与单花并存，被柔毛，顶端具5—8花，单花花梗长15厘米，萼筒筒状，被柔毛，全缘，花冠白色，裂片倒卵形，具丝状流苏（图1）。果椭圆形或圆形，黄褐或橙黄色（图2、图3）。种子卵状椭圆形，扁，棱线近边缘。花期5—8月，果期8—10月。

用途 根有清热生津、解毒消肿的功效，而且根中天花粉蛋白有引产作用，是良好的避孕药。果实、种子和果皮具有清热化痰、润肺止咳、滑肠的功效。

分布 分布于辽宁、华北、华东、中南、陕西、甘肃、四川、贵州和云南。保护区常见。

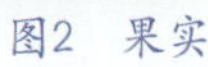

图2 果实

图3 果实（成熟）

大芽南蛇藤 *Celastrus hypoleucoides*

科 卫矛科 Celastraceae

属 南蛇藤属 *Celastrus*

特征 藤状灌木（图1），小枝具皮孔及粗壮芽。叶宽倒卵形或椭圆形，先端圆，基部宽楔形，具锯齿，侧脉3—5对。聚伞花序腋生，间有顶生，花序长1—3厘米，有1—3花，雄花萼片钝三角形，花瓣倒卵状椭圆形或长圆形，花盘浅杯状，裂片浅，雄蕊长2—3毫米，雌花花冠较雄花窄小，子房近球形，退化雄蕊长约1毫米。蒴果近球形（图2），种子椭圆形，黑褐色。

用途 有祛风湿、活血脉的功效。

分布 产于中国华东、华南等地。泾县董家冲山坡灌丛中偶见。

图1 大芽南蛇藤

图2 果实

鬼箭羽 *Euonymus alatus*

科 卫矛科 Celastraceae

属 卫矛属 *Euonymus*

特征 落叶灌木，高达3米。株形较散，小枝四棱形，老枝具2—4列宽木栓翅（图1）。叶卵状椭圆形。聚伞花序，花4数，白绿色。蒴果4深裂，通常仅1—2枚发育（图2）。花期5—6月，果期7—10月。

用途 具有除邪解毒、治疗蛊毒的功效。具有一定的观赏价值，枝翅奇特，秋叶红艳耀目，枝翅如箭羽，果实成熟裂开后也非常红（图2）。

图1 鬼箭羽

分布 中国除东北、新疆、青海、西藏、广东及海南以外，各省区均产。宣城金梅岭偶见。

图2 果实

白杜 *Euonymus maackii*

图1 白杜

科 卫矛科 Celastraceae

属 卫矛属 *Euonymus*

特征 落叶小乔木，高达6米，小枝圆柱形（图1）。叶对生，卵状椭圆形、卵圆形或窄椭圆形，先端长渐尖，基部宽楔形或近圆，边缘具细锯齿，侧脉6—7对。聚伞花序有3至多花，花4数，淡白绿或黄绿色（图2），径约8毫米，花萼裂片半圆形，花瓣长圆状倒卵形，雄蕊生于4圆裂花盘上，花药紫红色，子房四角形，4室，每室2胚珠。蒴果倒圆心形，4浅裂，径0.9—1厘米，熟时粉红色（图3）。

用途 是重要的燃料树种。它对二氧化硫和氯气等有害气体的抗性较强，宜植于林缘、溪畔，也可用作防护林或工厂绿化树种。

分布 全国广布。郎溪县高井庙、宣城金梅岭有分布。

图2 花

图3 果实

肉花卫矛 *Euonymus carnosus*

科 卫矛科 Celastraceae

属 卫矛属 *Euonymus*

特征 灌木或小乔木（图1），高达5米，小枝圆柱形，叶对生，近革质，长圆状椭圆形、宽椭圆形，先端突尖或短渐尖，基部宽圆，边缘具圆锯齿。聚伞花序1—2次分枝，花序梗长3—5.5厘米，花4数，黄白色，径约1.5厘米，花萼稍肥厚，花瓣宽倒卵形，中央具皱褶条纹，雄蕊花丝较短，长1.5毫米以下（图2）。蒴果近球形，4棱，有时呈翅状，径约1厘米（图3）。种子具盔状红色肉质假种皮。

图1　肉花卫矛

用途 树姿形态优美，秋季叶色深红并伴以下垂的果实，可孤植、群植于草坪、庭院、林缘，也可作绿篱栽培。

分布 在中国分布于东北、华北及长江中下游各省区。宣城金梅岭有分布。

图2　花

图3　果实

扶芳藤 *Euonymus fortunei*

科 卫矛科 Celastraceae

属 卫矛属 *Euonymus*

特征 常绿藤状灌木，下部枝有须状气生根，喜与枫杨树缠绕在一起。叶对生，薄革质，椭圆形、长圆状椭圆形或长倒卵形，基部楔形，边缘齿浅不明显（图1）。聚伞花序3—4次分枝，每花序有4—7花，分枝中央有单花。花4数，白绿色，花萼裂片半圆形，花瓣近圆形。蒴果近球形，熟时粉红色，果皮光滑（图2）。种子长方椭圆形，假种皮鲜红色，全包种子（图3）。

用途 入药部位是带叶的茎枝，味苦，性温，可以舒筋活络，止血消癌。适宜在林缘、林下作地被，也可点缀墙角、山石、老树等。

分布 分布于中国华北、华东、华中、西南各地，庭院中也有栽培。宣城金梅岭偶见，常缠身在枫杨树上。

图1 扶芳藤

图2 果实

图3 种子

冬青卫矛 *Euonymus japonicus*

科 卫矛科 Celastraceae

属 卫矛属 *Euonymus*

特征 又名大叶黄杨。常绿灌木，小枝具4棱（图1）。叶对生，革质，倒卵形或椭圆形，先端圆钝，基部楔形，具浅细钝齿，侧脉5—7对。聚伞花序2—3次分枝，具5—12花。花序梗长2—5厘米，花白绿色，径5—7毫米，花萼裂片半圆形，花瓣近卵圆形。花盘肥大，径约3毫米，花丝长1.5—4毫米，常弯曲（图2）。子房每室2胚珠。蒴果近球形，熟时淡红色。种子每室1，顶生，椭圆形，长约6毫米，假种皮橘红色。花期6—7月，果熟期9—10月。

用途 园林观赏植物。

分布 我国南北各省区均有栽培。扬子鳄管理局附近有栽培。

图1 冬青卫矛

图2 花

酢浆草 *Oxalis corniculata*

科 酢浆草科 Oxalidaceae

属 酢浆草属 *Oxalis*

特征 草本，株高达35厘米，全株被柔毛或无（图1）。叶基生，茎生叶互生，小叶3，倒心形，先端凹下。花单生或数朵组成伞形花序状，萼片5，花瓣5，黄色，雄蕊10，基部合生，长、短互间，子房5室，被伏毛，花柱5，柱头头状（图2）。蒴果长圆柱形，5棱（图3）。花果期2—9月。

图1 酢浆草

图2 花

用途　具有清热利湿、凉血散瘀、解毒消肿的功效，主治湿热泄泻、痢疾、蛇虫咬伤等。

分布　全国广布。保护区常见。

图3　果实

杜英 *Elaeocarpus decipiens*

科　杜英科 Elaeocarpaceae

属　杜英属 *Elaeocarpus*

特征　常绿乔木，高达15米（图1）。叶革质，披针形或倒披针形，长7—12厘米，先端渐尖，基部下延，侧脉7—9对，边缘有小钝齿。总状花序生于叶腋及无叶老枝上（图2），花序轴细，有微毛，花白色，萼片披针形（图3）。核果椭圆形（图1），长2—2.5厘米，外果皮无毛，内果皮骨质，有多数沟纹，1室。

用途　清热解毒、活血、行瘀、续骨。主治踢打损伤、骨折、风湿痹痛、腰膝酸软等。可做庭院绿化或观赏树种。

分布　原产中国南部，现分布在中国长江流域及以南地区，日本也有分布。保护区偶有栽培。

图1　杜英

图2　花枝

图3　花

元宝草 *Hypericum sampsonii*

科 金丝桃科 Hypericaceae

属 金丝桃属 *Hypericum*

特征 多年生草本，茎单一或少数，圆柱形，上部分枝（图1）。叶对生，无柄，其基部完全合生为一体而茎贯穿其中心，边缘密生有黑色腺点。花序顶生，多花，伞房状，连同其下方常多达6个腋生花枝整体形成一个庞大的疏松伞房状至圆柱状圆锥花序，花黄色，多体雄蕊（图2）。蒴果宽卵圆形，散布有黄褐色囊状腺体。种子黄褐色，长卵形，表面有明显的细蜂窝纹。花期5—6月，果期7—8月。

用途 具有凉血止血、清热解毒、活血调经、祛风通络的功效。

分布 产于陕西至江南各省区。宣城金梅岭有分布。

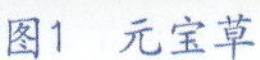

图1 元宝草

图2 花

地耳草 *Hypericum japonicum*

科 金丝桃科 Hypericaceae

属 金丝桃属 *Hypericum*

特征 一年生或多年生草本，叶卵形、长圆形或椭圆形，先端尖或圆，基部心形抱茎至平截，无柄，花径4—8毫米（图1）。萼片窄长圆形、披针形或椭圆形，长2—5.5毫米，花冠白、淡黄至橙黄色（图2），花瓣椭圆形，长2—5毫米，先端钝，无腺点，宿存。蒴果短圆柱形或球形，长2.5—6毫米，无腺纹。

用途 全株均可入药，治肝炎、肝硬化、乳痈、丹毒、毒蛇咬伤、恶疮毒肿。

分布 全国广布。保护区路边、荒坡多见。

图1 地耳草

图2 花

鸡腿堇菜 *Viola acuminata*

图1 鸡腿堇菜

科 堇菜科 Violaceae

属 堇菜属 *Viola*

特征 多年生草本植物，通常无基生叶（图1）。根状茎较粗，垂直或倾斜，密生多条淡褐色根。叶片心形、卵状心形或卵形，花淡紫色或近白色，具长梗，花梗细，被细柔毛，萼片线状披针形，花瓣有褐色腺点，子房圆锥状，无毛，花柱基部微向前膝曲（图2）。蒴果椭圆形，无毛，5—9月开花结果。

用途 全草民间供药用，能清热解毒、排脓消肿。它还有食用价值，嫩叶可以作蔬菜。

分布 产于中国东北、华北和华中地区，生于杂木林下、林缘、灌丛、山坡草地或溪谷湿地等处。宣城杨林水库、广德卢村水库多见。

图2　花

蔓茎堇菜 *Viola diffusa*

图1　蔓茎堇菜居群

科　堇菜科 Violaceae

属　堇菜属 *Viola*

特征　一年生草本植物（图1），匍匐枝先端具莲座状叶丛，通常不定根。根状茎短，基生叶多数，叶片卵形或卵状长圆形，幼叶两面密被白色柔毛，叶柄具明显的翅，通常有毛。托叶基部与叶柄合生，线状披针形，先端渐尖。花较小，淡紫色或浅黄色（图2），花梗纤细，萼片披针形，先端尖，子房无毛，花柱棍棒状。蒴果长圆形，易开裂（图3）。3—5月开花，5—8月结果。

用途　全草入药，能清热解毒，外用可消肿、排脓。

分布　分布于安徽、浙江、台湾、四川、云南、西藏等省区。保护区随处可见。

图2　花

图3　开裂果实

紫花地丁 *Viola philippica*

图1　紫花地丁

科　堇菜科 Violaceae

属　堇菜属 *Viola*

特征　多年生草本，无地上茎，株高达14(—20)厘米（图1）。基生叶莲座状，下部叶较小，三角状卵形，上部较大，圆形、窄卵状披针形或长圆状卵形，托叶膜质，离生部分线状披针形，疏生流苏状细齿或近全缘。花紫堇色或淡紫色（图2），稀白色或侧方花瓣粉红色，喉部有紫色条纹，具长距，花药长约2毫米，药隔顶部的附属物长约1.5毫米，下方2枚雄蕊背部的距细管状（图3）。蒴果长圆形，无毛。种子卵球形，淡黄色（图4）。花果期4—9月。

用途　有清热解毒、凉血消肿的作用，对黄疸、痢疾、乳腺炎、目赤肿痛、咽炎等有一定作用。外敷还可以治跌打损伤、痈肿、毒蛇咬伤等。

分布　全国广布。保护区田间、荒地、山坡草丛、林缘或灌丛中常见。

图2　花

图3　雄蕊

图4　蒴果

图1 南山堇菜

南山堇菜 *Viola chaerophylloides*

图2 花

科 堇菜科 Violaceae

属 堇菜属 *Viola*

特征 多年生草本，无地上茎，根状茎粗短（图1）。叶基生，叶3全裂，侧裂片2深裂，中裂片2—3深裂，裂片卵状披针形、线状披针形，具缺刻状齿或浅裂，有时深裂，托叶膜质，1/2与叶柄合生，宽披针形，疏生细齿或全缘。花较大，白色、乳白色或淡紫色，有香味，中部以下有2枚小苞片，距长而粗，长5—7毫米，直或稍下弯（图2）。蒴果大，长椭圆状，无毛。

用途 全草入药，可治疗风热咳嗽、气喘无痰、跌打肿痛、外伤出血等。幼苗可食用。

分布 产于黑龙江、吉林、辽宁、内蒙古、河北、山西、陕西、甘肃、青海、山东、江苏、安徽、浙江、江西、河南、湖北、四川北部。宣城金梅岭偶见。

山桐子 *Idesia polycarpa*

图1　山桐子

科　杨柳科 Salicaceae

属　山桐子属 *Idesia*

特征　落叶乔木（图1）。叶互生，卵圆形或卵形，先端渐尖，基部心形，掌状5出脉，疏生锯齿，叶柄长，具有明显腺体（图2、图3）。圆锥花序顶生或腋生，下垂，花单性，雌雄异株，花下位，萼片长圆形，无花瓣，雄花雄蕊多数，花丝不等长，着生于花盘上，退化子房极小，雌花退化雄蕊多数。浆果红色，球形（图4），径0.7—1厘米，种子卵圆形，长1.5—2毫米，子叶圆形。

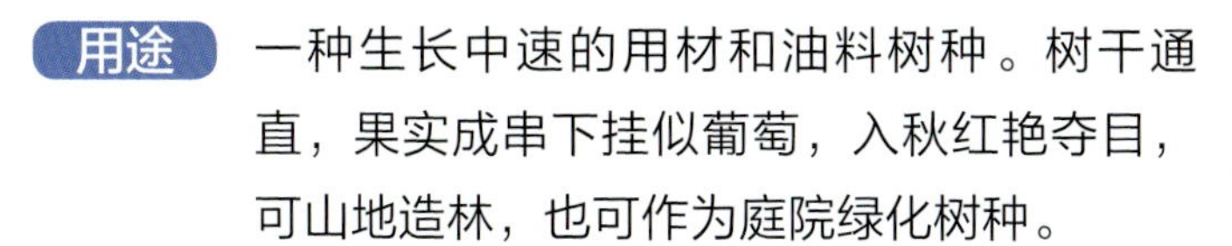

用途　一种生长中速的用材和油料树种。树干通直，果实成串下挂似葡萄，入秋红艳夺目，可山地造林，也可作为庭院绿化树种。

分布　分布西南、中南、华东、华南等17个省区。保护区偶见。

图2　叶

图3　叶柄

图4　果实

意杨 *Populus* × *canadensis* 'I-214'

科 杨柳科 Salicaceae

属 柳属 *Salix*

特征 落叶大乔木，树冠长卵形。树皮灰褐色，浅裂（图1）。叶片三角形，基部心形，有2—4腺点（图2），而加杨的叶常呈菱形，叶柄上端不具明显腺点（图3）。叶长略大于宽，叶深绿色，质较厚。叶柄扁平。蒴果，种子具白毛（图4、图5）。

图1　意杨

用途 树干耸立，枝条开展，叶大荫浓，宜作防风林，用作绿荫树和行道树非常多。

图2　意杨叶

图3　加杨叶

分布 原产意大利。我国1958年从东德引入，1965年又从罗马尼亚引入，1972年再由意大利引进。保护区常见。

图4　蒴果

图5　开裂的蒴果

垂柳 *Salix babylonica*

科 杨柳科 Salicaceae

属 柳属 *Salix*

特征 乔木，高达18米，枝细长下垂（图1）。叶窄披针形或线状披针形。花序先叶开放，或与叶同放。雄花序长1.5—2厘米（图2），有短梗，轴有毛。雄蕊2，花丝与苞片近等长或较长，基部多少有长毛，花药红黄色。苞片披针形，外面有毛。腺体2。雌花序长2—3（5）厘米，基部有3—4小叶，轴有毛，花柱短，柱头2—4深裂。苞片披针形，外面有毛。腺体1。蒴果长3—4毫米（图3），种子具由珠柄发育出来的白毛（图4）。花期3—4月，果期4—5月。

图1 垂柳

用途 柳叶入药可以提升视力、消肿止痛，装在枕头中可以催眠安神。可用于观赏。垂柳木材可供制家具。

分布 产自中国长江流域与黄河流域。宣城杨林水库、扬子鳄管理局等地常见。

图2 花序

图3 蒴果

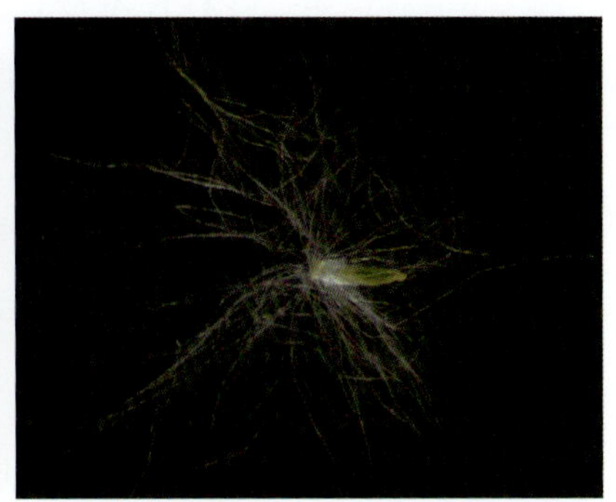

图4 种子

图1　河柳

河柳 *Salix chaenomeloides*

科　杨柳科 Salicaceae

属　柳属 *Salix*

特征　灌木或小乔木，小枝幼时有蜡粉（图1）。叶革质，椭圆形或宽椭圆形，基部圆形或近心形，中脉常带紫红色，侧脉约15对，托叶半圆形或肾形，有腺锯齿，早落（图2）。花叶同放，或稍叶后开放，花序长达10厘米（图3），苞片宽倒卵形或长椭圆形，雄蕊2，离生或部分合生，花柱长不及1毫米，柱头2裂。蒴果卵状椭圆形，长5毫米，柄长达4毫米。花期5—6月，果期6—7月。

图2　叶

用途　木材供制器具，树皮可提栲胶，纤维供纺织及作绳索，枝条供编织，又为蜜源植物。

分布　分布在河北、山东、山西、河南、陕西、安徽、江苏、浙江等地。泾县中桥、双坑有分布。

图3　花序

腺叶腺柳 *Salix chaenomeloides* var. *glandulifolia*

科 杨柳科 Salicaceae

属 柳属 *Salix*

特征 本变种与原变种的主要区别是：叶柄上端的腺体成小叶片状；叶宽椭圆形或椭圆形，基部圆形，稀心形（图1）；托叶大，耳形或半圆形，长达1厘米，边缘有锯齿（图2）。

用途 可用于观赏。

分布 产于陕西和安徽。仅见于保护区南陵县长乐弯塘和杨树塘。

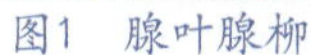

图1 腺叶腺柳

图2 托叶

旱柳 *Salix matsudana*

科 杨柳科 Salicaceae

属 柳属 *Salix*

特征 乔木，枝细长，直立或斜展（图1）。叶披针形，长5—10厘米，基部窄圆或楔形，下面苍白或带白色，有细腺齿，幼叶有丝状柔毛。花序与叶同放，雄花序圆柱形（图2、图3），轴有长毛，雄蕊2，苞片卵形，腺体2；雌花序长达2厘米，基部有3—5小叶生于短花序梗上，柱头卵形，腺体2，背生和腹生。果序长达2.5厘米。花期4月，果期4—5月。

图1 旱柳

图2　花序枝

图3　花序

用途 以嫩叶或枝叶入药，味微苦，性寒，有散风、祛湿、清湿热的功效。旱柳可用作庭荫树、行道树、防护林；木材坚韧，宜制作家具或用于雕刻，细的柳枝还可用于编制柳筐、帽等用具。

分布 产于中国东北、华北平原、西北黄土高原，西至甘肃、青海，南至淮河流域以及华东地区。郎溪县高井庙、宣城金梅岭、泾县董家冲等地常见。

白背叶野桐 *Mallotus apelta*

科 大戟科 Euphorbiaceae

属 野桐属 *Mallotus*

特征 小乔木或灌木状（图1）。叶互生，卵形或宽卵形，先端渐尖，基部平截或稍心形，疏生齿，下面被灰白色星状绒毛，散生橙黄色腺体，基脉5出。穗状花序或雄花序有时为圆锥状，长15—30厘米，雄花苞片卵形，长约1.5毫米，雌花苞片近三角形，长约2毫米，花梗极短。蒴果近球形，密被灰白色星状毛（图2）。

用途 种子可榨油，供制肥皂、润滑油、油墨与鞣革等工业用。茎皮为纤维性原料，织麻袋或供作混纺。根与叶供药用。

图1　白背叶野桐

分布 常见于河南、安徽、浙江、江西、湖南、广东、广西等地。泾县老虎山、宣城金梅岭多见。

图2 果序

图1 野桐

野桐 *Mallotus tenuifolius*

图2 花序

图3 果序

科 大戟科 Euphorbiaceae

属 野桐属 *Mallotus*

特征 小乔木或灌木，树皮褐色（图1）。叶互生，稀小枝上部有时近对生，膜质或纸质，三角状卵形或宽卵形，上面无毛，下面稀疏被星状毛或无毛，疏散橙红色腺点，基出脉3条，侧脉5—7对，近叶柄具黑色圆形腺体2颗。花雌雄异株（图2），雄花序总状，不分枝，长5—15厘米。蒴果近扁球形，钝三棱形，直径8—10毫米，密被有星状毛的软刺和红色腺点，种子近球形，直径约5毫米，褐色或暗褐色，具皱纹（图3）。花期6—7月，果期7—8月。

用途 根部可入药，味微苦、涩性温。具有清热平肝、收敛、止血等功效。

分布 喜湿润环境，较耐阴。宣城金梅岭偶见。

杠香藤 *Mallotus repandus* var. *chrysocarpus*

科 大戟科 Euphorbiaceae

属 野桐属 *Mallotus*

特征 攀援状灌木。叶互生，纸质或膜质，卵形或椭圆状卵形，顶端急尖或渐尖，基部楔形或圆形，边全缘或波状（图1）。花雌雄异株，总状花序或下部有分枝（图2），雄花序顶生，稀腋生，花萼裂片3—4，卵状长圆形，雄蕊40—75枚，雌花序顶生，花序梗粗壮，花萼裂片5，卵状披针形。蒴果具3个分果爿（图3）。种子卵形，黑色，有光泽。

用途 具有祛风除湿、活血通络、解毒消肿、驱虫止痒的功效。

分布 分布于陕西、江苏、安徽、浙江、福建、台湾、湖北、湖南、广东、海南、广西、四川、贵州、云南等地。保护区路旁、河边及灌丛中偶见。

图1 杠香藤

图2 花序

图3 蒴果

铁苋菜 *Acalypha australis*

科 大戟科 Euphorbiaceae

属 铁苋菜属 *Acalypha*

图1 铁苋菜

特征 一年生草本（图1）。叶长卵形、近菱状卵形或宽披针形，具圆齿，基脉3出，侧脉3—4对，托叶披针形，具柔毛。花序长1.5—5厘米，雄花集成穗状或头状，生于花序上部（图2），下部具雌花，雌花苞片1—2（—4），卵状心形，长1.5—2.5厘米，具齿，雄花花萼无毛，雌花1—3朵生于苞腋，萼片3，长1毫米，花柱长约2毫米。蒴果绿色，疏生毛和小瘤体（图3）。种子卵形，长1.5—2毫米，光滑，假种阜细长（图4）。

用途 具有清热利湿、凉血解毒、消积的功效，现代研究表明铁苋菜具有抗菌、抗炎、平喘、增加血小板数量、止泻等作用。

分布 全国广布。保护区随处可见。

图2 花序

图3 果实

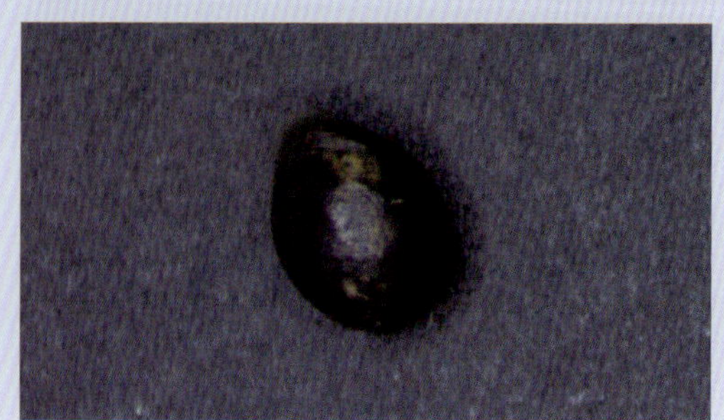
图4 种子

蓖麻 *Ricinus communis*

科 大戟科 Euphorbiaceae

属 蓖麻属 *Ricinus*

特征 一年生粗壮草本或草质灌木，全株常被白霜（图1）。叶互生，近圆形，掌裂，裂片卵状披针形或长圆形，具锯齿。叶柄粗，中空，盾状着生，顶端具2盘状腺体，托叶长三角形，合生，早落。花雌雄同株，无花瓣，无花盘，总状或圆锥花序顶生（图2），后与叶对生，雄花生于花序下部，雌花生于上部，均多朵簇生苞腋。蒴果卵球形或近球形，具软刺或平滑（图3）。种子椭圆形，光滑，具淡褐色或灰白色斑纹。

图1 蓖麻

用途 种仁富含油脂，可榨取蓖麻油，供工业用，药用作缓泻剂。种子有毒，不可食用。

分布 原产非洲东北部热带地区，现广泛栽培于热带至温暖地区。保护区偶见栽培。

图2 花序

图3 果实

油桐 *Vernicia fordii*

图1　油桐

图2　花

科　大戟科 Euphorbiaceae

属　油桐属 *Vernicia*

特征　落叶乔木（图1）。叶卵圆形，先端短尖，基部平截或浅心形，全缘，叶柄与叶近等长。花雌雄同株（图2），先叶或与叶同放，萼2（3）裂，被褐色微毛，花瓣白色，有淡红色脉纹，倒卵形，长2—3厘米，雄花雄蕊8—12，外轮离生，内轮花丝中部以下合生，雌花子房3—5（—8）室。核果近球形，果皮平滑（图1）。

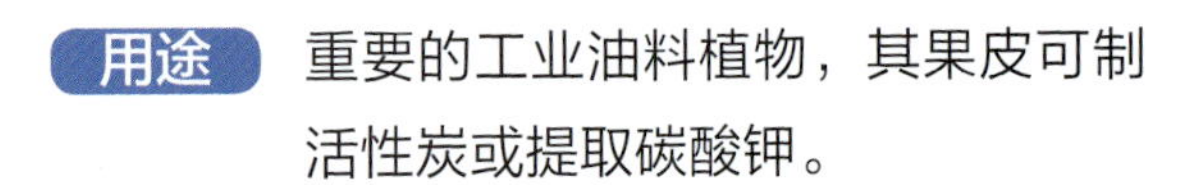

用途　重要的工业油料植物，其果皮可制活性炭或提取碳酸钾。

分布　国内产于秦岭以南各省区。越南也有分布。郎溪县高井庙、泾县金梅岭、宣城杨林水库偶见栽培。

乌桕 *Triadica sebifera*

图1　乌桕

科　大戟科 Euphorbiaceae

属　乌桕属 *Triadica*

特征　乔木，枝带灰褐色，具细纵棱，有皮孔（图1）。叶互生，纸质，叶片阔卵形，顶端短渐尖，叶柄顶端具2腺体。花单性，雌雄同株，聚集成顶生的总状花序，雄蕊2枚（图2）。蒴果近球形（图1），种子扁球形，黑色，外被白色、蜡质的假种皮（图3）。花期5—7月。

图2　花序

图3　种子

用途　种子外被之蜡质，称为“桕蜡”，可提制“皮油”，供制高级香皂、蜡纸、蜡烛等。乌桕也具有极高的观赏价值。

分布　分布于黄河以南各省区，北达陕西、甘肃。高井庙片区多见。

泽漆 *Euphorbia helioscopia*

科　大戟科 Euphorbiaceae

属　大戟属 *Euphorbia*

特征　一年生草本。根纤细。茎直立，单一或自基部多分枝，分枝斜展向（图1）。叶互生，倒卵形或匙形。总苞叶5枚，倒卵状长圆形。总伞幅5枚，苞叶2枚，卵圆形。花序单生，总苞钟状，光滑无毛，边缘5裂，裂片半圆形，边缘和内侧具柔毛。腺体4，盘状。雄花数枚，明显伸出总苞外，雌花1枚，子房柄略伸出总苞边缘（图2）。蒴果三棱状阔圆形，具明显的三纵沟。种子卵状。花果期4—10月。

图1　泽漆

用途 全草入药，有清热、祛痰、利尿消肿及杀虫的功效，种子含油量达30%，可供工业用。

分布 全国广布。保护区常见。

图2　花序

地锦草 *Euphorbia humifusa*

科 大戟科 Euphorbiaceae

属 大戟属 *Euphorbia*

特征 一年生草本。茎匍匐，基部以上多分枝，稀先端斜上伸展，基部常红或淡红色，被柔毛（图1）。叶对生，矩圆形或椭圆形，先端钝圆，基部偏斜，叶面绿色，叶背淡绿色，有时淡红色。花序单生叶腋，总苞陀螺状，边缘4裂，裂片三角形，腺体4（图2）。蒴果三棱状卵球形，成熟时分裂为3个分果爿，花柱宿存。种子三棱状卵球形，每个棱面无横沟，无种阜。

图1　地锦草

用途 全草均可入药，其味辛，性平。还具有抗菌、中和毒素及杀虫的作用。

分布 全国广布。保护区常见。

图2　花序

斑地锦 *Euphorbia maculata*

科 大戟科 Euphorbiaceae

属 大戟属 *Euphorbia*

特征 一年生草本，根纤细，茎匍匐（图1）。叶对生，长椭圆形至肾状长圆形。叶面绿色，中部常具有一个长圆形的紫色斑点（图2），托叶钻状，不分裂，边缘具睫毛。花序单生于叶腋（图3），基部具短柄，总苞狭杯状，腺体4，黄绿色。雄花4—5，微伸出总苞外，雌花1，子房柄伸出总苞外，且被柔毛，柱头2裂。蒴果三角状卵形。种子卵状四棱形，灰色或灰棕色。

用途 全草入药，具有止血、清湿热、通乳的功效。

分布 产于安徽、江苏、江西、浙江、湖北、河南、河北和台湾等省区。保护区常见。

图1　斑地锦

图2　叶

图3　花序

通奶草 *Euphorbia hypericifolia*

科 大戟科 Euphorbiaceae

属 大戟属 *Euphorbia*

特征 一年生植物，根纤细，茎直立，自基部分枝或不分枝（图1）。叶对生，狭长圆形或倒卵形，上面深绿色，下面淡绿色，有时略带紫红色，托叶三角形，分离或合生。雄花数枚，微伸出总苞外。雌花1枚，子房柄长于总苞，子房三棱状，无毛，花柱3，分离（图2）。蒴果三棱状（图3），长约1.5毫米，直径约2毫米，无毛，成熟时分裂为3个分果爿。种子卵棱状，每个棱面具数个皱纹。花果期8—12月。

图1 通奶草

用途 全草入药，通奶，故名。

分布 外来入侵杂草，分布于长江以南各省区。保护区路边常见。

图2 花序

图3 果序

落萼叶下珠 *Phyllanthus flexuosus*

科 叶下珠科 Phyllanthaceae

属 叶下珠属 *Phyllanthus*

图1　落萼叶下珠

特征 灌木，高达3米（图1）。叶膜质，椭圆形或长圆形，先端尖，有小尖头，基部钝或圆，下面灰绿色，侧脉5—7对，托叶卵状披针形，膜质。花径（图2）约3毫米，数朵簇生叶腋，雄花花梗长约8毫米，萼片5或4，卵形，花盘腺体6，雄蕊4或5，花丝分离，雌花1朵与数朵雄花腋生，花梗长约9毫米，萼片5，卵形，花盘环状，子房3室，每室2胚珠，花柱3，基部合生。蒴果浆果状（图3），紫黑色，萼片早落，种子黄褐色。该种与青灰叶下珠（*Phyllanthus glaucus*）的区别在于前者花萼早落，后者花萼宿存。

用途 根部可入药，切片晒干，味辛、甘，性温，有祛风除湿、健脾消积等功效，可用于治疗风湿痹痛等症状。

分布 常生于海拔200—1000米的山地灌木丛中或稀疏林下。宣城金梅岭偶见。

图2　花序

图3　果实

图1　蜜甘草

蜜甘草 *Phyllanthus ussuriensis*

科　叶下珠科 Phyllanthaceae

属　叶下珠属 *Phyllanthus*

特征　一年生草本植物（图1）。叶纸质，椭圆形，基部近圆，下面白绿色。叶柄极短或几无柄，托叶卵状披针形。花雌雄同株，单生或数朵簇生叶腋。蒴果扁球状，平滑。果柄短（图2）。花期4—7月，果期7—10月。该种与叶下珠相比，因小叶尖、果柄长而易区别（图3）。

用途　全草可入药，有清热利湿、清肝明目的功效。蜜甘草不可直接食用，但其提取物可添加到啤酒、饮料、糖果等食品中，以增加营养。

分布　产于安徽、黑龙江、吉林、辽宁、山东等省区。宣城金梅岭、杨林水库可见。

图2　果实

图3　蜜甘草和叶下珠

叶下珠 *Phyllanthus urinaria*

科 叶下珠科 Phyllanthaceae

属 叶下珠属 *Phyllanthus*

特征 一年生草本，茎通常直立，基部多分枝，枝倾卧而后上升，枝具翅状纵棱（图1）。叶片纸质，因叶柄扭转而呈羽状排列，长圆形或倒卵形，侧脉每边4—5条，托叶卵状披针形。花雌雄同株，直径约4毫米。蒴果圆球状，直径1—2毫米，红色，表面具小凸刺，有宿存的花柱和萼片，开裂后轴柱宿存（图2）。种子长1.2毫米，橙黄色。花期4—6月，果期7—11月。

图1 叶下珠

用途 有清热利尿、明目、消积的功效，主治肾炎水肿、泌尿系统感染、青竹蛇咬伤等症。

分布 喜温暖、湿润、光照环境。保护区随处可见。

图2 果实

算盘子 *Glochidion puberum*

图1　算盘子

科　叶下珠科 Phyllanthaceae

属　算盘子属 *Glochidion*

特征　灌木。叶长圆形、长卵形或倒卵状长圆形，侧脉5—7对，网脉明显，托叶三角形。花雌雄同株或异株，2—5朵簇生叶腋，雄花序常生于小枝下部，雌花序在上部，有时雌花和雄花同生于叶腋（图2），雄花花梗长0.4—1.5厘米，萼片6，窄长圆形或长圆状倒卵形，长2.5—3.5毫米，雄蕊3，合生成圆柱状，雌花花梗长约1毫米，花柱合生呈环状（图3）。蒴果扁球状，熟时带红色，花柱宿存（图1）。花期4—7月，果期7—10月。

用途　种子含油，根、茎、叶和果实均可药用，也可作农药，全株可提制栲胶，叶可作绿肥。

分布　全国多省区可见。郎溪县高井庙、新和村猛业冲、泾县老虎山多见。

图2　雌雄花序

图3　雌花序

重阳木 *Bischofia polycarpa*

科　叶下珠科 Phyllanthaceae

属　秋枫属 *Bischofia*

特征　落叶乔木，树皮褐色，纵裂，树冠伞形状（图1）。三出复叶，顶生小叶常较两侧

图1　重阳木（位于高井庙）

的大。花雌雄异株，雄花序长8—13厘米，雌花序3—12厘米，雄花萼片半圆形，花丝短，有明显的退化雌蕊，雌花萼片与雄花的相同，有白色膜质的边缘。果实浆果状，圆球形，成熟时褐红色（图2）。花期4—5月，果期10—11月。

图2　果实

用途　材质重而坚韧，结构细而匀，有光泽，适于建筑、造船、车辆、家具等用材。

分布　产于秦岭、淮河流域以南，至福建和广东的北部。郎溪县高井庙保护站门口有两株大树，属于古树名木（图1）。

图1　野老鹳草

野老鹳草 *Geranium carolinianum*

科　牻牛儿苗科 Geraniaceae

属　老鹳草属 *Geranium*

特征　一年生草本，高20—60厘米，茎直立或仰卧（图1）。基生叶早枯，茎生叶互生或最上部对生，托叶披针形或三角状披针形，叶片圆肾形，基部心形，掌状5—7裂近基部，裂片楔状倒卵形或菱形。花序腋生和顶生，每花序梗具2花，呈伞形，花瓣淡紫红色（图2）。蒴果被短糙毛，果瓣由喙上部先裂向下卷曲（图3）。4—7月开花，5—9月结果。

用途　全草入药，有祛风收敛和止泻的功效。也是猪、牛牲畜的良好饲料。

分布　原产美洲，中国为逸生。保护区常见。

图2　花

图3　果实

紫薇 *Lagerstroemia indica*

科 千屈菜科 Lythraceae

属 紫薇属 *Lagerstroemia*

特征 落叶灌木或小乔木（图1）。树皮平滑，灰色或灰褐色，枝干多扭曲，嫩枝常具翅。叶互生或有时对生。花淡红色或紫色、白色。花萼外面平滑无棱，两面无毛，裂片6，三角形，直立，无附属体。花瓣6，皱缩，具长爪（图2），容易随风或敲击震动，所以又名痒痒树。雄蕊36—42，外面6枚着生于花萼上，比其余的长得多。子房3—6室。蒴果椭圆状球形或阔椭圆形（图3），室背开裂。种子有翅。花期6—9月，果期9—12月。

图1 紫薇

用途 木材坚硬、耐腐，可作农具、家具、建筑等用材，树皮、叶及花为强泻剂，根和树皮煎剂可治咯血、吐血、便血。

分布 原产亚洲，现广植于热带地区。郎溪县高井庙林场、骆村水库、宣城扬子鳄管理局等地有栽培。

图2 花

图3 果实

图1　菱角

欧菱 *Trapa natans*

科 千屈菜科 Lythraceae

属 菱属 *Trapa*

特征 多年生浮水水生草本植物，茎柔弱（图1）。叶二型：浮水叶互生，聚生于主茎和分枝茎顶端，形成莲座状菱盘，叶片三角形状菱形，表面深亮绿色，背面绿色带紫，疏生淡棕色短毛，叶边缘中上部具齿状缺刻或细锯齿，叶柄中上部膨大成海绵质气囊或不膨大，沉水叶小，早落（图2）。花小，单生于叶腋，花瓣4，白色（图3）。果三角状菱形，具4刺角（图4）。花果期5—10月。

用途 浮叶类水生植物，叶美观，是优良的水生观赏植物，多用于公园、绿地、小区、校园的水体绿化与点缀。

分布 生于湖泊或河床中。郎溪县高井庙库塘多见。

图2　花与叶

图3　花

图4　果实

细果野菱 *Trapa incisa*

图1　细果野菱

科　千屈菜科 Lythraceae

属　菱属 *Trapa*

特征　国家Ⅱ级保护植物。本变种的鉴别特征：叶斜方形或三角状菱形，基部宽楔形或圆，锯齿缺刻状，多数齿端不裂，下面淡绿带紫，有棕色斑块，叶柄长3.5—10厘米，被短毛（图1）。花瓣4，白色，或带微紫红色，上位花盘，有8个瘤状物围着子房（图2）。果高宽均2厘米，二腰角圆锥状，基部粗，果喙圆锥状，无果冠（图3）。花期5—10月，果期7—11月。

用途　菱实及菱的根、茎、叶具有各种营养成分和显著的药效。

分布　生于湖泊或河床中。郎溪县高井庙库塘偶见。

图2　花

图3　菱角（赵凯　摄）

水苋菜 *Ammannia baccifera*

科　千屈菜科 Lythraceae

属　水苋菜属 *Ammannia*

特征　一年生无毛草本，高达50厘米，茎直立，带淡紫色，略呈4棱，具窄翅（图1）。茎下部叶对生，长椭圆形、长圆形或披针形，茎叶长达7厘米。花梗长1.5毫米，绿或淡紫色花，花萼蕾期钟形，裂片4，三角形，无花瓣，雄蕊4，贴生萼筒中部，子房球形。蒴果球形，成熟时紫红色（图2），种子极小，近三角形，黑褐色。花期8—10月，果期9—12月。

图1　水苋菜

用途 全草可散瘀止血、除湿解毒，用于跌打损伤、内外伤出血、骨折、风湿痹痛、蛇咬伤等。

分布 怕干旱，以向阳、土壤肥沃的潮湿土地种植为宜。广德卢村水库有分布。

图2 果枝

石榴 *Punica granatum*

科 千屈菜科 Lythraceae

属 石榴属 *Punica*

特征 落叶灌木或乔木，幼枝具棱角，无毛（图1）。叶通常对生，纸质，矩圆状披针形。花大，1—5朵生枝顶。萼筒长2—3厘米，通常红色或淡黄色，裂片略外展，

图1 石榴

图2　花

图3　果实

卵状三角形，花瓣通常大，红色、黄色或白色，单瓣或重瓣（图2）。花柱长超过雄蕊。浆果近球形，直径5—12厘米，通常为淡黄褐色或淡黄绿色（图3）。

用途 果皮入药，称石榴皮，味酸涩，性温，能涩肠止血、治慢性下痢及肠痔出血等症。

分布 原产巴尔干半岛至伊朗及其邻近地区，全世界的温带和热带都有种植。保护区有栽培。

假柳叶菜 *Ludwigia epilobioides*

科 柳叶菜科 Onagraceae

属 丁香蓼属 *Ludwigia*

特征 也叫丁香蓼，一年生直立草本，茎高25—60厘米，下部圆柱状，上部四棱形，常淡红色（图1）。叶狭椭圆形，侧脉每侧5-11条，托叶几乎全退化。萼片4，三角状卵形至披针形，花瓣黄色（图2），先端近圆形，基部楔形，雄蕊4，花丝长0.8—1.2毫米，花盘围以花柱基部，稍隆起，无毛。蒴果四棱柱形，熟时迅速不规则室背开裂。花期8—10月，果期9—11月。

用途 全草入药，能清热利水，可治黄疸、赤白痢疾等症。

分布 广泛分布于我国湿润半湿润地区。泾县双坑有分布。

图1　丁香蓼

图2　花

美丽月见草 *Oenothera speciosa*

科 柳叶菜科 Onagraceae

属 月见草属 *Oenothera*

特征 多年生草本植物，高约50厘米。叶披针形，缘有疏齿（图1）。花常为2朵着生于茎上部的叶腋处，花瓣有4枚，为粉红色，有香气（图2）。果近圆柱形。花期4—8月，果期9—12月。

用途 优良的观花植物。具有极高的药用价值，将全株用温水捣成糊状，外敷可以治疗皮肤外伤、皮肤病以及其他炎症。

分布 华东、华南、西南等省区有分布。宣城金梅岭有栽培。

图1　美丽月见草

图2　花

金锦香 *Osbeckia chinensis*

科 野牡丹科 Melastomataceae

属 金锦香属 *Osbeckia*

特征 直立草本或亚灌木，茎四棱形，具紧贴糙伏毛（图1）。叶线形或线状披针形，全缘，两面被糙伏毛，基出脉3—5。头状花序顶生，有2—10花，基部具叶状总苞2—6，苞片卵形，花4数，萼管常带红色，无毛

图1　金锦香

或具1—5枚刺毛突起，裂片4，花瓣4，淡紫红或粉红色（图2），倒卵形，雄蕊常偏向一侧，花丝与花药等长，花药具长喙。蒴果卵状球形，紫红色（图3），先顶孔开裂，后4纵裂。花期7—9月，果期9—11月。

用途 全草入药，能清热解毒、收敛止血。也可供观赏。

分布 海南岛、安徽有分布。仅见于郎溪县高井庙片。

图2 花

图3 果实

野鸦椿 *Euscaphis japonica*

科 省沽油科 Staphyleaceae

属 野鸦椿属 *Euscaphis*

特征 落叶小乔木或灌木，高2—8米，树皮灰褐色，具纵条纹，小枝及芽红紫色（图1）。叶对生，奇数羽状复叶，小叶5—9厘米。圆锥花序顶生（图2），花多，较密集，黄白色（图3），萼片与花瓣均5，椭圆形，萼片宿存，花盘盘状，心皮3，分离。蓇葖果长1—2厘米，果皮软革质，紫红色，有纵脉纹，种子近圆形，假种皮肉质，黑色，有光泽（图4）。花期5—6月，果期8—9月。

图1 野鸦椿

用途 其根茎药用价值为解毒、清热、利湿。用于感冒头痛、痢疾、肠炎。

分布 多生长于山脚和山谷。宣城金梅岭、泾县老虎山有分布。

图2 花序

图3 花

图4 果实

中国旌节花 *Stachyurus chinensis*

图1　中国旌节花

科　旌节花科 Stachyuraceae

属　旌节花属 *Stachyurus*

特征　落叶灌木状藤本（图1）。小枝粗壮，圆柱形，具淡色椭圆形皮孔。叶于花后发出，互生，长圆状卵形至长圆状椭圆形，上面亮绿色，下面灰绿色。穗状花序腋生（图2），先叶开放，花黄色，苞片1枚，小苞片2枚，萼片4枚，黄绿色，花瓣4枚，卵形。果实圆球形，直径6—7厘米，基部具花被的残留物（图3）。花期3—4月，果期5—7月。

用途　其茎髓为著名中药“通草”，有利尿、催乳、清湿热的功效，可治疗水肿、淋病等病症。

分布　产于河南、陕西、西藏、浙江、安徽、江西、湖南、湖北、四川、贵州、福建、广东、广西和云南。泾县董家冲林间有分布。

图2　花序

图3　果序

南酸枣 *Choerospondias axillaris*

科 漆树科 Anacardiaceae

属 南酸枣属 *Choerospondias*

特征 高大落叶乔木，高达30米，小枝无毛，具皮孔。奇数羽状复叶互生，小叶对生（图1）。花单性或杂性异株（图2），雄花和假两性花组成圆锥花序，雌花单生上部叶腋，萼片5，被微柔毛，花瓣5，长圆形，长2.5—3厘米，外卷，雄蕊10，与花瓣等长，花盘10裂，无毛，子房5室，每室1胚珠，花柱离生。核果黄色，椭圆状球形。花期4月，果期8—10月。

用途 清热毒、醒酒。治疗食滞腹痛、烧烫伤、醉酒等。

分布 原产江西，在长江流域中、下游及以南地区多见。广德片区有栽培。

图1　南酸枣

图2　花

野漆树 *Toxicodendron succedaneum*

科 漆树科 Anacardiaceae

属 漆树属 *Toxicodendron*

特征 落叶乔木或小乔木。小叶对生或近对生，长圆状椭圆形，基部多少偏斜，侧脉15—22对（图1）。圆锥花序长7—15厘米，花黄绿色，径约2毫米，花梗长约2毫米，花萼无毛，裂片阔卵形，先端钝，长约1毫米，花瓣长圆形，先端钝，长约

图1　野漆树

2毫米，中部具不明显的羽状脉或近无脉，子房球形，径约0.8毫米，无毛，花柱1，短，柱头3裂，褐色。核果大，偏斜，压扁（图2、图3）。

用途 具有散瘀止血、解毒的功效。用于咯血、吐血、外伤出血、毒蛇咬伤等。本植物易使人过敏，在野外应避免直接接触。

分布 分布于华北、华东、中南、西南及台湾等地。宣城金梅岭、泾县董家冲、郎溪县高井庙有分布。

图2 果枝

图3 果实

黄连木 *Pistacia chinensis*

科 漆树科 Anacardiaceae

属 黄连木属 *Pistacia*

特征 落叶乔木，高达25米（图1）。偶数羽状复叶具10—14小叶（图2）。雌花花萼7—9裂，外层2—4片，披针形或线状披针形，内层5片卵形或长圆形，无退化雄蕊。核果红色为空粒，不能成苗，绿色果实含成熟种子，可育苗（图3）。

图1 黄连木

用途 具有保持水土、调节小气候、抗污染等生态功能。种子含油量很高，油的成分和柴油相似，故可称为柴油树。

图2　偶数羽状复叶

图3　果实

分布　产于中国长江以南各省区及华北、西北，多生于山脊山坡。泾县中桥片区偶见。

盐麸木 *Rhus chinensis*

科　漆树科 Anacardiaceae

属　盐麸木属 *Rhus*

特征　小乔木或灌木状，小枝被锈色柔毛（图1）。复叶具7—13小叶，叶轴具叶状宽翅（图2），小叶椭圆形或卵状椭圆形，具粗锯齿。圆锥花序被锈色柔毛，雄花序较

图1　盐麸木

雌花序长。花白色（图3），苞片披针形，花萼被微柔毛，裂片长卵形，花瓣倒卵状长圆形，外卷，雌花退化，雄蕊极短。核果红色（图4），扁球形，径4—5毫米。

用途 盐肤木为五倍子蚜虫的主要寄主植物，在幼枝和叶上形成的虫瘿，即为五倍子，可供鞣革、医药、塑料和墨水等工业上用。

分布 除东北、内蒙古和新疆外，其余省区均有分布。保护区常见。

图2 带翅叶轴

图3 花序

图4 果实

图1　鸡爪槭

鸡爪槭 *Acer palmatum*

科　无患子科 Sapindaceae

属　槭属 *Acer*

特征　落叶小乔木，高5—8米（图1）。树冠伞形，枝条开张，细弱。单叶对生，掌状7—9深裂，裂深常为全叶片的1/2—1/3，有细锐重锯齿。伞房花序径约6—8毫米，萼片暗红色，花瓣紫色（图2）。果长1—2.5厘米，两翅开展成钝角（图1）。花期5月，果期9—10月。

用途　枝、叶辛，味微苦，能行气止痛、解毒消痈。宜作园林观赏树种。

分布　原产朝鲜半岛和日本，华东、华中至西南等省区广为栽培。保护区常见栽培。

图2　花

三角槭 *Acer buergerianum*

科 无患子科 Sapindaceae

属 槭属 *Acer*

特征 高大乔木（图1）。叶基脉3出，三裂（图2）。花多数常成顶生伞房花序（图3），开花在叶长大以后。萼片5，黄绿色，卵形，花瓣5，淡黄色。翅果黄褐色。小坚

图1　三角枫（位于广德卢村水库）

果特别凸起，翅与小坚果共长2—2.5厘米，张开成锐角或近于直立（图4）。花期4月，果期9月。

用途 为营造秋季色叶景观的好材料，是优良的行道树。

分布 广布于山东、河南、江苏、浙江、安徽、江西、湖北、湖南、贵州和广东等省区。广德卢村水库有分布。

图2　叶

图3　花序

图4　翅果

茶条槭 *Acer tataricum* subsp. *ginnala*

科 无患子科 Sapindaceae

属 槭属 *Acer*

特征 落叶灌木或小乔木（图1）。叶卵状椭圆形，羽状3—5裂，中裂片较大，基部圆形或近心形，缘有不整齐重锯齿，表面无毛，背面脉上及脉腋有长柔毛。花杂性，伞房花序圆锥状，顶生（图2），萼片5，卵形，黄绿色，花瓣5，长圆卵形白色，较长于萼片，雄蕊8，花药黄色，花柱无毛，柱头平展或反卷（图3）。果核两面凸起，果翅张开成锐角或近于平行，紫红色。花期5—6月，果期9月。

图1　茶条槭

图2 花枝

图3 花

用途 叶形美丽，花朵黄绿色，幼果粉紫色，秋叶红艳，是良好的庭院观赏植物。

分布 华北、华东、华南地区有分布。宣城金梅岭偶见。

栾树 *Koelreuteria paniculata*

科 无患子科 Sapindaceae

属 栾属 *Koelreuteria*

特征 落叶乔木或灌木（图1）。树皮厚，老时纵裂。叶丛生于当年生枝上，卵形、阔卵形至卵状披针形，边缘有不规则钝锯齿。聚伞圆锥花序长25—40厘米，在末次分枝上的聚伞花序具花3—6朵，密集呈头状（图1）。花淡黄色，稍芬芳。花瓣4，开花时向外反折，雄蕊8枚（图2）。蒴果圆锥形，具3棱。果瓣卵形（图3）。种子近球形。花期6—8月，果期9—10月。

用途 耐寒耐旱，常栽培作庭院观赏树。叶可作蓝色染料，花供药用，亦可作黄色染料。

图1 栾树

图2　花

图3　果实

分布 产于我国大部分省区，世界各地有栽培。扬子鳄管理局园内、郎溪县高井庙有栽培。

柑橘 *Citrus reticulata*

科 芸香科 Rutaceae

属 柑橘属 *Citrus*

特征 小乔木，高约3米。分枝多，枝扩展或略下垂，刺较少。单身复叶，翼叶通常狭窄，或仅有痕迹，叶片披针形，椭圆形或阔卵形，大小变异较大（图1）。花单生或2—3朵簇生，花萼不规则5—3浅裂，雄蕊20—25枚，花柱细长，柱头头状（图2）。果通常圆球形。花期4—5月，果期10—12月。

用途 果肉酸甜，可加工制成果汁、果酱、果糕等食品。

分布 在中国主要分布于甘肃、江苏、海南、安徽等省区，广泛栽培。保护区偶有栽培。

图1　柑橘

图2　花

枸橘 *Citrus trifoliata*

科 芸香科 Rutaceae

属 柑橘属 *Citrus*

特征 小乔木，高1—5米，树冠伞形或圆头形。枝绿色，嫩枝扁，有纵棱，刺长达4厘米（图1）。叶柄有狭长的翼叶，通常指状3出叶。花单朵或成对腋生，先叶开放，也有先叶后花的。果近圆球形或梨形，大小差异较大，果顶微凹，果皮平滑的，油胞小而密，果心充实，瓢囊6—8瓣，带涩味（图2）。花期5—6月，果期10—11月。

用途 可药用，小果制干或切半称为枳实，成熟的果实为枳壳。

分布 原产中国，在西北、华东、西南、华南等地区均有生长。宣城金梅岭偶见。

图1 枸橘

图2 柑果

青花椒 *Zanthoxylum schinifolium*

科 芸香科 Rutaceae

属 花椒属 *Zanthoxylum*

特征 灌木，高达2米，茎枝无毛，基部具侧扁短刺（图1）。奇数羽状复叶，叶轴具窄翅，小叶7—19，对生，纸质，叶轴基部小叶常互生。伞房状聚伞花序顶生，萼片5，宽卵形，长0.5毫米，花瓣淡黄白色，长圆形，雌花具3（4—5）心皮，几无花柱，果瓣红褐色，具淡色窄缘，顶端几无芒尖，油腺点小，种子径3—4毫米（图2）。花期7—9月，果期9—12月。

图1　青花椒（高井庙大冲）

图2　果实

用途 味辛，性微温，有温中止痛、杀虫止痒、健胃、祛风散寒、除湿止泻、活血通经的功效。成熟果可作调味品。

分布 生于五岭以北、辽宁以南大多数省区，但不见于云南。郎溪县高井庙大冲，南陵县合义片有分布。

野花椒 *Zanthoxylum simulans*

科 芸香科 Rutaceae

属 花椒属 *Zanthoxylum*

特征 灌木或小乔木。枝干散生基部宽而扁的锐刺（图1）。叶有小叶5—15片。小叶对生，叶面常有刚毛状细刺。聚花序顶生。花被片5—8片，狭披针形或宽卵形。雄花的雄蕊5—8（—10）枚，花丝及半圆形凸起的退化雌蕊均淡绿色。雌花的花被片为狭长披针形。心皮2—3个，花柱斜向背弯（图2）。果红褐色，种子外表蓝黑色、饱满（图3）。花期3—5月，果期7—9月。

图1　野花椒

用途 果作草药，味辛辣、麻舌。有止痛、健胃、抗菌、驱蛔虫的功效。

图2　花

图3　果实

分布 见于平地、低丘陵或略高的山地疏或密林下，喜阳光，耐干旱。扬子鳄管理局、郎溪县高井庙有分布。

竹叶花椒 *Zanthoxylum armatum*

科 芸香科 Rutaceae

属 花椒属 *Zanthoxylum*

图1　竹叶花椒

特征 小乔木或灌木状（图1），枝无毛，基部具宽而扁锐刺，奇数羽状复叶，叶轴、叶柄具翅，下面有时具皮刺，小叶3—9（—11），对生，披针形、椭圆形或卵形。聚伞状圆锥花序腋生或兼生于侧枝之顶，具花约30朵，花被片6—8，1轮，淡黄色，长约1.5毫米，雄花具5—6雄蕊，雌花具2—3心皮（图2）。果紫红色，疏生微凸油腺点，果瓣径4—5毫米（图3）。

用途 根、茎、叶及种子均可入药，竹叶花椒中还含有挥发性香味物质，可以作芳香性防腐剂，还可作调味料、绿化树种。

图2　花

图3　果实

分布　常见于低丘陵坡地至海拔2200米山地的多类生长环境。郎溪县高井庙有分布。

秃叶黄檗 *Phellodendron chinense* var. *glabriusculum*

科　芸香科 Rutaceae

属　黄檗属 *Phellodendron*

特征　落叶乔木，高达10米（图1）。枝无毛，灰褐色。奇数羽状复叶对生，小叶5—13，卵状披针形。花序轴、果序轴较粗壮，雌雄异株，萼片宽卵形，长约1毫米，花瓣黄绿色，长3—4毫米，雄蕊较花瓣长，雌花花柱粗壮（图2）。果圆球形。花期5—6月，果期9—10月。与川黄檗（*Phellodendron chinense*）的区别在于后者叶轴、叶柄密被锈褐色短柔毛。

用途　木材坚硬，边材淡黄色，心材黄褐色，是枪托、家具、装饰的优良材料。其木栓层是制造软木塞的材料。果实可作驱虫剂及染料。种子含油，可制肥皂和润滑油。

分布　分布于华中及安徽、云南、四川等省区。郎溪县高井庙有分布。

图1　秃叶黄檗

图2　雌花

臭辣吴茱萸 *Tetradium glabrifolium*

图1　臭辣吴茱萸

科　芸香科 Rutaceae

属　吴茱萸属 *Tetradium*

特征　高大乔木。嫩枝紫褐色，散生小皮孔。叶有小叶5—9片，很少11片，小叶斜卵形至斜披针形，叶背灰绿色，干后带苍灰色，沿中脉两侧有灰白色卷曲长毛（图1）。花序顶生（图2），萼片卵形，边缘被短毛，花瓣长约3毫米，腹面被短柔毛。雄花的雄蕊长约5毫米，花丝中部以下被长柔毛，退化雌蕊顶部5深裂，裂瓣被毛，雌花的退化雄蕊甚短，通常难以察见。成熟心皮5—4、稀3个，紫红色，干后色较暗淡，每分果瓣有1种子。花期6—8月，果期8—10月。

图2　花

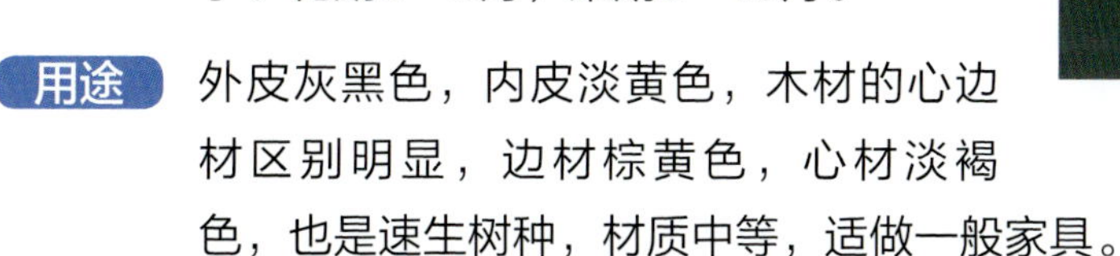

用途　外皮灰黑色，内皮淡黄色，木材的心边材区别明显，边材棕黄色，心材淡褐色，也是速生树种，材质中等，适做一般家具。

分布　产于安徽、浙江、湖北、湖南、江西、福建、广东北部、广西、贵州、四川、云南等省区。泾县中桥团结大塘有分布。

臭椿 *Ailanthus altissima*

图1　臭椿嫩芽

科　苦木科 Simaroubaceae

属　臭椿属 *Ailanthus*

特征　落叶乔木，高达20余米。嫩枝被黄或黄褐色柔毛，后脱落（图1）。奇数羽状复叶，小叶对生或近对生，卵状披针形，基部平截或稍圆，全缘，具1—3对粗齿，齿背有腺体（图2）。圆锥花序，花淡绿色，萼片5，覆瓦状排列，花瓣5，雄蕊10，雄花的花丝长

图2 叶与花序

于花瓣，雌花中的花丝短于花瓣，心皮5，花柱黏合，柱头5裂（图3）。翅果长椭圆形（图4）。花期4—5月，果期8—10月。

用途 树皮、根皮、果实可入药，有清热燥湿、止血、杀虫的功效，可治多种疾病。也可以用作建筑和家具用材，观赏树种和庭荫树种，强抗逆树种，造纸的材料等。

分布 主产于亚洲东南部，世界各地分布广泛。宣城有栽培。

图3 花

图4 果实

图1 楝树

楝树 *Melia azedarach*

科 楝科 Meliaceae

属 楝属 *Melia*

特征 落叶乔木。楝树高达20米（图1）。叶互生，2—3回奇数羽状复叶。小叶对生，卵形或披针形，锯齿粗钝。腋生圆锥花序，花两性有芳香，雄蕊管紫色，管口有钻形、2—3齿裂的狭裂片10枚，花药10枚，花瓣淡紫色（图2）。核果椭圆形或近球形（图3），熟时为黄色。种子黑色数粒。花期4—5月，果期10—12月。

用途 木材轻软，易加工，供制家具、农具等用。花、叶、种子和根皮均可入药。

分布 分布于华东、华南、华北地区。郎溪县高井庙、扬子鳄管理局、广德卢村水库有分布。

图2 花

图3 果实

马松子 *Melochia corchorifolia*

图1　马松子

科　锦葵科 Malvaceae

属　马松子属 *Melochia*

特征　半灌木状草本，枝黄褐色，略被星状短柔毛（图1）。叶薄纸质，矩圆状卵形或披针形，托叶条形。花排成顶生或腋生的密聚伞花序或团伞花序，小苞片条形，混生在花序内，萼钟状，花瓣，白色，后变为淡红色，矩圆形，子房无柄，密被柔毛，花柱线状（图2）。蒴果圆球形，种子卵圆形，略呈三角状，褐黑色（图3）。花期夏秋。

用途　具有消炎止痒、清热利湿的功效，可用于治疗皮肤瘙痒、癣症等。

分布　分布于安徽、江苏、浙江、江西、湖南、湖北、四川、贵州、台湾、四川等省区。保护区荒地常见。

图2　花

图3　花果序

甜麻 *Corchorus aestuans*

科 锦葵科 Malvaceae

属 黄麻属 *Corchorus*

特征 一年生草本。叶卵形，先端尖，基部圆，边缘有锯齿，基部有1对线状小裂片，基出脉5—7条（图1）。花单生或数朵组成聚伞花序，生叶腋，萼片5，窄长圆形，长5毫米，上部凹陷呈角状，先端有角，外面紫红色，花瓣5，与萼片等长，倒卵形，黄色，雄蕊多数，黄色，子房长圆柱形，花柱圆棒状，柱头喙状，5裂。蒴果长筒形（图2），具纵棱6条，3—4条呈翅状，顶端有3—4长角，角2分叉，果爿有横隔，具多数种子。

用途 全草药用。

分布 产于江苏、浙江、安徽、福建、广东、广西、贵州、云南等地。广德朱村片、南陵县合义等地有分布。

图1 甜麻

图2 果实

扁担杆 *Grewia biloba*

科 锦葵科 Malvaceae

属 扁担杆属 *Grewia*

特征 灌木或小乔木，多分枝，嫩枝被粗毛（图1）。叶薄革质，椭圆形或倒卵状椭圆形，基出脉3条，两侧脉上行过半，中脉有侧脉3—5对，边缘有细锯齿。叶柄被粗毛，托叶钻形。聚伞花序腋生，多花（图2），苞片钻形，萼片狭长圆形，外面被毛，内面无毛，花瓣远短于花萼。子房有毛，花柱与萼片平齐，柱头扩大，盘状，有浅裂，花药多数，黄色（图3）。核果红色，有2—4颗分核（图4）。

图1　扁担杆

用途 果实橙红鲜丽，为良好的观果树种。根或全株入药。树皮可作人造棉，宜混纺或单纺。

分布 分布于中国华东、广东至四川等省。生长于丘陵、低山路边草地、灌丛或疏林。郎溪县高井庙、宣城金梅岭有分布。

图2　花序

图3　花

图4　果实

中国梧桐 *Firmiana simplex*

科 锦葵科 Malvaceae

属 梧桐属 *Firmiana*

特征 落叶乔木，高达16米，树皮青绿色，平滑（图1）。叶心形，掌状3—5裂，直径15—30厘米，裂片三角形，顶端渐尖，基部心形，两面均无毛或略被短柔毛，基生脉7条，叶柄与叶片等长。圆锥花序顶生，下部分枝长达12厘米，花淡黄绿色（图2），萼5深裂几至基部，萼片条形，向外卷曲，外面被淡黄色短柔毛，内面仅在基部被柔毛。蓇葖果膜质，有柄，成熟前开裂成叶状，每蓇葖果有种子2—4个（图3），种子圆球形，表面有皱纹。花期6月。

用途 庭院观赏树木。木材轻软，为制木匣和乐器的良材。种子炒熟可食或榨油，油为

图1　中国梧桐

图2　花

图3　果实

不干性油。茎、叶、花、果和种子均可药用，有清热解毒的功效。树皮的纤维洁白，可用以造纸和编绳等。

分布　产于我国南北各省区，从广东海南岛到华北均产。保护区有栽培。

田麻 *Corchoropsis crenata*

图1　田麻

科　锦葵科 Malvaceae

属　田麻属 *Corchoropsis*

特征　一年生草本，高约50厘米，枝被星状柔毛（图1）。叶卵形或窄卵形，边缘有钝齿。花单生于叶腋（图2、图3），径1.5—2厘米，有细梗，萼片5，窄披针形，长5毫米，花瓣5，黄色，倒卵形，发育雄蕊15，每枚连成束，退化雄蕊5枚，与萼片对生，匙状线形，长1厘米，子房被星状柔毛。蒴果角状圆筒形，被星状柔毛（图1）。花期8—9月，果熟期10月。

用途　清热利湿，解毒止血。

分布　分布于东北、华北、华东、中南及西南等地。生于丘陵或低山山坡或多石处。保护区常见。

图2　花

图3　花（示雄蕊）

图1　重瓣木槿

木槿 *Hibiscus syriacus*

图2　木槿花

科 锦葵科 Malvaceae

属 木槿属 *Hibiscus*

特征 落叶灌木，小枝密被黄色星状绒毛，园艺上还有重瓣木槿。叶菱形至三角状卵形。花单生于枝端叶腋间（图1、图2）。小苞片6—8，线形。花萼钟形，密被星状短绒毛，裂片5，三角形。花钟形，淡紫色，花瓣倒卵形，外面疏被纤毛和星状长柔毛。雄蕊花丝和花柱联合，构成聚药雄蕊（图2）。蒴果卵圆形，种子肾形。花期7—10月。

用途 主供园林观赏用，或作绿篱材料，茎皮富含纤维，供造纸原料。

分布 我国中部各省区原产。保护区偶有栽培。

图1　木芙蓉

木芙蓉 *Hibiscus mutabilis*

图2　花

图3　果

科　锦葵科 Malvaceae

属　木槿属 *Hibiscus*

特征　又名芙蓉花，落叶灌木或小乔木（图1）。叶宽卵形至圆卵形或心形，常5—7裂，裂片三角形。花单生于枝端叶腋间，萼钟形，花初开时白色或淡红色，后变深红色（图2），直径约8厘米，花瓣近圆形，直径4—5厘米，外面被毛。雄蕊柱长2.5—3厘米，无毛。花柱5，疏被毛。蒴果扁球形（图3），被淡黄色刚毛和绵毛，种子肾形。

用途　花、叶均可入药，有清热解毒、消肿排脓、凉血止血的功效。木芙蓉还是成都市市花，其花语为纤细之美、贞操、纯洁。

分布　原产中国。保护区多栽培。

秋葵 *Abelmoschus esculentus*

科 锦葵科 Malvaceae

属 秋葵属 *Abelmoschus*

特征 一年生草本，全株疏被硬毛，幼时疏被刺毛（图1）。叶近圆形或圆肾形，托叶线形。花单生叶腋，花梗长1—2厘米，小苞片8—10，线形，花萼佛焰苞状，较长于小苞片，密被星状柔毛，顶端5齿裂，花冠黄色，内面基部紫色，径5—7厘米，花瓣5，倒卵形，长4—5厘米，雄蕊柱短于花瓣，花柱分枝5（图2）。蒴果柱状尖塔形（图1），顶端具长喙，疏被硬毛，种子多数，近球形。花期4—5月，果期5—6月。

用途 有蔬菜王之称，有极高的经济用途和食用等价值。

分布 喜温暖，原产地印度，广泛栽培于热带和亚热带地区。保护区偶有栽培。

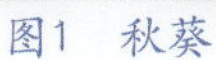

图1 秋葵

图2 花

棉花 *Gossypium hirsutum*

科 锦葵科 Malvaceae

属 棉属 *Gossypium*

特征 一年生木本植物（图1）。叶阔卵形，先端突渐尖，基部宽，叶柄疏被柔毛，托叶卵状镰形。花单生于叶腋（图2），花梗较叶柄略短，花萼杯状。蒴果长椭圆形（图3）。种子分离，卵圆形，具白色长棉毛和灰白色不易剥离的短棉毛（图4）。花期夏秋季，6—10月。

用途 世界上最主要的农作物之一，产量大、生产成本低，使棉制品价格比较低廉。

分布 已广泛栽培于全国各产棉区。郎溪十字镇有栽培。

图1　棉花

图2　花序

图3　蒴果

图4　开裂蒴果

蜀葵 *Alcea rosea*

科 锦葵科 Malvaceae

属 蜀葵属 *Alcea*

特征 二年生直立草本，茎枝密被星状毛和刚毛（图1）。叶近圆心形，掌状5—7浅裂或波状棱角，上疏被星状柔毛、粗糙，下被星状长硬毛或绒毛，托叶卵形。花呈总状花序顶生单瓣或重瓣，有紫、粉、红、白等色（图2、图3）。蒴果，种子扁圆，肾形。花果期6—8月。

图1 蜀葵

用途 蜀葵味甘，性凉，根部可入药，具有清热解毒、排胶、利尿的功效。

分布 原产中国，分布于西南、华南、华东地区，在华中、华北地区也有栽培。保护区多见栽培。

图2 花序

图3 花

苘麻 *Abutilon theophrasti*

科 锦葵科 Malvaceae

属 苘麻属 *Abutilon*

特征 一年生亚灌木草本，茎枝被柔毛。叶圆心形，边缘具细圆锯齿，两面均密被星状柔毛（图1）。叶柄被星状细柔毛。托叶早落。花单生于叶腋，花梗被柔毛。花萼杯状，裂片卵形。花黄色，花瓣倒卵形（图2）。蒴果半球形（图3），种子肾形，扁平，多数（图4）。花期7—8月。

用途 茎皮纤维色白，具光泽，可编织麻袋、搓绳索、编麻鞋等纺织材料。种子含油量15%—16%，供制皂、油漆和工业用润滑油。

图1 苘麻

图2 花

图3 果实

分布 中国除青藏高原不产外，其他各省区均产。保护区林地、荒地常见。

图4 分果爿

芫花 *Daphne genkwa*

科 瑞香科 Thymelaeaceae

属 瑞香属 *Daphne*

特征 落叶灌木，幼枝纤细，黄绿色，密被淡黄色丝状毛，老枝褐色或带紫红色。叶对生，纸质，卵状披针形，侧脉5—7对。花3—7朵簇生叶腋，淡紫红或紫色，先叶开花（图1、图2），萼筒外面被丝状柔毛，裂片4，先端圆，外面疏被柔毛，雄蕊8，2轮，花盘环状，不发达，子房倒卵形，密被淡黄色柔毛，花柱短或几无花柱，柱头橘红色，果肉质，白色，椭圆形，包于宿存花萼下部，具种子1粒。

用途 以芫花研末，用猪油拌和，外涂治头癣。花美丽，宜作观赏植物。

分布 产于中国河北、山西、陕西、甘肃、山东、江苏、安徽、浙江、江西、福建、台湾、河南、湖北、湖南、四川、贵州等省区。泾县老虎山、中桥片区有分布。

图1 芫花

图2 花

图1　油菜

油菜 *Brassica rapa* var. *oleifera*

科 十字花科 Brassicaceae

属 芸薹属 *Brassica*

特征 二年生草本。茎分枝或不分枝，稍带粉霜。基生叶大头羽裂，顶裂片圆形或卵形，边缘有不整齐弯缺牙齿。总状花序在花期呈伞房状，以后伸长（图1）。花鲜黄色，十字形花冠，萼片长圆形，直立开展，花瓣倒卵形，顶端近微缺，基部有爪（图2）。长角果线形（图3）。种子球形，紫褐色。花期3—4月，果期5月。

用途 为主要油料植物之一，种子含油量40%左右，油供食用，嫩茎叶和总花梗作蔬菜，种子药用，能行血、散结、消肿。

分布 产于陕西、江苏、安徽、浙江、江西、湖北、湖南、四川，甘肃大量栽培。保护区有栽培。

图2　花序

图3　长角果

诸葛菜 *Orychophragmus violaceus*

图1 诸葛菜

科 十字花科 Brassicaceae

属 诸葛菜属 *Orychophragmus*

特征 也叫二月兰，一年或二年生草本，高10—50厘米，茎单一，直立（图1）。基生叶及下部茎生叶大头羽状全裂，顶裂片近圆形或短卵形，顶端钝，基部心形，有钝齿，侧裂片2—6对。花紫色、浅红色或褪成白色，花萼筒状，紫色，萼片长约3毫米，花瓣宽倒卵形，密生细脉纹，爪长3—6毫米（图2）。长角果线形，具4棱，裂瓣有1凸出中脊。花期4—5月，果期5—6月。

用途 嫩茎叶用开水泡后，再放在冷开水中浸泡，直至无苦味时即可炒食。种子可榨油。

分布 产于辽宁、河北、山西、山东、河南、安徽、江苏、浙江、湖北、江西、陕西、甘肃、四川。扬子鳄管理局草坪有栽培。

图2 花

荠菜 *Capsella bursa-pastoris*

图1 荠菜

科 十字花科 Brassicaceae

属 荠属 *Capsella*

特征 一年或二年生草本。基生叶丛生呈莲座状，大头羽状分裂，顶裂片卵形至长圆形，侧裂片长圆形至卵形（图1）。茎生叶窄披针形或披针形，基部箭形，抱茎，边缘有缺刻或锯齿。总状花序顶生及腋生，萼片长圆形，花瓣白色，卵形，有短爪（图2）。短角果

图2　花果序

倒三角形或倒心状三角形，扁平，顶端微凹（图3）。种子2行，长椭圆形，浅褐色。花果期3—5月。

用途 全草入药，茎叶作蔬菜食用，种子含油。

分布 分布全国，全世界温带地区广布，生于山坡、田边及路旁。保护区随处可见。

图3　短角果

弹裂碎米荠 *Cardamine impatiens*

科 十字花科 Brassicaceae

属 碎米荠属 *Cardamine*

特征 一年生或二年生草本，茎单一或上部分枝，有棱，有时曲折。基生叶莲座状，与茎生叶形态相似，开花时枯落，茎生叶柄长1—3厘米，基部耳状半抱茎，小叶2—8对（图1）。花序顶生和腋生，花瓣白色，倒披针形（图2）。长角果长2—2.8厘米，斜升或平展。花期4—6月，果期5—7月。

用途 具有活血调经、清热解毒、利尿通淋的功效。常用于妇女月经不调等。

分布 分布于东北、华北、华东、西北、西南等地。保护区湿地常见。

图1　弹裂碎米荠

图2　花

碎米荠 *Cardamine occulta*

科 十字花科 Brassicaceae

属 碎米荠属 *Cardamine*

特征 一年生小草本。茎直立或斜升，下部有时淡紫色（图1）。基生叶具叶柄，有小叶2—5对，顶生小叶肾形或肾圆形，边缘有3—5圆齿。茎生叶具短柄，有小叶3—6对。总状花序生于枝顶，花小，花梗纤细，萼片绿色或淡紫色，花瓣白色，倒卵形，顶端钝，向基部渐狭（图2）。长荚果（图3），种子椭圆形。花期2—4月，果期4—6月。

用途 全草可作野菜食用，也供药用，能清热去湿。

分布 多生长于海拔1000米以下的山坡草地、旷野湿润草地、山坡、路旁、荒地及耕地的草丛中。保护区湿地常见。

图1　碎米荠

图2　花

图3　长角果

弯曲碎米荠 *Cardamine flexuosa*

科 十字花科 Brassicaceae

属 碎米荠属 *Cardamine*

特征 一年生或二年生草本，根状茎较短，匍匐茎从根状茎或从茎基部节上发出（图1）。羽状复叶，基生叶有柄，顶生小叶菱状卵形或倒卵形，侧生小叶2—7对。花序顶生，萼片长4—5毫米，花瓣白色，倒卵状楔形（图2）。长角果，极压扁，宿存花柱长约4毫米，种子长1毫米，顶端有窄翅。

用途 全草入药。味甘、微辛，性平。主治用于肾炎水肿、痢疾、吐血、崩漏等。

分布 生于水田边、溪边及浅水处。保护区水田常见。

图1　弯曲碎米荠

图2　花

广州蔊菜 *Rorippa cantoniensis*

图1　广州蔊菜

科 十字花科 Brassicaceae

属 蔊菜属 *Rorippa*

特征 一或二年生草本，高10—30厘米，植株无毛，茎直立或呈铺散状分枝（图1）。基生叶具柄，基部扩大贴茎，叶片羽状深裂或浅裂，裂片4—6，边缘具2—3

缺刻状齿，顶端裂片较大。总状花序顶生，花黄色，近无柄，每花生于叶状苞片腋部，萼片4，宽披针形，花瓣4，倒卵形，基部渐狭成爪，稍长于萼片。短角果圆柱形，柱头短，头状（图2）。种子极多数，细小，扁卵形，红褐色。

图2　角果

用途 味甘、淡，性凉。有清热解毒、镇咳利尿的功效。主治感冒发热、肺热咳嗽、慢性气管炎、急性风湿性关节炎、小便不利、蛇咬伤等。

分布 产于安徽、广东、福建、台湾、湖北、湖南、江西等省区。见于保护区的田边路旁、山沟、河边或潮湿地。

印度蔊菜 *Rorippa indica*

科 十字花科 Brassicaceae

属 蔊菜属 *Rorippa*

特征 直立草本，植株较粗壮（图1）。茎单一或分枝，表面具纵沟。叶互生，基生叶及茎下部叶具长柄，叶形多变化，通常大头羽状分裂，具短柄或基部耳状抱茎。总状花序顶生或侧生，花小，多数，具细花梗，萼片4，卵状长圆形，花瓣4，黄色

图1　印度蔊菜

图2　花

（图2），匙形，基部渐狭成短爪，与萼片近等长，雄蕊6，2枚稍短。长角果线状圆柱形（图3），短而粗，长1—2厘米，直立或稍内弯，成熟时果瓣隆起，果梗纤细，斜升或近水平开展。

图3　果实

用途　可用于临床治疗慢性支气管炎、支扩、肺气肿、肺间质炎等疾病。也可当野菜食用。同时，为旱作物地常见杂草。

分布　主要生长在山沟、河边、路旁、田埂及住宅附近。保护区常见。

臭荠 *Lepidium didymum*

科　十字花科 Brassicaceae

属　独行菜属 *Lepidium*

特征　一年或二年生匍匐草本，全体有臭味（图1）。叶为一回或二回羽状全裂，裂片3—5对，线形或窄长圆形，顶端急尖，基部楔形，全缘（图2）。花极小，直径约1毫米，萼片具白色膜质边缘，花瓣白色，长圆形，比萼片稍长，或无花瓣。短角果肾形，2裂，果瓣半球形，表面有粗糙皱纹

图1　臭荠

图2　叶

图3　果实

（图3）。种子肾形，红棕色。

用途 全株入药，有清热明目、利尿的功效。也是田鼠喜食的植物之一，还可供观赏。

分布 原产南美洲。分布于中国山东、安徽、江苏、浙江、福建、台湾、湖北、江西等省区。欧洲、北美也有分布。保护区湿地常见。

北美独行菜 *Lepidium virginicum*

科 十字花科 Brassicaceae

属 独行菜属 *Lepidium*

特征 一年生或二年生草本，茎单一，分枝，被柱状腺毛（图1）。基生叶倒披针形，羽状分裂或大头羽裂，茎生叶倒披针形或线形。总状花序顶生，萼片椭圆形，花瓣白色，倒卵形，和萼片等长或稍长，雄蕊2或4。短角果近圆形（图2），长2—3毫米，顶端微缺，有窄翅，种子卵圆形，红棕色，有窄翅。花期4—6月，果期5—9月。

用途 可食用，嫩叶可用作野菜、炒食或生用。

分布 本种是来自美洲的外来杂草，原产美洲、欧洲。国内产于山东、河南、安徽、江苏、浙江、福建、湖北、江西、广西等省区。保护区常见。

图1 北美独行菜

图2 短角果

百蕊草 *Thesium chinense*

科 檀香科 Santalaceae

属 百蕊草属 *Thesium*

特征 多年生柔弱草本（图1）。茎细长，基部以上疏分枝，斜升，有纵沟。叶线形，长1.5—3.5厘米，先端急尖或渐尖。花单一，5数，腋生，花被绿白色，长2.5—3毫米，花被管呈管状（图2）。雄蕊不外伸。子房无柄，花柱很短。坚果椭圆形或近球形，长2—2.5毫米，有明显隆起的网脉。花期4—5月，果期6—7月。

用途 具有清热解毒、解暑的功效。并作利尿剂。

分布 产于中国、日本和朝鲜。南陵县合义和泾县官塘有零星分布。

图1　百蕊草

图2　花

槲寄生 *Viscum coloratum*

科 檀香科 Santalaceae

属 槲寄生属 *Viscum*

特征 灌木，茎、枝均圆柱状，二歧或三歧分枝，节稍膨大（图1）。叶对生，稀3枚轮生，长椭圆形或椭圆状披针形，长3—7厘米，先端圆或圆钝，基部渐窄，基出脉3—5（图2）。雌雄异株，花序顶生或腋生于茎叉分枝处，雄花序聚伞状。总苞舟形，常具3花，中央花具2苞片或无。雄花花蕾时卵球形，萼片卵形，花药椭圆形。雌花序聚伞式穗状，花序梗长2—3毫米或几无，具3—5花，顶生花具2苞片

图1　槲寄生

图2　叶

图3　果实

或无。果球形，具宿存花柱，成熟时淡黄或橙红色，果皮平滑（图3）。花期4—5月，果期9—11月。

用途　植物带叶的茎枝可供药用，可舒筋活络、活血散瘀。槲寄生提取物可改善微循环，其总生物碱还具有抗肿瘤作用。

分布　中国大部分省区均产，仅新疆、西藏、云南、广东不产。仅见于宣城周王镇红星水库旁边的枫杨树上。

萹蓄 *Polygonum aviculare*

图1　萹蓄

科　蓼科 Polygonaceae

属　萹蓄属 *Polygonum*

特征　一年生草本，高达40厘米（图1）。叶椭圆形或披针形，长1—4厘米，宽0.3—1.2厘米，全缘。托叶鞘膜质，下部褐色，上部白色，撕裂。花单生或数朵簇生叶腋。花梗细，顶部具关节。花被5深裂，绿色，边缘白或淡红色。雄蕊8，花丝基部宽，花柱3（图2）。瘦果卵形，具3棱，长2.5—3毫米，黑褐色（图3）。花期5—7月，果期6—8月。常见的习见蓼（*Polygonum plebeium*）雄蕊5枚而与8枚的萹蓄相区别（图4）。

用途　全草供药用，有通经利尿、清热解毒的功效。主要以幼苗及嫩茎叶为食用部分，是中国民间传统的野菜。嫩茎叶可用作牛、羊、猪、兔等的饲料。

分布　广泛分布于北温带，在中国各地都有分布。保护区路边常见。

图2　花

图3　种子

图4　习见蓼（左）和萹蓄（右）

虎杖 *Reynoutria japonica*

图1 虎杖

科 蓼科 Polygonaceae

属 虎杖属 *Reynoutria*

特征 多年生草本（图1）。茎直立，丛生，茎散生红色或紫红色斑点。叶有短柄，宽卵形或卵状椭圆形，顶端有短骤尖，基部圆形或楔形。托叶鞘膜质，褐色，早落。花单性，雌雄异株，成腋生的圆锥状花序，花梗细长，中部有关节，上部有翅。花被5深裂，裂片2轮，雄花雄蕊8，雌花花柱3（图2）。瘦果椭圆形，有3棱，黑褐色（图3）。

用途 根状茎供药用，有活血、散瘀、通经、镇咳等功效。

分布 分布于鲁、豫、陕、鄂、华东、西南东部。朝鲜、日本也有分布。宣城金梅岭，泾县老虎山、董家冲等地常见。

图2 花

图3 果实

何首乌 *Pleuropterus multiflorus*

科 蓼科 Polygonaceae

属 何首乌属 *Pleuropterus*

特征 多年生草本。块根肥厚，长椭圆形，黑褐色。多分枝，具纵棱。叶卵形或长卵形。托叶鞘膜质，偏斜，无毛，长3—5毫米。花序圆锥状，顶生或腋生，具细纵棱，沿棱密被小突起（图1）。苞片三角状卵形，每苞内具2—4花。花被5深裂，白色或淡绿色，花被片椭圆形，大小不相等，外面3片较大背部具翅，果时增大，雄蕊8，花丝下部较宽，花柱3，极短，柱头头状（图2）。瘦果卵形（图3），具3棱，黑褐色，有光泽，包于宿存花被内。花期8—9月，果期9—10月。

图1　何首乌

图2　花

图3　果实

用途 具解毒、消痈、截疟、润肠通便的功效，还有补肝肾、益精血、强筋骨、乌须发、化浊降脂的作用。

分布 原产中国，现大多分布中国陕西南部、甘肃南部、华东等地区。保护区随处可见。

粘毛蓼 *Persicaria viscosa*

科 蓼科 Polygonaceae

属 蓼属 *Persicaria*

特征 一年生草本（图1），茎高达90厘米，多分枝，密被长糙硬毛及腺毛（图2）。叶卵状披针形或宽披针形，两面被糙硬毛，密生缘毛，托叶鞘长1—1.2厘米，密被腺毛及长糙硬毛，顶端平截，具长缘毛。穗状花序长2—4厘米，花序梗密被长糙硬毛及腺毛，花被5深裂，淡红色，花被片椭圆形，长约3毫米，雄蕊8，花柱3，中下部连合。瘦果宽卵形，具3棱，黑褐色，有光泽（图3）。花期7—9月，果期8—10月。

用途 茎叶入药，全草可提取芳香油，具有理气除湿、健胃消食的功效。

分布 产自东北、陕西、华东、华中、华南、四川、云南、贵州。朝鲜、日本、印度、俄罗斯（远东）也有。广德卢村水库、南陵县长乐田埂有分布。

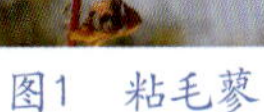

图1 粘毛蓼

图2 茎

图3 种子

稀花蓼 *Persicaria dissitiflora*

图1 稀花蓼

科 蓼科 Polygonaceae

属 蓼属 *Persicaria*

特征 一年生草本，茎直立，疏被倒生皮刺，疏被星状毛（图1）。叶卵状椭圆形，先端渐尖，基部戟形或心形，具缘毛，上面疏被星状毛及刺毛，下面疏被星状毛，沿中脉被倒生皮刺。托叶鞘膜质，长0.6—1.5厘米，具缘毛（图2）。花序圆锥状，花稀疏，间断，花序梗细，紫红色，密被紫红色

图2　托叶鞘

图3　花序

腺毛（图3）。苞片漏斗状，花被5深裂，花被片椭圆形，雄蕊7—8。瘦果近球形，顶端微具3棱，暗褐色。花期6—8月，果期7—9月。

用途 清热解毒，利湿。主治急慢性肝炎、小便淋痛、毒蛇咬伤等。

分布 广布于东北、河北、山西、华东、华中、陕西、甘肃、四川及贵州。宣城金梅岭有分布。

蚕茧草 *Persicaria japonica*

科 蓼科 Polygonaceae

属 蓼属 *Persicaria*

特征 多年生草本（图1）。茎直立，疏被平伏硬毛。叶近薄革质，披针形，两面疏被平伏硬毛，具刺状缘毛。托叶鞘长1.5—2厘米，被平伏硬毛，缘毛长1—1.2厘米。穗状花序长6—12厘米（图2），花被5深裂，白或淡红色，花被片长椭圆形，具明显腺点（图3），具8雄蕊，雌蕊花柱2—3，中下部连合。瘦果卵形，具3棱或双凸，长2.5—3毫米，包于宿存花被内。花期8—10月，果期9—11月。

图1　蚕茧草

图2 花序

用途 具一定的药用价值，其味辛，性温，具有解毒、止痛、透疹的功效。其花大，盛开时甚美，可成片种植，供观赏。

分布 主要分布于中国淮河以南地区。郎溪县高井庙库塘常见。

图3 花（具腺点）

愉悦蓼 *Persicaria jucunda*

科 蓼科 Polygonaceae

属 蓼属 *Persicaria*

图1 愉悦蓼

特征 一年生草本（图1）。茎直立，基部近平卧。叶椭圆状披针形，托叶鞘膜质，筒状，0.5—1厘米，疏生硬伏毛，顶端截形，缘毛长5—11毫米（图2）。总状花序呈穗状，顶生或腋生，长3—6厘米，花排列紧密。苞片漏斗状，绿色，每苞内具3—5花，雄蕊7—8，花柱3，柱头头状，分为长柱花和短柱花两种（图3、图4）。瘦果卵形，具3棱，黑色，有光泽，包于宿存花被内。花期8—9月，果期9—11月。

用途 具有观赏价值。药用。

分布 广布于陕西、甘肃、江苏、浙江、安徽、江西、湖南、湖北、四川、贵州、福建、广东、广西和云南等省区。保护区湿地常见。

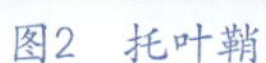

图2 托叶鞘

图3 短柱花

图4 长柱花

箭叶蓼 *Persicaria sagittata* var. *sieboldii*

科 蓼科 Polygonaceae

属 蓼属 *Persicaria*

特征 一年生草本（图1）。茎分枝，四棱形，沿棱被倒生皮刺。叶宽披针形或长圆形，先端尖，基部箭形，下面沿中脉被倒生皮刺，托叶鞘膜质，三角卵形（图2）。花序头状（图3），常成对，花序梗细长，疏被皮刺，苞片椭圆形，背部绿色，花梗长1—1.5毫米，花被5深裂，白或淡红色，花被片长圆形，长约3毫米，雄蕊8，较花被短。瘦果宽卵形，具3棱，黑色，无光泽，包于宿存花被内。花期6—9月，果期8—10月。

图1 箭叶蓼

图2　托叶鞘

图3　花序

用途　全草供药用。

分布　遍布我国湿润半湿润区及东亚北部地区。郎溪县高井庙库塘偶见。

长戟叶蓼 *Persicaria maackiana*

科　蓼科 Polygonaceae

属　蓼属 *Persicaria*

特征　一年生草本（图1）。叶长戟形，顶端急尖，基部心形或近截形，两面密被星状毛，中部裂片披针形或狭椭圆形。托叶鞘筒状，顶部具叶状翅，密被星状毛，翅

图1　长戟叶蓼

图2　托叶鞘

图3　花序

边缘具牙齿，每牙齿的顶部具1粗刺毛（图2）。花序头状顶生或腋生（图3），花序梗通常分枝，密被星状毛及稀疏的腺毛。苞片披针形，每苞内具2花，花被5深裂，淡红色，花被片宽椭圆形，雄蕊8，花柱3，柱头头状。瘦果卵形，具3棱，深褐色，有光泽，包于宿存花被内。

用途 全草入药，有清热解毒、消肿的功效。

分布 产于东北、华北、陕西、华东、华中、华南、四川、云南、贵州。仅见于南陵县长乐湿地。

伏毛蓼 *Persicaria pubescens*

科 蓼科 Polygonaceae

属 蓼属 *Persicaria*

特征 一年生草本，茎疏被平伏硬毛。叶卵状披针形或宽披针形，基部宽楔形，上面中部具黑褐色斑点，两面密被平伏硬毛，具缘毛（图1、图2）。托叶鞘长1—1.5毫米，被平伏硬毛，顶端平截，具粗长缘毛。穗状花序下垂（图3），苞片漏斗状，绿色，具缘毛，花梗较苞片长，花被5深裂，绿色，上部红色，

图1　伏毛蓼居群

图2　伏毛蓼

图3　花序

密生淡紫色透明腺点，花被片椭圆形，长3—4毫米；雄蕊较花被短；花柱3；瘦果卵形，具3棱，黑色，密生小凹点，长2.5—3毫米，包于宿存花被内。花期8—9月，果期9—10月。

用途 具有抗氧化、抗炎、利尿和降血脂的功效。

分布 分布于辽宁（大连）、陕西、甘肃、华东、华中、华南及西南等地。泾县中桥、双坑，郎溪县高井庙湿地常见。

蓼子草 *Persicaria criopolitana*

科 蓼科 Polygonaceae

属 蓼属 *Persicaria*

特征 一年生草本。高达15厘米。茎平卧，丛生，被平伏长毛及稀疏腺毛（图1、图2）。叶窄披针形或披针形，先端尖，基部窄楔形，两面被糙伏毛，边缘具缘毛及腺毛。托叶鞘密被糙伏毛，顶端平截，具长缘毛。头状花序顶生，花序梗密被腺毛，苞片卵形，密生糙伏毛，具长缘毛，花梗较苞片长，密被腺毛，花被5深裂，淡红色，花被片卵形，长3—5毫米，雄蕊5，花药紫色，花柱2，分长柱花和短柱花两种（图3、图4）。瘦果椭圆形，双凸，有光泽。花期7—11月，果期9—12月。

图1　蓼子草居群

图2　蓼子草

图3　长柱花

图4　短柱花

用途　味微苦、辛，性平，主治感冒发热、毒蛇咬伤。花粉丰富，泌蜜量大，是蜂群的重要蜜源。

分布　广布于河南、陕西、江苏、浙江、安徽、江西、湖南、湖北、福建、广东、广西。仅见泾县中桥团结大塘。

尼泊尔蓼 *Persicaria nepalensis*

科　蓼科 Polygonaceae

属　蓼属 *Persicaria*

特征　一年生草本，茎外倾或斜上（图1）。茎下部叶卵形或三角状卵形，先端尖，基部宽楔形，沿叶柄下延成翅。托叶鞘筒状，长0.5—1厘米，无缘毛，基部被刺毛（图2）。花序头状，基部常具1叶状总苞片（图3），花被4裂，淡红或白色，长圆形。雄蕊5—6，花药暗紫色，花柱2，中上部连合。瘦果宽卵形，扁平，双凸，黑色，密生洼点，包于宿存花被内。花期5—8月，果期7—10月。

图1　尼泊尔蓼

图2　托叶鞘

图3　花序

用途　具有药用价值，全草入药，有清热解毒、除湿通络的功效，用于治疗咽喉和牙龈肿痛、风湿痹痛等症状。

分布　除新疆外，全国均分布。保护区常见。

红蓼 *Persicaria orientalis*

科　蓼科 Polygonaceae

属　蓼属 *Persicaria*

特征　一年生草本，茎直立，上部多分枝，密被长柔毛（图1）。叶宽卵形或宽椭圆形，两面密被柔毛。托叶鞘长1—2厘米，被长柔毛，常沿顶端具绿色草质翅（图2）。穗状花序长3—7厘米，微下垂，数个花序组成圆锥状。苞片宽漏斗状，草质，绿色，被柔毛。花被5深裂，淡红或白色，花被片椭圆形，长3—4毫米，雄蕊7，较花被长，花柱2，分为长柱花和短柱花两种（图3、图4）。瘦果近球形，扁平，双凹，包于宿存花被内。花期6—9月，果期8—10月。

图1　红蓼

图2　托叶鞘

图3　长柱花

图4　短柱花

用途　具有祛风利湿，治风湿性关节炎的功效。果含淀粉可酿酒，可用于饲养牛、羊。且具观赏价值。

分布　除西藏外，广布于全国各地，野生或栽培。保护区常见。

扛板归 *Persicaria perfoliata*

科　蓼科 Polygonaceae

属　蓼属 *Persicaria*

特征　一年生攀援草本，茎具纵棱，沿棱疏生倒刺。叶三角形，先端钝或微尖，基部近平截，下面沿叶脉疏生皮刺。托叶鞘叶状（图1）。花序短穗状，顶生或腋生，花被5深裂，白绿色，花被片椭圆形，果时增大，深蓝色，雄蕊8，花柱3，中上部连合。瘦果球形，蓝紫色或黑色（图2）。花期6—8月，果期7—10月。

图1　扛板归

用途　清热解毒、利水消肿、止咳。主治咽喉肿痛、肺热咳嗽、小儿顿咳、水肿尿少、湿热泻痢、湿疹、疖肿、蛇虫咬伤。

分布　产于我国大部湿润半湿润区。保护区常见。

图2　果实

刺蓼 *Persicaria senticosa*

科 蓼科 Polygonaceae

属 蓼属 *Persicaria*

图1　刺蓼

特征 一年生攀援草本，茎四棱形，沿棱被倒生皮刺。叶三角形或长三角形，长4—8厘米，先端尖或渐尖，基部戟形，两面被柔毛，下面沿叶脉疏被倒生皮刺。托叶鞘筒状，具叶状肾圆形翅，具缘毛（图1）。花序头状（图2），花序梗密被腺毛，苞片长卵形，具缘毛，花被5深裂，淡红色，花被片椭圆形，雄蕊8，2轮，较花被短，花柱3。瘦果近球形，微具3棱，黑褐色，无光泽，包于宿存花被内（图3）。花期6—7月，果期7—9月。

用途 全草入药。清热解毒、可利湿止痒、散瘀消肿。主治痈疮疔疖、毒蛇咬伤、湿疹、黄水疮、带状疱疹、跌打损伤、内痔外痔等。

分布 产于东北、河北、河南、山东、江苏、浙江、安徽、湖南、湖北、台湾、福建、广东、广西、贵州和云南等省区。泾县董家冲偶见。

图2　花序

图3　果实

大箭叶蓼 *Persicaria senticosa* var. *sagittifolia*

科 蓼科 Polygonaceae

属 蓼属 *Persicaria*

特征 一年生草本，茎蔓生，暗红色，四棱形，沿棱具稀疏的倒生皮刺。叶长三角形或三角状箭形，顶端渐尖，基部箭形（图1、图2）。托叶鞘筒状，边缘具1对叶状耳，耳披针形，草质，绿色（图3）。总状花序头状，顶生或腋生，苞片长卵形，顶端渐尖，每苞内通常具2花，花被5深裂，白色或淡红色，花被片椭圆形，雄蕊8，花柱3，柱头头状。瘦果近球形，微具3棱，黑褐色，有光泽。花期6—8月，果期7—10月。

用途 药用，治毒蛇咬伤。

分布 产于河南、陕西、江苏、浙江、安徽、江西、湖南、湖北、福建、广东、广西、四川、贵州和云南等省区。泾县中桥、双坑琴溪，郎溪县高井庙等湿地常见。

图1 大箭叶蓼

图2 大箭叶蓼居群

图3 托叶鞘

酸模叶蓼 *Persicaria lapathifolia*

科 蓼科 Polygonaceae

属 蓼属 *Persicaria*

特征 一年生草本，茎直立，分枝，节部膨大（图1）。叶披针形或宽披针形，先端渐尖或尖，基部楔形，上面常具黑褐色新月形斑点，叶面被腺点（图2）。托叶鞘顶端平截（图3）。数个穗状花序组成圆锥状（图4），花序梗被腺体，花被4（5）

图1　酸模叶蓼

深裂，淡红或白色，花被片椭圆形，顶端分叉，外弯。雄蕊6，花柱2。瘦果宽卵形，扁平，双凹，黑褐色，包于宿存花被内（图5）。花期6—8月，果期7—9月。

用途　茎叶柔嫩多汁，是良好的猪饲料。酸模叶蓼的果实可入药，利尿，主治水肿和疮毒。种子含淀粉，可酿酒。

分布　广布于我国南北各省区。保护区随处可见。

图2　叶正面（示腺点）

图3　托叶鞘

图4　花序

图5　果实

长箭叶蓼 *Persicaria hastatosagittatum*

科 蓼科 Polygonaceae

属 蓼属 *Persicaria*

特征 也叫披针叶蓼，一年生草本，茎直立，具纵棱，稀疏的倒生小钩刺（图1）。叶披针形，顶端尖，基部箭形或近戟形，上面无毛，下面沿叶脉生刺毛。叶柄长3—5毫米，具倒生钩刺。托叶鞘筒状，长约8毫米，具短缘毛（图2）。总状花序成短穗状，长约1厘米，着生于二歧状分枝的顶部，花序梗密生短柔毛及具柄的腺毛，花被5深裂，花被片长约3毫米，雄蕊8（图3）。瘦果长卵形，具3棱，深褐色，有光泽。花期8—9月，果期9—10月。

用途 固堤和观赏。

分布 国内分布于西藏（林芝）、长江以南至台湾。泾县双坑池塘边多见。

图1 长箭叶蓼

图2 托叶鞘

图3 花

圆基长鬃蓼 *Persicaria longiseta* var. *rotundata*

科 蓼科 Polygonaceae

属 蓼属 *Persicaria*

特征 一年生草本。叶狭长形，叶基部圆形或近圆形（图1）。托叶鞘圆筒形，有长缘毛（图2）。花序密集。瘦果三棱形，有光泽（图3）。

用途 可用于绿化、观赏。

分布 产于东北、华北、陕西、甘肃、河南、山东、江苏、浙江、安徽、湖北、江西、福建、广东、广西、四川、贵州、云南和西藏。泾县双坑池塘边偶见。

图1 圆基长鬃蓼

图2 托叶鞘

图3 种子

细叶蓼 *Persicaria taquetii*

科 蓼科 Polygonaceae

属 蓼属 *Persicaria*

特征 一年生草本，茎细弱，无毛，高30—50厘米，基部近平卧或上升，下部多分枝，节部生根（图1）。叶狭披针形或线状披针形，两面疏被短柔毛或近无毛，边缘全缘（图2、图3）。托叶鞘筒状，长5—6毫米，顶端截形，缘毛长3—5毫米。总状花序呈穗状（图4），长3—10厘米，细弱，间断，下垂，长3—10厘米，通常数个再组成圆锥状，苞片漏斗状，绿色，边缘具长缘毛，每苞内生3—4花，花被5

深裂，淡红色，花被片椭圆形，长1.5—1.7毫米，雄蕊7，花柱2或3。瘦果卵形，双凸镜状或具3棱，褐色，有光泽。花期8—9月，果期9—10月。

用途 湿生植物，小巧供观赏。

分布 产于江苏、浙江、安徽、江西、湖南、湖北、福建、广东等省区。仅见于泾县中桥团结大塘。

图1 细叶蓼

图2 正面叶

图3 背面叶

图4 花序

荞麦 *Fagopyrum esculentum*

科 蓼科 Polygonaceae

属 荞麦属 *Fagopyrum*

特征 一年生草本。高达90厘米（图1）。茎直立，上部分枝，绿或红色，具纵棱，无毛或一侧具乳头状突起。叶三角形或卵状三角形，先端渐尖，基部心形，两面沿叶脉具乳头状突起，膜质托叶鞘偏斜，短筒状。花序总状或伞房状，顶生或腋生，花被5深裂，椭圆形，红或白色。雄蕊8，花柱3，分长柱花（图2）和短柱花（图3）两种。瘦果卵形（图4），具3锐棱，突出于宿存花被之外。花期5—9月，果期6—10月。

图1 荞麦

图2 长柱花

图3 短柱花

用途 供蜜源，种子可食，全草入药。

分布 我国各地有栽培，或逸为野生，亚欧有栽培。保护区偶有栽培。

图4 瘦果

金荞麦 *Fagopyrum dibotrys*

图1　金荞麦

科　蓼科 Polygonaceae

属　荞麦属 *Fagopyrum*

特征　国家Ⅱ级保护植物，多年生草本。高达1米（图1）。块根药用。茎直立，具纵棱，有时一侧沿棱被柔毛。叶三角形，先端渐尖，基部近戟形，两面被乳头状突起，托叶鞘无缘毛。花序伞房状，苞片卵状披针形，花梗与苞片近等长，中部具关节。花被片椭圆形，白色。雄蕊较花被短，花柱3，分为长柱花（图2）和短柱花（图3）两种。瘦果宽卵形，具3锐棱，伸出宿存花被2—3倍（图4）。花期7—9月，果期8—10月。

用途　有清热解毒、活血化瘀、祛风湿的功效。因金荞麦籽粒营养丰富，可制成各种营养保健食品或饮品。此外，其还具有明显的固土拦土能力。

分布　产于华东、华中、华南、西南及喜马拉雅区域，东南亚北部也有。郎溪县高井庙、泾县昌桥乡中桥村偶见。

图2　长柱花

图3　短柱花

图4　瘦果

酸模 *Rumex acetosa*

科 蓼科 Polygonaceae

属 酸模属 *Rumex*

特征 多年生草本，高达80厘米（图1）。根为须根。基生叶及茎下部叶箭形，长3—12厘米，先端尖或圆钝，基部裂片尖，全缘或微波状，叶柄长5—12厘米。茎上部叶较小，具短柄或近无柄。花单性，雌雄异株。窄圆锥状花序顶生（图2），花梗中部具关节。雄花外花被片椭圆形，内花被片宽椭圆形，长2.5—3毫米。雌花外花被片椭圆形，果时反折，内花被片果时增大，近圆形，径达4毫米，基部心形，网脉明显，基部具小瘤（图3）。瘦果椭圆形（图4），具3锐棱，长约2毫米。花期5—7月，果期6—8月。

图1 酸模

图2 花序

图3 花序和果序

用途 酸模能解毒杀虫、凉血止血，主治疮毒、吐血、便血等症。其茎叶可生吃或拌白糖，酸甜可口。也可以作饲草。

分布 产于南北各省区。保护区林地、田间常见。

图4 果实

齿果酸模 *Rumex dentatus*

图1 齿果酸模

科 蓼科 Polygonaceae

属 酸模属 *Rumex*

特征 一年生草本，高达70厘米（图1）。茎下部叶长圆形或长椭圆形，基部圆或近心形，边缘浅波状（图1）。托叶鞘膜质，筒状。花序圆锥状，顶生（图2），具叶。花两性，簇生于叶腋。雄蕊6，排列成3对，花丝细弱，花药基部着生，花柱3，柱头细裂，毛刷状。花被片黄绿色，6片，成2轮，外花被片长圆形，内花被片果期增大，卵形，先端急尖，长约4毫米，具明显的网脉，各具一卵状长圆形小疣，边缘具3—4对，稀为5对不整齐的针状牙齿。瘦果卵状三棱形（图3），具尖锐角棱，长约2毫米，褐色，平滑。花期4—5月，果期6月。

用途 根叶可入药，有去毒、清热、杀虫、治癣的功效。

分布 产于华北、西北、华东、华中、四川、贵州及云南，生于沟边湿地、山坡路旁。保护区常见。

图2 花序

图3 果序

羊蹄 *Persicaria filiformis*

科 蓼科 Polygonaceae

属 酸模属 *Rumex*

特征 多年生草本，茎直立，上部分枝，具沟槽。基生叶长圆形或披针状长圆形，顶端急尖，基部圆形或心形，边缘微波状，下面沿叶脉具小突起。茎上部叶狭长圆形（图1）。托叶鞘膜质，易破裂。花序圆锥状，花两性，多花轮生。花梗细长，中下部具关节。花被片6，淡绿色，外花被片椭圆形，内花被片果时增大，宽心形，顶端渐尖，基部心形，网脉明显，边缘具不整齐的小齿，齿长0.3—0.5毫米，全部具小瘤，小瘤长卵形。瘦果宽卵形（图2），具3锐棱，暗褐色，有光泽。

用途 具有凉血止血、解毒杀虫、泻下等功效，可用于治疗皮肤病、疣癣、各种出血、肝炎及各种炎症等。其叶可炒食，也可作家禽的饲料。其根富含淀粉，可用于酿酒。

分布 喜湿润环境，适应性强。保护区湿地常见。

图1 羊蹄

图2 果实

金线草 *Persicaria filiformis*

科 蓼科 Polygonaceae

属 蓼属 *Persicaria*

特征 多年生草本。根状茎粗壮。茎直立，高50—80厘米，具糙伏毛，有纵沟，节部

图1　金线草

图2　花序

膨大（图1）。叶椭圆形或长椭圆形，顶端短渐尖，基部楔形，全缘，两面均具糙伏毛，叶柄具糙伏毛。托叶鞘筒状，膜质，褐色，具短缘毛。穗状花序顶生或腋生，花小，红色，柱头2歧，先端钩状（图2）。瘦果卵形，双凸镜状，褐色，有光泽，长约3毫米，包于宿存花被内。

用途　可祛风除湿、理气止痛、止血、散瘀等。

分布　产于湖南、山东、山西、陕西、湖北、四川、云南等省区。保护区常见。

漆姑草 *Sagina japonica*

科　石竹科 Caryophyllaceae

属　漆姑草属 *Sagina*

特征　一至二年生小草本（图1）。高达20厘米。茎纤细，丛生，上部疏被腺柔毛。叶线形，基部合生。单花顶生或腋生，萼片5，卵状椭圆形，花瓣5，白色（图2），卵形，稍短于萼片，先端钝圆。雄蕊5，短于花瓣，花柱5。蒴果球形，稍长于宿存萼，5瓣裂。种子

图1　漆姑草

褐色，圆肾形，具尖疣。花期4—5月，果期5—6月。

用途 全草可供药用，嫩时可作猪饲料。

分布 产于我国大部湿润半湿润区及东亚、南亚北部。保护区常见。

图2 花

瞿麦 *Dianthus superbus*

科 石竹科 Caryophyllaceae

属 石竹属 *Dianthus*

特征 多年生草本，茎丛生，直立，绿色，无毛，上部分枝（图1）。叶线状披针形，基部鞘状，绿色，有时带粉绿色，花1—2朵顶生，苞片2—3对，倒卵形，长0.6—1厘米，花萼筒形，长2.5—3厘米，径3—6毫米，常带红紫色，萼齿披针形，长4—5毫米，花瓣淡红或带紫色（图2），稀白色，长4—5厘米，爪长1.5—3厘米，内藏，瓣片宽倒卵形，边缘缝裂至中部或中部以上，喉部具髯毛，雄蕊及花柱微伸出。蒴果筒形，与宿萼等长或稍长，顶端4裂，种子扁卵圆形。

用途 花色美丽，供观赏。

分布 生于湿润林下和山谷阴湿处。郎溪县高井庙、泾县中桥山地偶见。

图1 瞿麦

图2 花

蚤缀 *Arenaria serpyllifolia*

科 石竹科 Caryophyllaceae

属 无心菜属 *Arenaria*

特征 一年生或二年生草本，高10—30厘米，茎丛生，直立或铺散，密生白色短柔毛（图1）。主根细长，支根较多而纤细。叶片卵形，基部狭，无柄，边缘具缘毛。聚伞花序，具多花，苞片草质，卵形，长3—7毫米，萼片5，披针形，长3—4毫米，边缘膜质，顶端尖，外面被柔毛，具显著的3脉，花瓣5，白色（图2），倒卵形，顶端钝圆。蒴果卵圆形，与宿存萼等长，顶端6裂，种子小，肾形，表面粗糙，淡褐色。花期6—8月，果期8—9月。

图1　蚤缀

图2　花

用途 全草入药，清热解毒，治咽喉痛等病症。

分布 产全国各地。保护区常见。

孩儿参 *Pseudostellaria heterophylla*

科 石竹科 Caryophyllaceae

属 孩儿参属 *Pseudostellaria*

特征 多年生草本。高达20厘米（图1）。块根长纺锤形，白色，稍带灰黄（图2）。茎单生，被2列短毛。茎下部叶1—2对，上部叶2—3对，近轮生。花腋生，单生或成聚伞花序，花梗长1—2（—4）厘米，被柔毛，萼片5，披针形，长约5毫米，疏被柔毛，具缘毛，花瓣5，白色，长圆形或倒卵形，长7—8毫米，全缘、微具齿或微凹，雄蕊10，花柱3，柱头头状。蒴果卵圆形。种子褐色，长圆状肾形或扁圆形。花期4—7月，果期7—8月。

图1　孩儿参

用途　以根入药，有补气益血、生津、补脾胃的作用。

图2　块根

分布　广布于辽宁、内蒙古、河北、陕西、山东、江苏、安徽、浙江、江西、河南、湖北、湖南、四川等省区。保护区偶见。

繁缕 *Stellaria media*

科　石竹科 Caryophyllaceae

属　繁缕属 *Stellaria*

特征　一至二年生草本，高达30厘米（图1）。茎秆被1 (—2) 列毛（图2）。叶卵形，

图1　繁缕

先端尖，基部渐窄，全缘，下部叶具柄，上部叶常无柄。聚伞花序顶生，或单花腋生，萼片5，卵状披针形，先端钝圆，花瓣5，白色（图3），短于萼片，2深裂近基部。蒴果卵圆形，稍长于宿萼，顶端6裂。种子多数，红褐色。花期6—7月，果期7—8月。

用途 茎、叶及种子供药用，嫩苗可食。但据《东北草本植物志》记载为有毒植物，家畜食用会引起中毒及死亡。

分布 中国广布。保护区随处可见。

图2 茎

图3 花

雀舌草 *Stellaria alsine*

科 石竹科 Caryophyllaceae

属 繁缕属 *Stellaria*

特征 二年生草本。高15—35厘米，全株无毛（图1）。茎丛生，稍铺散，多分枝。叶

图1 雀舌草

图2 花

片呈披针形至长圆状披针形，半抱茎，边缘软骨质呈微波状，两面微显粉绿色。聚伞花序，顶生或花单生叶腋，萼片呈披针形，花瓣5瓣，白色（图2），比花萼略短，2深裂，几达底部，雄蕊5枚，有时6—7枚，花柱3。短蒴果椭圆形，先端6瓣裂。种子多数，肾形，微扁，褐色，有皱纹状凸起。花期5—6月，果期7—8月。

用途 全草可入药，其味甘、微苦，性温。有祛风除湿、活血消肿、解毒止血的功效。其嫩苗或嫩叶可炒食、做汤或凉拌。

分布 分布于华东、华中、华南、西南地区。保护区常见。

牛繁缕 *Stellaria aquatica*

科 石竹科 Caryophyllaceae

属 繁缕属 *Stellaria*

特征 二年生或多年生草本（图1），具须根。茎上升，多分枝，上部被腺毛，用手轻拽，表皮易断，似鹅肠，又叫鹅肠菜（图2）。叶片卵形或宽卵形。顶生二歧聚伞花序。苞片叶状，边缘具腺毛。花瓣白色（图3），2深裂至基部，雄蕊10，稍短于花瓣，花柱短，线形。蒴果卵圆形，种子近肾形，褐色，具小疣。花期5—8月，果期6—9月。

图1　牛繁缕

用途 全草可作野菜和饲料，也可药用，新鲜苗捣汁服，有催乳作用。

分布 产于我国南北各省区。保护区常见。

图2　茎

图3　花

球序卷耳 *Ceratium glomeratum*

科 石竹科 Caryophyllaceae

属 卷耳属 *Ceratium*

特征 二年生或一年生草本，高10—20厘米。茎单生或丛生，密被长柔毛，上部混生腺毛（图1）。茎下部叶片匙形，上部茎生叶片倒卵状椭圆形，两面皆被长柔毛，边缘具缘毛，中脉明显。聚伞花序呈簇生状或呈头状，花序轴密被腺柔毛。萼片5，花瓣5，白色（图2），线状长圆形，顶端2浅裂，基部被疏柔毛。雄蕊明显短于萼，花柱5。蒴果长圆柱形。种子褐色。花期3—4月，果期5—6月。

图1 球序卷耳

用途 全草药用，治乳痈、小儿风寒、咳嗽，并有降压作用。含糖类等成分，可作为牲畜的早春饲料。

分布 我国普遍有分布。保护区常见。

图2 花

菠菜 *Spinacia oleracea*

科 苋科 Amaranthaceae

属 菠菜属 *Spinacia*

特征 植株高达1米。茎直立，中空，稍有分枝（图1）。叶戟形或卵形，稍有光泽，具牙齿状裂片或全缘。雄花团伞花序球形，于茎枝上部组成有间断的穗状圆锥状花序，雌花团集于叶腋，果苞常具2个棘状突起，顶端具2小齿（图2）。胞果卵形或近圆形，径约2.5毫米，果皮褐色。

用途 极常见的蔬菜之一，口感清甜软滑，含有丰富的蛋白质、维生素、胡萝卜素、铁等营养物质。

分布 菠菜现遍布世界各个角落，中国各地均有普遍栽培。保护区常见。

图1　菠菜

图2　花序

藜 *Chenopodium album*

科 苋科 Amaranthaceae

属 藜属 *Chenopodium*

特征 一年生草本，茎直立，粗壮，具条棱及色条，多分枝（图1）。叶菱状卵形或宽披针形，先端尖或微钝，基部楔形或宽楔形，具不整齐锯齿。叶柄与叶近等长，或为叶长1/2。花两性，常数个团集，于枝上部组成穗状圆锥状或圆锥状花序。花被扁球形或球形，5深裂，裂片宽卵形或椭圆形，背面具纵脊，雄蕊5，外伸，柱头2。胞果果皮与种子贴生。种子横生，双凸镜形，黑色，有光泽。花果期5—10月。

用途 药用，性味甘、平，微毒。可清热、利湿、杀虫。治痢疾、腹泻、湿疮痒疹、毒虫咬伤等。可供食用，也可作饲料用。

分布 遍及全球温带及热带，我国各地均产。保护区常见。

图1　藜

灰绿藜 *Oxybasis glauca*

科 苋科 Amaranthaceae

属 红叶藜属 *Oxybasis*

特征 一年生草本，高20—40厘米（图1）。茎平卧或外倾，具条棱及绿色或紫红色条。叶片矩圆状卵形至披针形，肥厚，先端急尖或钝，基部渐狭，边缘具缺刻状牙齿，上面无粉，平滑，下面有粉而呈灰白色，有稍带紫红色。中脉明显，黄绿色，叶柄长5—10毫米。胞果顶端露出于花被外，果皮膜质，黄白色。种子扁球形，横生、斜生及直立，暗褐色或红褐色，边缘钝，表面有细点纹。

图1　灰绿藜

用途 是适应盐碱生境的先锋植物之一。叶中富含蛋白质，可作为饲料添加剂和食品添加剂。

分布 我国除台湾、福建、江西、广东、广西、贵州、云南诸省区外，其他各省均有分布。保护区偶见。

土荆芥 *Dysphania ambrosioides*

科 苋科 Amaranthaceae

属 腺毛藜属 *Dysphania*

特征 一年生或多年生草本，有香味，茎高达80厘米（图1）。叶长圆状披针形或披针形，长达15厘米，宽达5厘米，先端尖或渐尖，具小整齐大锯齿，基部渐窄，具短柄。花被常5裂，淡绿色（图2），果时常闭合，雄蕊5，花药长0.5毫米，花柱不明显，柱头3—4，丝形。胞果扁球形，种子横生或斜生，平滑，有光泽，周边钝。花期8—9月，果期9—10月。

用途 有祛风除湿、杀虫止痒、活血消肿的功效。

分布 分布于华东、中南、西南等地。保护区常见。

图1　土荆芥

图2　花序

青葙 *Celosia argentea*

科 苋科 Amaranthaceae

属 青葙属 *Celosia*

特征 一年生草本，高达1米，全株无毛，叶长圆状披针形，绿色常带红色，先端尖或渐尖，具小芒尖，基部渐窄，或无叶柄（图1）。无分枝的塔状或圆柱状穗状花序（图2），苞片及小苞片披针形，白色，先端渐尖成细芒，具中脉，花被片长圆

图1　青葙

图2　花序

状披针形，花初为白色，顶端带红色，或全部粉红色，花丝、花药紫色，花柱紫色。胞果卵形，包在宿存花被片内，种子肾形，扁平，双凸。花期5—8月，果期6—10月。

用途 为旱田杂草。种子药用，可清肝明目、降压。嫩茎叶作蔬菜食用，也可作饲料。

分布 几遍全国，野生或栽培。保护区湿地常见。

鸡冠花 *Celosia cristata*

科 苋科 Amaranthaceae

属 青葙属 *Celosia*

特征 叶片卵形、卵状披针形或披针形，宽2—6厘米（图1）。花多数，极密生，成扁平肉质鸡冠状、卷冠状或羽毛状的穗状花序（图2），一个大花序下面有数个较小的分枝。花被片红色、紫色、黄色、橙色或红色黄色相间。

图1　鸡冠花

用途 栽培供观赏。花和种子供药用，为收敛剂，有止血、凉血、止泻的功效。

图2　花序

分布　我国南北各地均有栽培，广布于温暖地区。保护区常见栽培。

绿穗苋 *Amaranthus hybridus*

科　苋科 Amaranthaceae

属　苋属 *Amaranthus*

特征　一年生草本，茎分枝，上部近弯曲，被柔毛（图1）。叶卵形或菱状卵形，先端尖或微凹，具凸尖，基部楔形，叶缘波状或具不明显锯齿。穗状圆锥花序顶生，细长，有分枝，中间花穗最长。苞片钻状披针形，中脉绿色，伸出成尖芒。花被片长圆状披针形，具凸尖，中脉绿色。雄蕊和花被片近等长或稍长，柱头3。胞果卵形。种子近球形。花期7—8月，果期9—10月。

图1　绿穗苋

用途　观赏苋类植物。

分布　分布于陕西、河南、安徽、江苏、浙江、江西、湖南、湖北、四川、贵州等省区。保护区多见。

刺苋 *Amaranthus spinosus*

科 苋科 Amaranthaceae

属 苋属 *Amaranthus*

特征 一年生草本，茎直立（图1），圆柱形或钝棱形，多分枝，有纵条纹，绿色或带紫色。叶片菱状卵形或卵状披针形，顶端圆钝，具微凸头，基部楔形，全缘。叶柄长1—8厘米，无毛，在其旁有2刺，刺长5—10毫米。圆锥花序腋生及顶生，下部顶生花穗常全部为雄花，苞片在腋生花簇及顶生花穗的基部者变成尖锐直刺（图2）。花被片绿色，顶端急尖，具凸尖，边缘透明，中脉绿色或带紫色，雄花矩圆形，长2—2.5毫米，雌花矩圆状匙形，长1.5毫米。胞果矩圆形。种子近球形，黑色或带棕黑色。

用途 在中国历代本草书籍中均有记载，为常用中药，处方用名为竻苋菜，具有清热解毒、散血消肿的功效。

分布 原产热带美洲，中国主要分布于黄河以南地区。保护区林地多见。

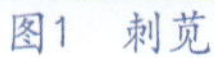

图1　刺苋

图2　叶腋的刺

牛膝 *Achyranthes bidentata*

科 苋科 Amaranthaceae

属 牛膝属 *Achyranthes*

特征 多年生草本，茎有棱角或四方形，几无毛，节部膝状膨大，有分枝（图1）。叶片椭圆形或椭圆披针形。花被片5，绿色，雄蕊5，基部合生，退化雄蕊顶端平圆，具缺刻状细齿。胞果矩圆形，黄褐色，光滑，种子矩圆形，黄褐色。

用途 具有活血通经、补肝肾、强筋骨等功效，可用于治疗小便不利、产后腹痛等症状。

分布 全国广见，河南省主产。保护区多见。

图1　牛膝

莲子草 *Alternanthera sessilis*

科 苋科 Amaranthaceae

属 莲子草属 *Alternanthera*

特征 多年生草本，圆锥根，茎上升或匍匐，有条纹及纵沟，沟内有柔毛。叶片形状及大小有变化，条状披针形、矩圆形（图1）。头状花序1—4个，腋生，无花序梗（图2）。退化雄蕊三角状钻形，比雄蕊短，顶端渐尖，全缘。花柱极短，柱头短裂。胞果倒心形，深棕色，包在宿存花被片内。种子卵球形。花期5—7月，果期7—9月。

用途 全植物入药，嫩叶作为野菜食用，又可作饲料。

分布 产于安徽、江苏、浙江、江西、湖南、湖北、四川、云南、贵州、福建、台湾、广东、广西等省区。保护区常见。

图1　莲子草

图2　花序

喜旱莲子草 *Alternanthera philoxeroides*

科 苋科 Amaranthaceae

属 莲子草属 *Alternanthera*

特征 多年生草本，茎匍匐，上部上升，具分枝，幼茎及叶腋被白或锈色柔毛，老时无毛（图1）。叶长圆形、长圆状倒卵形或倒卵状披针形，先端尖或圆钝，具短尖，基部渐窄，全缘，下面具颗粒状突起，叶柄长0.3—1厘米。头状花序具花序梗，单生叶腋（图2），白色花被片长圆形，花丝基部连成杯状，子房倒卵形，具短柄。

用途 全草入药，味苦、微甘，性寒。具有清热利尿、凉血解毒的功效。

分布 喜旱莲子草原产巴西，引种我国后，逸为野生，现已成为危害较大的入侵植物。保护区湿地水陆交界处常见。

图1　喜旱莲子草

图2　花序

美洲商陆 *Phytolacca americana*

科 商陆科 Phytolaccaceae

属 商陆属 *Phytolacca*

特征 多年生草本，高达2米（图1）。根倒圆锥形。茎圆柱形，有时带紫红色。叶椭圆状卵形或卵状披针形，长9—18厘米，先端尖，基部楔形。总状花序顶生或与叶对生（图2），纤细，长5—20厘米，花较稀少。花梗长6—8毫米，花白色，花被片5，雄蕊、心皮及花柱均为10，心皮连合（图3）。果序下垂，浆果扁球形，紫黑色（图4）。种子肾圆形，平滑，径约3毫米。花期6—8月，果期8—10月。

图1　美洲商陆

图2　花序

图3　花

图4　果实

用途　根、种子、叶供药用，全草可作中药，味苦、性寒、有毒。

分布　遍及中国河北、陕西、山东、江苏、安徽、浙江、江西、福建、河南、湖北、广东等省区，喜温暖湿润的气候条件，耐寒不耐涝。保护区常见。

紫茉莉 *Mirabilis jalapa*

科 紫茉莉科 Nyctaginaceae

属 紫茉莉属 *Mirabilis*

特征 草本，高可达1米。根肥粗，倒圆锥形。茎直立，圆柱形，多分枝，节稍膨大。叶片卵形或卵状三角形，全缘（图1）。花常数朵簇生枝端，总苞钟形，长约1厘米，5裂，裂片三角状卵形，花被紫红色、黄色、白色或杂色，高脚碟状（图2），筒部长2—6厘米，檐部直径2.5—3厘米，5浅裂，花午后开放，有香气，次日午前凋萎。瘦果球形，革质，黑色，表面具皱纹。种子胚乳白粉质。花期6—10月，果期8—11月。

用途 根、叶可供药用，有清热解毒、活血调经和滋补的功效。

分布 原产热带美洲。中国南北各地常栽培，为观赏花卉，有时逸为野生。保护区常见栽培。

图1 紫茉莉

图2 花

粟米草 *Trigastrotheca stricta*

科 粟米草科 Molluginaceae

属 粟米草属 *Trigastrotheca*

特征 一年生铺散草本，茎纤细，多分枝，具棱，老茎常淡红褐色（图1）。叶3—5近轮生或对生，茎生叶线状披针形，基部窄楔形，全缘，中脉明显。叶柄短。花小，聚伞花序梗细长，顶生或与叶对生（图2），花被片5，淡绿色，椭圆形或近圆

图1 粟米草

图2 花

形，雄蕊3，花丝基部稍宽，子房3室，花柱短线形。蒴果近球形，与宿存花被等长，3瓣裂。种子多数，肾形，深褐色，具多数颗粒状凸起。花期6—8月，果期8—10月。

用途 中国及东南亚的传统草药。全草入药，有清热解毒、收敛的功效，主治腹痛、泄泻、中暑等症。

分布 产于秦岭、黄河以南，东南至西南各地。保护区常见。

落葵 *Basella alba*

科 落葵科 Basellaceae

属 落葵属 *Basella*

特征 一年生缠绕草本，无毛，肉质，绿或稍紫红色。叶卵形或近圆形，先端短尾尖，基部微心形或圆，全缘（图1）。穗状花序腋生（图2），长3—15厘米。苞片极小，早落，小苞片2，萼状，长圆形，宿存，花被片淡红或淡紫色，卵状长圆形，全缘，下部白色，连合成筒，雄蕊着生花被筒口，花丝白色，花药淡黄色柱头椭圆形。果球形，径5—6毫米，红、深红至黑色，多汁液。花期5—9月，果期7—10月。

图1 落葵

用途 叶子或全草入药。其花红、茎紫、叶碧绿，是常用的观赏植物之一。

分布 我国南北各地多有种植，南方有逸为野生的。保护区南陵县长乐片有分布。

图2 花序

马齿苋 *Portulaca oleracea*

科 马齿苋科 Portulacaceae

属 马齿苋属 *Portulaca*

特征 一年生草本，无毛（图1）。茎平卧或斜倚，多分枝，圆柱形，淡绿色或带暗红色。叶互生，有时近对生，叶片扁平，肥厚，似马齿状，顶端圆钝或平截，有时微凹，全缘。花无梗，常3—5朵簇生，午时盛开。苞片2—6，近轮生。萼片2，对生。花瓣5，黄色（图2），倒卵形，顶端微凹，基部合生。雄蕊通常8，花药黄色。花柱比雄蕊稍长，柱头4—6裂。蒴果卵球形。种子细小，偏斜球形，黑褐色。花期5—8月，果期6—9月。

用途 全草供药用，有清热利湿、解毒消肿、消炎、止渴等作用。也是很好的饲料。

分布 我国南北各地均产。保护区林地常见。

图1 马齿苋

图2 花

喜树 *Camptotheca acuminata*

图1　喜树

科 蓝果树科 Nyssaceae

属 喜树属 *Camptotheca*

特征 落叶乔木，高达20余米（图1）。树皮灰色或浅灰色，纵裂成浅沟状。小枝圆柱形，平展，当年生枝紫绿色，有灰色微柔毛，多年生枝淡褐色或浅灰色，无毛，有很稀疏的圆形或卵形皮孔。头状花序近球形（图2），花杂性，同株，苞片3枚，花萼杯状，5浅裂，花瓣5枚，雄蕊10。翅果矩圆形（图3）。花期5—7月，果期9月。

用途 果实、根、树皮、枝、叶含有喜树碱，具有抗癌、清热杀虫的功效。木材轻软，适于作造纸、胶合板、室内装修、日常用具等原料。

分布 产于江苏、安徽、浙江、福建、江西、湖北、湖南、四川、贵州、广东、广西、云南等省区。保护区多见栽培。

图2　花序

图3　果实

宁波溲疏 *Deutzia ningpoensis*

科 绣球科 Hydrangeaceae

属 溲疏属 *Deutzia*

特征 灌木，老枝灰褐色，表皮常脱落（图1）。叶厚纸质，卵状长圆形或卵状披针形，

图1　宁波溲疏

图2　花

先端渐尖，基部圆形或阔楔形，边缘具疏离锯齿或近全缘，上面绿色，下面灰白色或灰绿色。聚伞状圆锥花序（图2），多花，疏被星状毛，花蕾长圆形，花冠直径1—1.8厘米，花瓣白色，长圆形，外轮雄蕊长3—4毫米，内轮雄蕊较短，花柱3—4，柱头稍弯。蒴果半球形（图3）。花期5—7月，果期9—10月。

图3　果实

用途 根及叶具有药用价值，具有清热解毒、截疟、利尿、接骨等功效。

分布 主要产于中国陕西、安徽、湖北、江西、福建、浙江等省区。泾县中桥片有分布。

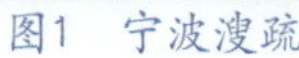

八角枫 *Alangium chinense*

科 山茱萸科 Cornaceae

属 八角枫属 *Alangium*

特征 落叶乔木或灌木，小枝微呈"之"字形，无毛或被疏柔毛。叶近圆形，先端渐尖或急尖，基部两侧常不对称。不定芽长出的叶常5裂，基部心形（图1）。聚伞花序腋生（图2），花瓣与萼齿同数，线形，长1—1.5厘米，白或黄色。雄蕊与瓣同数而近等长，花丝被短柔毛，微扁，子房2

图1　八角枫

图2　花序

图3　花

室，柱头头状，常2—4裂（图3）。核果卵圆形（图4）。

用途 干燥支根或须根都可以入药，支根又称白金条，须根又称白龙须。树皮纤维可编绳索，木材可做家具及天花板。叶片形状较美，花期较长，宜作绿化树种。

分布 产于华中、华东至西南各省区，东南亚及东非各国也有分布。宣城夏渡片有栽培。

图4　果实

凤仙花 *Impatiens balsamina*

科 凤仙花科 Balsaminaceae

属 凤仙花属 *Impatiens*

特征 一年生草本，茎粗壮，肉质，直立（图1）。具多数纤维状根，下部节常膨大。叶互生，最下部叶有时对生，叶片披针形，先端尖或渐尖，基部楔形，边缘有锐锯齿。叶柄上面有浅沟，两侧具数对具柄的腺体。花单生或2—3朵簇生于叶腋，白色、粉红色或紫色。唇瓣深舟状，旗瓣圆形，兜状，先端微凹，背面中肋具狭龙骨状突起，顶端具小尖，翼瓣具短柄，2裂，下部裂片小。蒴果宽纺锤形，两端尖，密被柔毛（图2）。种子多数，圆球形，黑褐色。

用途 性冷、味甘苦，具有祛风除湿、活血化瘀、止痛的作用。具有一种天然的红棕色色素，可作为天然色素利用。

图1　凤仙花

图2　果实

分布　原产中国、印度。中国各地庭院广泛栽培。保护区偶有栽培。

格药柃 *Eurya muricata*

科　五列木科 Pentaphylacaceae

属　柃属 *Eurya*

特征　小乔木或灌木状，全株无毛。叶革质，长圆状椭圆形或椭圆形，先端渐尖，基部楔形或宽楔形，具细纯齿，上面中脉凹下，下面干后淡绿色，侧脉9—11对。花1—5朵簇生叶腋，花梗长1—1.5毫米，萼片5，革质，近圆形，花瓣5，白色，长圆形或长圆状倒卵形（图1）。果球形，径4—5毫米，紫黑色（图2）。花期9—11月，果期次年6—8月。

用途　树皮含鞣质，可提取烤胶。花是优良的蜜源植物。

分布　分布于中国江苏南部、安徽南部、四川中部及贵州西北部等地。宣城金梅岭、泾县老虎山有分布。

图1　格药柃

图2　果实

图1　柿树

柿树 *Diospyros kaki*

科　柿科 Ebenaceae

属　柿属 *Diospyros*

特征　落叶乔木（图1）。叶纸质，卵状椭圆形，中脉在上面凹下。花雌雄异株，稀雄株有少数雌花，雌株有少数雄花，聚伞花序腋生（图2、图3）。果形种种，球形或卵形等，基部通常有棱，嫩时绿色，后变黄色，橙黄色，果肉较脆硬，老熟时果肉变成柔软多汁，呈橙红色或大红色等（图4）。

图2　叶与花

图3　花

用途　可清热解毒、润肺止咳、消肿软坚、健脾益气、养胃和中、涩肠止血等。

分布　原产于中国长江流域，现在各省、区多有栽培。郎溪县高井庙、泾县中桥片多栽培。

图4　果实

野柿 *Diospyros kaki* var. *silvestris*

科 柿科 Ebenaceae

属 柿属 *Diospyros*

特征 落叶乔木。小枝及叶柄常密被黄褐色柔毛。叶较栽培柿树的叶小，近革质，椭圆形或长椭圆形，先端渐尖，基部宽楔形，侧脉7—10对（图1）。花4数，红色或淡黄色，子房退化。雌花单生，淡绿色或带红色，花柱4。果近球形或椭圆形，直径约2—5厘米（图2）。种子长圆形，褐色。花期5—6月，果期10—11月。

用途 成熟果实可供食用，也可制成柿饼。

分布 产于我国华东、华南、华中等省区。郎溪县高井庙片区有零星分布。

图1　野柿（高井庙）

图2　果实

点地梅 *Androsace umbellata*

科 报春花科 Primulaceae

属 点地梅属 *Androsace*

特征 一年生或二年生草本（图1）。叶全基生（图2），叶柄长1—4厘米，被柔毛，叶近圆形或卵形，基部浅心或近圆，被贴伏柔毛。伞形花序4—15花，苞片卵形或披针形，被柔毛和短柄腺体，花萼长3—4毫米，密被柔毛，分裂近基部，裂片菱状卵形。花冠白色，径4—6毫米（图3）。蒴果近球形，径2.5—3毫米，果皮白色，近膜质。

图1　点地梅

图2　叶

用途　性苦、辛，微寒，有清热解毒、消肿止痛的功效。

分布　分布于中国的东北、华北、秦岭以南各省区。宣城夏渡片杨林水库林地、路边多见。

图3　花

假婆婆纳 *Stimpsonia chamaedryoides*

科　报春花科 Primulaceae

属　假婆婆纳属 *Stimpsonia*

特征　一年生草本，茎纤细，直立或上升，常多条簇生（图1）。基生叶椭圆形至阔卵形，先端圆钝，基部圆形或稍呈心形，边缘有不整齐的钝齿。茎叶互生，卵形至近圆形，向上渐次缩小成苞片状。花单生于茎上部成总状花序，花萼长约2毫米，花冠白色，喉部有细柔毛（图2）。蒴果球形，直径约2.5毫米，比宿存花萼短。花期4—5月，果期6—7月。

用途　具有药用价值。

图1　假婆婆纳

图2　花

分布 产于广西、广东、湖南、江西、安徽、江苏、浙江、福建、台湾等省区。仅见于宣城金梅岭和泾县中桥片区。

泽珍珠菜 *Lysimachia candida*

科 报春花科 Primulaceae

属 珍珠菜属 *Lysimachia*

特征 一年生或二年生草本，茎单生或数条簇生，直立（图1）。基生叶匙形或倒披针形，具有狭翅的柄，茎叶互生，很少对生。总状花序顶生（图2），初时因花密集而呈阔圆锥形，其后渐伸长，苞片线形，花冠白色，长6—12毫米，筒部长3—6毫米，裂片长圆形或倒卵状长圆形，先端圆钝。蒴果球形，直径2—3毫米。花期3—6月，果期4—7月。

图1　泽珍珠菜

用途 全草入药。

图2　花序

分布　产于陕西（南部）、河南、山东以及长江以南各省区。保护区湿地常见。

黑腺珍珠菜 *Lysimachia heterogenea*

图1　黑腺珍珠菜

科　报春花科 Primulaceae

属　珍珠菜属 *Lysimachia*

特征　多年生草本，茎直立，四棱形，高40—80厘米（图1）。基生叶匙形，早凋，茎叶对生，无柄，叶披针形或线状披针形，稀长圆状披针形，基部钝或耳状半抱茎，两面密生黑色粒状腺点。总状花序顶生（图2），苞片叶状，花萼裂片线状披针形，长4—5毫米，背面有黑色腺条和腺点，花冠白色，裂片卵状长圆形，雄蕊与花冠近等长。蒴果径约3毫米（图3）。花期5—7月，果期8—10月。

用途　全草药用。茎叶中含丰富的矿物质，尤以钾的含量最高，并含有类黄酮化合物等。

图2　花

图3　果实

分布　产于湖北、湖南、广东、江西、河南、安徽、江苏、浙江、福建等省区。泾县中桥团结水库尾稍有分布。

过路黄 *Lysimachia christinae*

科　报春花科 Primulaceae

属　珍珠菜属 *Lysimachia*

特征　多年生草本。茎柔弱，平卧延伸（图1）。叶对生，卵圆形至肾圆形，先端锐尖或圆钝至圆形，基部截形至浅心形。花单生叶腋，花萼分裂至近基部，花冠黄色，基部合生，质地稍厚，具黑色长腺条，花丝下半部合生成筒，子房卵珠形（图2）。蒴果球形，有稀疏黑色腺条。花期5—7月，果期7—10月。

图1　过路黄

图2　花

用途 民间常用草药，功能为清热解毒、利尿排石。可用作园林地被植物资源。

分布 产于中国西南地区东部、华中地区、两广地区及华东地区。保护区常见。

珍珠菜 *Lysimachia clethroides*

科 报春花科 Primulaceae

属 珍珠菜属 *Lysimachia*

特征 多年生草本，全株多少被黄褐色卷曲柔毛，茎直立，圆柱形，基部带红色（图1）。叶互生，长椭圆形，先端渐尖，基部渐狭，两面散生黑色粒状腺点。总状花序顶生，花密集，常转向一侧（图2），苞片线状钻形，花萼长2.5—3毫米，分裂近达基部，花冠白色，雄蕊内藏，花丝基部约1毫米连合并贴生于花冠基部。蒴果近球形，直径2.5—3毫米。花期5—7月，果期7—10月。

图1 珍珠菜

用途 全草入药，有活血调经、解毒消肿的功效。嫩叶可食或作猪饲料。

分布 产于我国东北、华中、西南、华南、华东各省区以及河北、陕西等省区。保护区常见。

图2 花

聚花过路黄 *Lysimachia congestiflora*

科 报春花科 Primulaceae

属 珍珠菜属 *Lysimachia*

特征 多年生草本。茎下部匍匐，上部及分枝上升，密被卷曲柔毛（图1）。叶对生，茎端的2对密聚。叶卵形、宽卵形或近圆形，长1.4—3厘米，先端锐尖或钝，基部近圆或平截，两面多少被糙伏毛，近边缘常有暗红或深褐色腺点。总状花序生茎端和枝端，缩短成头状，具2—4花（图2）。蒴果径3—4毫米。花期3—4月，果期4—5月。

用途 全草入药，可治风寒头痛、咽喉肿痛、肾炎水肿、毒蛇咬伤等。

分布 分布于中国长江以南各省区。仅见于宣城金梅岭。

图1 聚花过路黄

图2 花

轮叶过路黄 *Lysimachia klattiana*

科 报春花科 Primulaceae

属 珍珠菜属 *Lysimachia*

特征 茎通常2至数条簇生，直立，近圆柱形，密被铁锈色多细胞柔毛（图1）。叶6至多枚在茎端密聚成轮生状，在茎下部各节3—4枚轮生或对生，很少互生，叶片披针形至狭披针形，先端渐尖或稍钝，基部楔形。花集生茎端成伞形花序（图2），极

图1　轮叶过路黄

图2　花序

少在花序下方的叶腋有单生花，花黄色，花瓣5，花丝基部合生成高约2.5毫米的筒（图3）。蒴果近球形，直径3—4毫米。花期5—7月，果期8月。

图3　花

用途　全草入药，主治肺结核咯血、高血压及毒蛇咬伤。

分布　产于河南、湖北、江西、安徽、山东、江苏、浙江等省区。生于宣城金梅岭林缘。

朱砂根 *Ardisia crenata*

科　报春花科 Primulaceae

属　紫金牛属 *Ardisia*

特征　灌木，茎无毛，无分枝。叶革质或坚纸质，椭圆状披针形，边缘具皱波状或波状齿，具明显的边缘腺点（图1、图2）。花梗绿色，长0.7—1厘米，花长4—6毫米，萼片绿色，长约1.5毫米，具腺点。花瓣白色，稀略带粉红色，盛开时反卷（图3）。果径6—8毫米，鲜红色，具腺点。花期5—6月，果期10—12月。

图1　朱砂根

用途　供药用，果可食用或榨油，也可供观赏。

图2　叶背面

图3　花序

分布 产于我国藏东南部至台湾，湖北至海南等地区。郎溪县高井庙有分布。

木荷 *Schima superba*

科 山茶科 Theaceae

属 木荷属 *Schima*

特征 高大乔木，高达30米。叶革质，椭圆形，长7—12厘米，先端尖，或稍钝，基部楔形，两面无毛，侧脉7—9对。花白色，径3厘米，生枝顶叶腋，常多花成总状花序（图1），苞片2，贴近萼片，长4—6毫米，早落，萼片半圆形，花瓣长1—1.5厘米，最外1片长椭圆形，边缘稍被毛。蒴果扁球形，径1.5—2厘米（图2）。花果期6—8月。

用途 良好防火树种。

分布 产于安徽、浙江、福建、台湾、江西、湖南、广东、海南、广西、贵州等省区。仅见南陵县长乐保护站塘口。

图1　木荷

图2　果实

尖连蕊茶 *Camellia cuspidata*

科 山茶科 Theaceae

属 山茶属 *Camellia*

特征 灌木，嫩枝有短柔毛。叶革质，披针形，先端尾状渐尖，基部楔形，上面干后灰褐色，侧脉约6对，边缘有细锯齿。花顶生，苞片5片，卵形，先端尖，萼片5片，仅基部稍连生，卵形，花瓣7片，白色，基部相连，倒卵形（图1）。蒴果圆球形（图2），直径1.5厘米，有宿存苞片和萼片。花期4—7月。

用途 种子可作润滑油、印油。花色淡雅，适宜作中低层常绿观花植物。

分布 浙江、江西、广西、湖南、贵州、安徽、陕西等省区有分布。宣城金梅岭有分布。

图1 尖连蕊茶

图2 果实

油茶 *Camellia oleifera*

科 山茶科 Theaceae

属 山茶属 *Camellia*

特征 小乔木或灌木状，幼枝被粗毛（图1）。叶革质，椭圆形或倒卵形。花顶生（图2），苞片及萼片约10，花瓣白色，5—7，倒卵形，先端四缺或2裂，雄蕊花丝近离生，或具短花丝筒，花柱顶端3裂。蒴果球形（图3），径2—5厘米，常3室，每室1—2种子。花期10月至翌年2月，果期翌年9—10月。

用途 重要油料植物。

图1　油茶

图2　花

图3　果实

分布　安徽、广东、香港、广西、湖南及江西等省区有栽培。郎溪县高井庙大面积栽培。

茶 *Camellia sinensis*

科　山茶科 Theaceae

属　山茶属 *Camellia*

特征　小乔木或灌木状，幼枝被毛或无毛（图1）。叶长圆形或椭圆形，基部楔形，具锯齿。花1—3朵腋生，白色，萼片5，卵形或圆形，宿存，花瓣5—6，宽卵形，基部稍连合。雄蕊花丝基部连合，花柱顶端3裂（图2）。蒴果，球形，每室1—2种子（图3）。

图1 茶

图2 茶花

图3 果实

用途 根、嫩叶入药。甘、苦，微寒。清热降火，强心利尿。

分布 中国西南地区，栽培范围甚广。郎溪县高井庙林场、泾县安冲水库有大面积栽培。

山茶 *Camellia japonica*

科 山茶科 Theaceae

属 山茶属 *Camellia*

特征 灌木或小乔木，高9米，嫩枝无毛。叶革质，椭圆形，先端略尖，基部阔楔形，上面深绿色，干后发亮，无毛，下面浅绿色。花顶生，红色，无柄，苞片及萼片约10片，花瓣6—7片，外侧2片近圆形（图1）。蒴果圆球形，直径2.5—3厘米，2—3室，每室有种子1—2个，3爿裂开，果爿厚木质。花期1—4月。

用途 可盆栽置于阳台、露台、室内等处观赏，亦可栽培于草坪、林缘等处。

分布 原产于中国，主要分布在云南、广西、四川、安徽等地。保护区常见栽培。

图1 山茶

茶梅 *Camellia sasanqua*

科 山茶科 Theaceae

属 山茶属 *Camellia*

特征 小乔木，嫩枝有毛（图1）。叶革质，椭圆形，先端短尖，基部楔形，有时略圆，上面干后深绿色，发亮，下面褐绿色，侧脉5—6对，网脉不显著，边缘有细锯齿。花大小不一，直径4—7厘米，苞及萼片6—7，花瓣6—7片，阔倒卵形，近离生，大小不一，最大的长5厘米，宽6厘米，红色（图2），雄蕊离生，子房被茸毛，花柱长1—1.3厘米，3深裂。蒴果球形，1—3室，果爿3裂，种子褐色，无毛。

用途 主要用于观赏。

分布 产于日本，我国有栽培品种。广德朱村水库旁有栽培。

图1 茶梅

图2 花

白檀 *Symplocos tanakana*

科 山矾科 Symplocaceae

属 山矾属 *Symplocos*

特征 落叶灌木或小乔木，嫩枝有灰白色柔毛，老枝无毛（图1）。叶膜质或薄纸质，呈椭圆状倒卵形或卵形，边缘有细尖锯齿。圆锥花序，有柔毛，花冠白色（图2），苞片呈条形，有褐色腺点，雄蕊40—60枚，子房2室。核果，成熟时蓝色，呈卵状球形（图1）。

用途 种子油可供炼制油漆、肥皂。因其材质细密，可供细木工用，也作为熏香料中白檀香的制造原料。

分布 广泛分布于中国东北部及黄河以南地区，尤以长江流域以南等省区更为普遍。泾县安冲水库、南陵县长乐片新塘有分布。

图1 白檀

图2 花

老鼠矢 *Symplocos stellaris*

科 山矾科 Symplocaceae

属 山矾属 *Symplocos*

特征 常绿乔木，小枝粗，髓心中空，芽、嫩枝等均被红褐色绒毛（图1）。叶厚革质，叶面有光泽，中脉在叶面凹下，在叶背明显凸起，侧脉每边9—15条。团伞花序着生于二年生枝的叶痕之上（图2），苞片圆形，裂片半圆形，花冠白色，雄蕊18—

图1　老鼠矢

图2　花序

25枚，花丝基部合生成5束，花盘圆柱形，无毛，子房3室。核果狭卵状圆柱形（图3），核具6—8条纵棱。

用途　树形端正，枝叶茂密，四季常青，宜观赏。木材坚硬，可制各种器具。蜜粉丰富，为重要的辅助蜜源植物之一。

分布　分布于中国长江以南及台湾各省区。泾县安冲水库和程家畈团结水库多见。

图3　果实

光亮山矾 *Symplocos lucida*

科　山矾科 Symplocaceae

属　山矾属 *Symplocos*

特征　又名叶萼山矾，常绿小乔木，小枝略有棱。叶薄革质，长圆形或狭椭圆形。穗状花序宿短呈团伞状，与总状花序的山矾（*Symplocos sumuntia*）相区别，花白色，雄蕊30—40枚。核果卵圆或椭圆形（图1）。花期3—4月，果期5—6月。

用途　园林观赏。

分布　常见于华东、华南地区。泾县董家冲和安冲水库有分布。

图1　光亮山矾

白花龙 *Styrax faberi*

科 安息香科 Styracaceae

属 安息香属 *Styrax*

图1　白花龙

特征 落叶灌木。叶互生，叶片纸质，椭圆形，长2—7厘米，宽1.2—5厘米，边缘具细锯齿。总状花序顶生，具3—5花，下部常单花腋生。花序梗和花梗均密被灰黄色星状短柔毛，具小苞片，均密被星状短柔毛，花白色（图1），花萼杯状，外面密被灰黄色星状绒毛和星状短柔毛，花冠5裂。雄蕊10，花丝下部连合成管，花柱较花冠长，无毛。果实卵形，顶端圆或具短尖头，外面密被锈色星状短柔毛。花期4—5月，果期8月。

用途 木材坚硬，可作建筑，船舶、车辆和家具等用材。种子油供制肥皂和机械润滑油。

分布 产于安徽、湖北、江苏、浙江、湖南、江西、福建、广东、广西和贵州等省区。泾县中桥片耕地散生。

中华猕猴桃 *Actinidia chinensis*

科 猕猴桃科 Actinidiaceae

属 猕猴桃属 *Actinidia*

图1　中华猕猴桃

特征 国家Ⅱ级保护植物，大型落叶藤本（图1），幼枝被有灰白色茸毛或褐色长硬毛（图2）。叶纸质，倒阔卵形至倒卵形，顶端截平形并中间凹入或具突尖（图3）。聚伞花序1—3花，苞片小，花初白色，后橙黄（图4）。果黄褐色，近倒卵形或椭圆形，长4—6厘米，被茸毛、长硬毛或刺毛状长硬毛。

用途 整个植株均可用药，具有活血化瘀、清

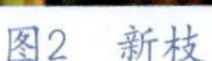

图2　新枝

图3　叶背面与花

图4　花

热解毒、利湿祛风的功效。

分布　原产中国，栽培和利用至少有1200年历史。郎溪县高井庙片偶见。

杜鹃 *Rhododendron simsii*

科　杜鹃花科 Ericaceae

属　杜鹃花属 *Rhododendron*

特征　别名映山红，落叶灌木，高达2米。枝被亮棕色扁平糙伏毛。叶卵形、椭圆形或卵状椭圆形，具细齿（图1）。花2—6簇生枝顶，花萼5深裂，花冠漏斗状，玫瑰、鲜红或深红色，5裂，裂片上部有深色斑点，雄蕊10，与花冠等长，子房10室（图2）。蒴果卵圆形，有宿萼。花期4—5月，果期6—8月。

用途　味酸甘，有活血调经的功效，可治跌打损伤、风湿关节痛等疾病。因花冠鲜红色，可作花卉植物，具有较高的观赏价值。

分布　在中国集中产于西南、华南地区，喜酸性肥沃土壤。保护区常见。

图1　杜鹃

图2　花

锦绣杜鹃 *Rhododendron × pulchrum*

科 杜鹃花科 Ericaceae

属 杜鹃花属 *Rhododendron*

特征 半常绿灌木（图1）。枝幼枝密被淡棕色扁平糙伏毛。叶椭圆形或椭圆披针形，长2—6厘米，叶柄长4—6毫米，被糙伏毛。顶生伞形花序有1—5花，花萼5裂，裂片披针形，被糙伏毛。花冠漏斗形，玫瑰红色（图2），5裂。雄蕊10，花柱无毛。蒴果长圆状卵圆形，被糙伏毛，有宿萼。花期4—5月，果期9—10月。

用途 主要供观赏。

分布 华东、华南地区常见。保护区常见栽培。

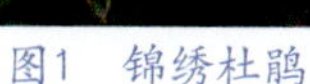

图1 锦绣杜鹃

图2 花

满山红 *Rhododendron farrerae*

科 杜鹃花科 Ericaceae

属 杜鹃花属 *Rhododendron*

特征 落叶灌木，高1.5—3米。枝短而坚硬，黄褐色，幼时被铁锈色长柔毛（图1）。叶近于革质，常集生枝顶，卵形。花1—2朵顶生，先花后叶。花冠辐状漏斗形，紫丁香色，径3.8—5厘米，花冠管短而狭筒状，5裂，裂片开展（图2）。蒴果

图1 满山红

长圆柱形，弯曲，密被红棕色长柔毛。花期5—6月，果期7—8月。

用途 枝繁叶茂，绮丽多姿，根桩奇特，是优良的盆景材料。

分布 产于中国安徽、江西、福建、湖南、广东、广西等省区。宣城金梅岭偶见。

图2　花

马银花 *Rhododendron ovatum*

科 杜鹃花科 Ericaceae

属 杜鹃花属 *Rhododendron*

特征 常绿灌木（图1），小枝被短柄腺体和短柔毛。叶革质，宽卵形或卵状椭圆形，先端骤尖或钝，具短尖头，叶柄长8毫米，具窄翅，被柔毛。花单生枝顶叶腋（图2），花萼5深裂，长5毫米，裂片边缘无毛，花冠辐状，淡紫、紫或粉红色，具粉红色斑点（图3），雄蕊5，花丝下部被柔毛，花柱无毛。蒴果长约8毫米，被刚毛。花期4—5月，果期7—10月。

图1　马银花

用途 花大美丽，供观赏。

分布 生于安徽、浙江、江西、福建等地灌丛或疏林中。泾县双坑片董家冲林间分布。

图2　花枝

图3　花

图1　江南越橘

江南越橘 *Vaccinium mandarinorum*

科　杜鹃花科 Ericaceae

属　越橘属 *Vaccinium*

特征　常绿灌木（图1）。叶片革质，卵状披针形或倒卵状长圆形，稀卵形椭圆形、披针状椭圆形，边缘具细锯齿，两面无毛。总状花序腋生兼顶生，苞片披针形，早落，花梗下垂，无毛，近基部有1对小苞片，花萼坛状筒形，5浅裂，无毛，花冠白色，坛状，5浅裂。雄蕊10，花丝有柔毛，花药背面具2芒，顶端有2长管（图2、图3）。浆果球形，无毛，紫黑色（图4）。花期4—6月，果期9—10月。本种与乌饭树（*Vaccinium bracteatum*）区别在于后者萼片宿存，果实具细长柔毛或白霜（图5）。

图3　花

图4　江南越橘果实

图2　花序

图5　乌饭树果实

用途 益肠胃，养肝肾。其叶可榨汁做乌饭。

分布 分布于长江流域各地，东至台湾，西达四川、云南、西藏等地。宣城金梅岭偶见。

杜仲 *Eucommia ulmoides*

图1 杜仲

科 杜仲科 Eucommiaceae

属 杜仲属 *Eucommia*

特征 落叶乔木（图1），树皮灰褐色，粗糙，植株具丝状胶质（图2）。单叶互生，椭圆形或长圆形，薄革质，先端渐尖，基部宽楔形或近圆，羽状脉，具锯齿，无托叶。花单性，雌雄异株，无花被，先叶开放，雄花簇生，花梗长约3毫米，无毛，具小苞片，雄蕊5—10（图3），线形，花丝长约1毫米，花药4室，纵裂。雌花单生小枝下部，苞片倒卵形，子房无毛，1室，先端2裂。翅果扁平，长椭圆形，先端2裂，基部楔形，周围具薄翅。花期4月，果期10月。

用途 可供用材及工业原料，树皮药用，种子含油。

分布 分布于西南、华中、华东等地区。保护区偶见栽培。

图2 叶（示杜仲胶）

图3 杜仲雄蕊

洒金桃叶珊瑚 *Aucuba japonica* var. *variegata*

科 丝缨花科 Garryaceae

属 桃叶珊瑚属 *Aucuba*

特征 常绿灌木，枝、叶对生（图1）。叶革质，长椭圆形，稀阔披针形，上面亮绿色，下面淡绿色，叶片有大小不等的黄色或淡黄色斑点，边缘上段具2—4对疏锯齿或近于全缘。圆锥花序顶生，雄花序长7—10厘米，小花梗长3—5毫米，花瓣近于卵形或卵状披针形，雄蕊长1.25毫米。雌花序长1—3厘米，具2枚小苞片，花柱粗壮，柱头偏斜。果卵圆形（图2），长2厘米，具种子1枚。

用途 主要为城市观赏植物。

分布 中国各大、中城市公园及庭园中均引种栽培。宣城金梅岭、保护区夏渡片有栽培。

图1　洒金桃叶珊瑚

图2　果实

金毛耳草 *Hedyotis chrysotricha*

科 茜草科 Rubiaceae

属 耳草属 *Hedyotis*

特征 多年生披散草本，被金黄色硬毛（图1）。叶对生，纸质，宽披针形，上面疏被硬毛，下面被黄色绒毛，脉上毛密，侧脉2—3对。聚伞花序腋生，1—3花，被金黄色疏柔毛，花4数，萼裂片披针形，花冠白或紫色，漏斗状，花冠裂片长圆形，柱头棒形，2裂（图2）。蒴果球形，径约2毫米，被疏硬毛，不裂。

用途 具有清热除湿、解毒消肿、活血舒筋的功效。可用于肠炎、痢疾、急性黄疸性肝炎等的治疗。

分布 产于广东、广西、福建、江西、贵州、云南等省区。保护区常见。

图1　金毛耳草

图2　花

薄叶新耳草 *Neanotis hirsuta*

科 茜草科 Rubiaceae

属 新耳草属 *Neanotis*

特征 披散状匍匐草本，嫩枝多少被透明多细胞长毛（图1）。叶对生，膜质，卵形或椭圆形，顶端短尖至渐尖，基部常稍下延，两面多少被毛或上面近无毛，侧脉纤细。花序腋生和顶生，有花2至数朵，密集呈头状，花小，白色或微染红色（图2），无毛，近无梗，花萼小，裂片条状披针形，比萼筒长。果近球状，两侧稍扁，2室，室间有凹槽，通常不开裂。种子细小，平凸，密布小疣点。

用途 宜作假山盆景植物。

分布 分布于中国西南部至东部。仅见于泾县双坑塘口。

图1　薄叶新耳草

图2　花

鸡屎藤 *Paederia foetida*

图1 鸡屎藤

科 茜草科 Rubiaceae

属 鸡屎藤属 *Paederia*

特征 藤状灌木，无毛或近无毛（图1）。叶对生，膜质，卵形或披针形，托叶卵状披针形。圆锥花序腋生或顶生，扩展，小苞片微小，卵形或锥形，有小睫毛，花萼钟形，萼檐裂片钝齿形，花冠紫蓝色，通常被绒毛，裂片短。果阔椭圆形，压扁，光亮，顶部冠以圆锥形的花盘和微小宿存的萼檐裂片（图2）。花期5—7月，果期7—9月。本属还有一种花序密被毛的毛鸡屎藤（*Paederia scanbens* var. *tomentosa*）（图3）。

用途 全草入药，有祛风活血、止痛消肿、抗结核功效。也可作园林中的藤本地被植物。

分布 产于华东、华南、西南等省区。保护区常见。

图2 果实

图3 毛鸡屎藤

六月雪 *Serissa japonica*

科 茜草科 Rubiaceae

属 白马骨属 *Serissa*

特征 小灌木，根呈细长圆柱形。老枝深灰色，嫩枝浅灰色，微被毛，坚硬。叶对生或簇生，革质，黄绿色。叶卵形至倒披针形。花分为长柱花和短柱花两种（图1），单生或数朵簇生，花冠淡红或白色，柱头2，分开。花期5—7月。本种与白马骨（*Serissa serissoides*）的区别在于前者花冠白色且略带淡红，萼檐裂片三角形，后者花冠纯白色，萼檐4—6裂，裂片钻状披针形（图2）。

用途 对降低慢性肝炎转氨酶，降低慢性肾炎有一定的效果。也宜作盆景。

分布 产于江苏、安徽、江西、浙江等省区。保护区常见。

图1　六月雪（长柱花）

图2　白马骨

茜草 *Rubia cordifolia*

科 茜草科 Rubiaceae

属 茜草属 *Rubia*

特征 草质攀援藤本，茎数至多条，有4棱，棱有倒生皮刺（图1）。4片轮生，纸质，披针形或长圆状披针形，先端渐尖或钝尖，基部心形，边缘有皮刺，基出脉3。聚伞花序腋生和顶生（图2），多4分枝，有花十余朵至数十朵，花冠淡黄色，干后淡褐色，裂片近卵形。果球形，径4—5毫米，成熟时桔黄色或紫黑色（图3）。

用途 是一种历史悠久的植物染料，还具有凉血化瘀、止血通经的功效。

图1　茜草

图2　花

图3　果实

分布 分布于东北、华北、西北、华东和四川（北部）及西藏（昌都地区）等地。保护区常见。

小叶猪殃殃 *Galium trifidum*

科 茜草科 Rubiaceae

属 拉拉藤属 *Galium*

特征 多年生丛生草本，茎纤细，具4棱（图1）。叶纸质，4（5—6）片轮生，倒披针形或窄椭圆形，有时边缘有微小倒生刺毛，1脉。聚伞花序腋生和顶生（图2），少分枝，长1—2厘米，有3—4花，花冠白色，辐状，花冠裂片3，稀4片。果爿近球状，双生或单生，径1—2.5毫米，干后黑色。

用途 可清热解毒、通经活络、利尿消肿、安胎、抗癌。

分布 产于黑龙江、吉林、辽宁、内蒙古、河北、山西、江苏、安徽、浙江、江西、福建、台湾、湖南、广东、广西、四川、贵州、云南、西藏。仅见于宣城金梅岭小水塘边。

图1　小叶猪殃殃

图2　花序

猪殃殃 *Galium spurium*

图1　猪殃殃

科　茜草科 Rubiaceae

属　拉拉藤属 *Galium*

特征　蔓生或攀缘状草本，茎有4棱角，棱上、叶缘、叶脉上均有倒生的小刺毛（图1）。叶纸质或近膜质，6—8片轮生，稀为4—5片，带状倒披针形，顶端有针状凸尖头，基部渐狭。聚伞花序腋生或顶生，花小，4数（图2），花萼被钩毛，萼檐近截平，花冠黄绿色或白色，辐状，裂片长圆形，子房被毛，花柱2裂至中部，柱头头状。果有1或2个近球状的分果爿（图3），密被钩毛。花期3—7月，果期4—11月。

用途　全草药用，可清热解毒、消肿止痛、利尿、散瘀。

分布　我国除海南及南海诸岛外，全国均有分布。保护区常见。

图2　花

图3　果实

水杨梅 *Adina rubella*

科　茜草科 Rubiaceae

属　水团花属 *Adina*

特征　落叶小灌木，高1—3米。小枝延长，具赤褐色微毛，后无毛（图1）。顶芽不明显，被开展的托叶包裹。叶对生，近无柄，薄革质，卵状披针形或卵状椭圆形，全缘，长2.5—4厘米，宽8—12毫米，顶端渐尖或短尖，基部阔楔形或近圆形；侧脉5—7对，被稀疏或稠密短柔毛。托叶小，早落。头状花序不计花冠直径4—5毫米，单生，顶生或兼有腋生（图2），总花梗略被柔毛，小苞片线形或线状棒形，花萼管疏被短柔毛，萼裂片匙形或匙状棒形。花冠管长2—3毫米，5裂，花冠裂片三角状，紫红色（图3）。果序直径8—12毫米，小蒴果长卵状楔形，长3毫米。花、果期5—12月。

图1 水杨梅

用途 对平滑肌有解痉作用。此外，还有抗菌和抗癌作用。

分布 生于低海拔疏林中或旷野。保护区水塘边常见。

图2 叶与花序　　图3 花序

栀子 *Gardenia jasminoides*

科　茜草科 Rubiaceae

属　栀子属 *Gardenia*

特征　灌木，枝圆柱形。叶对生，革质，稀为纸质，少为3枚轮生，叶为长圆状披针形、倒卵状长圆形，上面亮绿，下面色较暗。花芳香，通常单朵生于枝顶（图1），萼管倒圆锥形或卵形，长8—25毫米，有纵棱，萼檐管形，膨大，顶部5—8裂，通常6裂，裂片披针形或线状披针形，花冠白色或乳黄色，高脚碟状，喉部有疏柔毛。果椭圆形或长圆形，黄色或橙红色（图2）。种子多数，扁，近圆形而稍有棱角。花期3—7月，果期5月至翌年2月。

用途　花白而美丽，香气宜人，主供观赏。

分布　产于山东、江苏、安徽、浙江、江西、福建、台湾、湖北、湖南、广东、香港、广西、海南、四川、贵州和云南，河北、陕西和甘肃有栽培。宣城金梅岭、夏渡片区有栽培。

图1　栀子

图2　果实

夹竹桃 *Nerium oleander*

科　夹竹桃科 Apocynaceae

属　夹竹桃属 *Nerium*

特征　常绿直立大灌木，枝条灰绿色，含水液（图1）。叶3片轮生，稀对生。聚伞花序组成伞房状顶生。花萼裂片窄三角形或窄卵形。花冠漏斗状，裂片向右覆盖，紫红、粉红、橙红、黄或白色（图2），单瓣或重瓣，喉部宽大。副花冠裂片5，花

图1　夹竹桃

图2　花

图3　果实

瓣状，流苏状撕裂。雄蕊着生花冠筒顶部，花药箭头状，附着柱头，基部耳状，药隔丝状，被长柔毛。心皮2，离生。蓇葖果2，离生，圆柱形（图3）。种子长圆形、褐色。花期几乎全年。

用途 花大、艳丽、花期长，常作观赏，但汁液有毒。茎皮纤维为优良混纺原料。

分布 原产印度、伊朗和尼泊尔，中国各省区常在公园、风景区、道路旁或河旁、湖旁周围栽培。郎溪县高井庙、宣城夏渡片区有栽培。

图1 络石

络石 *Trachelospermum jasminoides*

科 夹竹桃科 Apocynaceae

属 络石属 *Trachelospermum*

特征 常绿木质藤本植物，植株长达10米（图1）。小枝被短柔毛，老时无毛。叶革质，为卵形或倒卵形，具叶柄。聚伞花序圆锥状，顶生及腋生，花萼裂片窄长圆形，花冠白色（图2）。蓇葖果线状披针形（图3）。种子长圆形，顶端具白色绢毛。花期3—8月，果期6—12月。

用途 根、茎、叶、果实供药用，有祛风活络、利关节、止血、止痛消肿、清热解毒的功效。

分布 华中、华东、西南地区广布，生于山野、溪边、路旁、林缘或杂木林中。保护区常见。

图2 花

图3 果实

梓木草 *Lithospermum zollingeri*

科 紫草科 Boraginaceae

属 紫草属 *Lithospermum*

特征 多年生匍匐草本，茎高达25厘米，匍匐茎长达30厘米，被开展糙伏毛（图1）。基生叶倒披针形或匙形，长3—6厘米，两面被短糙伏毛，具短柄，茎生叶较小，基部渐窄，近无柄。花序长2—5厘米，具1花至数花，花冠蓝色或蓝紫色，喉部有5条向筒部延伸的纵褶（图2）。纵小坚果斜卵球形，长3—3.5毫米，乳白色，有时稍带淡黄褐色，平滑，有光泽，腹面具纵沟。

用途 果实供药用。消肿、止痛，治支气管炎、消化不良等症。

分布 产于中国台湾、浙江、江苏、安徽、贵州、四川、陕西至甘肃东南部。保护区偶见。

图1　梓木草

图2　花

附地菜 *Trigonotis peduncularis*

科 紫草科 Boraginaceae

属 附地菜属 *Trigonotis*

特征 二年生草本，茎常多条，直立或斜升，密被短糙伏毛（图1）。基生叶卵状椭圆形或匙形，具柄，茎生叶长圆形或椭圆形，具短柄或无柄。花序顶生，无苞片或花序基部具2—3苞片，花萼裂至中下部，花冠淡蓝或淡紫红色，冠筒极短，冠檐径

图1　附地菜

图2　花

约2毫米，裂片倒卵形，喉部附属物白或带黄色（图2）。小坚果斜三棱锥状四面体形，背面三角状卵形，具锐棱。早春开花，花期甚长。

用途　主要功效为健胃止痛、解毒消肿等。全株嫩茎叶可食，味道鲜美。

分布　在中国东北、华东、华南地区都有分布，多生于荒地及灌丛间。保护区常见。

柔弱斑种草 *Bothriospermum zeylanicum*

科　紫草科 Boraginaceae

属　斑种草属 *Bothriospermum*

特征　一年生草本茎细，直立或平卧，多分枝，被短伏毛（图1）。叶椭圆形或窄椭圆形，两面被具基盘短伏毛。聚伞总状花序细，苞片椭圆形或窄卵形，花萼果期增大，长约3毫米，被毛，深裂近基部，裂片披针形或卵状披针形，花冠蓝或淡蓝色（图2），长约2毫米，冠檐径约3毫米，裂片近圆形，喉部附属物梯形。小坚果长约1.5毫米，腹面环状突起纵椭圆形。花果期2—10月。

用途　可以用来治疗咳嗽、吐血、毒蛇咬伤、消肿痛等。

分布　分布于中国的东北、华东、华南、西南各省区及陕西、河南、台湾等。保护区常见。

图1　柔弱斑种草

图2　花

打碗花 *Calystegia hederacea*

图1　打碗花

科　旋花科 Convolvulaceae

属　打碗花属 *Calystegia*

特征　一年生草本，茎平卧，具细棱（图1）。茎基部叶长圆形，先端圆，基部戟形。茎上部叶三角状戟形，侧裂片常2裂，中裂片披针状或卵状三角形。花单生叶腋（图2），苞片2，卵圆形，宿存。萼片长圆形，花冠漏斗状，淡红色，雄蕊近等长，花丝基部扩大，贴生花冠管基部，柱头2裂，裂片长圆形，扁平（图3）。蒴果卵圆形，长约1厘米。种子黑褐色，被小疣。

用途　味甘、微苦，性平，根状茎具有健脾益气、利尿、调经等功效。但具有一定毒性，慎食。亦可作园林观赏植物。

分布　分布于中国东北、华北及陕西甘肃、山东、江苏、安徽、西藏等地区。保护区常见。

图2　花

图3　雌雄蕊

金灯藤 *Cuscuta japonica*

科 旋花科 Convolvulaceae

属 菟丝子属 *Cuscuta*

特征 又名日本菟丝子，一年生寄生缠绕草本。茎常被紫、红色瘤点，多分枝（图1）。穗状花序，长达3厘米，基部常分枝。花无梗或近无梗。苞片及小苞片鳞状卵圆形，长约2毫米，花萼碗状，肉质，长约2毫米，5裂几达基部，裂片卵圆形，常被紫红色瘤点，花冠钟状，淡红或绿白色，长3—5毫米，5浅裂，花柱细长，与子房近等长，柱头2裂，裂片舌状（图2）。蒴果卵圆形。种子1—2，光滑，褐色。花期8月，果期9月。

用途 寄生于其他植物而生，往往造成植物大量死亡，被称为“植物杀手”。

分布 原产日本，我国黑龙江、吉林、辽宁、河北、山西、陕西、宁夏、甘肃、内蒙古、新疆、山东、江苏、安徽、河南、浙江、福建、四川、云南等省区有分布。见于南陵县长乐片、泾县双坑片路边。

图1　金灯藤

图2　花

原野菟丝子 *Cuscuta campestris*

科 旋花科 Convolvulaceae

属 菟丝子属 *Cuscuta*

特征 茎黄色，纤细，径约1毫米（图1）。花序侧生，少花至多花集成聚伞状团伞花序。花萼杯状，萼片3—5，长圆形或近圆形，花冠白或乳白色（图2），花冠裂片宽三角形，先端尖或钝，常反折，南方菟丝子（*Cuscuta australis*）的裂片常直立而易区别，花柱2，等长或不等长，柱头球形。蒴果扁球形，径3—4毫米，下部为宿存花冠所包，不规则开裂。

用途 功效同日本菟丝子，有益精壮阳及止泻的功效。同时也是“植物杀手”。

分布 分布于中国多个省区，寄生于田边、路旁的豆科、菊科、马鞭草科牡荆属等草本或小灌木上。泾县中桥片路边多见。

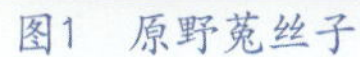

图1 原野菟丝子

图2 花

牵牛 *Ipomoea nil*

科 旋花科 Convolvulaceae

属 番薯属 *Ipomoea*

特征 一年生草本，茎缠绕。叶宽卵形或近圆形，或3（—5）裂。花序腋生，具1至少花，苞片线形或丝状，小苞片线形，花冠蓝紫或紫红色（图1），雄蕊及花柱内藏，子房3室。蒴果近球形（图2），种子卵状三棱形。

图1　牵牛

图2　果实

用途　具有利水、泻下、消积等功效。也可供观赏。

分布　原产热带美洲，现已广植于热带和亚热带地区。目前，在中国除西北和东北的一些省区外，大部分地区都有分布。保护区常见。

三裂叶薯 *Ipomoea triloba*

科　旋花科 Convolvulaceae

属　番薯属 *Ipomoea*

特征　一年生草本，茎缠绕或平卧。叶宽卵形或卵圆形，基部心形，全缘，具粗齿或3裂。伞形聚伞花序，具1至数花，苞片小，萼片长5—8毫米，长圆形，花冠淡红或淡紫色（图1），漏斗状，长约1.5厘米，无毛，雄蕊内藏，子房被毛。蒴果近球形，4瓣裂。与本种相近的瘤梗番薯（*Ipomoea lacunosa*）花因白色和具瘤的花梗而易区别（图2）。

图1　三裂叶薯

图2　瘤梗番薯

用途　小花繁密，色泽秀雅，适合廊柱、小型花架、篱架或树干立体绿化。

分布　原产热带美洲，现已成为热带地区的杂草。保护区多见。

番薯 *Ipomoea batatas*

科 旋花科 Convolvulaceae

属 番薯属 *Ipomoea*

特征 多年生草质藤本，具白色乳汁。块根红色。茎生不定根，匍匐地面。叶宽卵形或卵状心形，先端渐尖，基部心形（图1）。聚伞花序，苞片披针形，萼片长圆形，先端骤芒尖，花冠粉红、白、淡紫或紫色（图2），钟状或漏斗状，雄蕊及花柱内藏。蒴果卵形或扁圆形。

用途 是一种营养齐全而丰富的天然滋补食品，富含蛋白质、脂肪、多糖等。

分布 我国大多数地区都普遍栽培。郎溪县高井庙林场有栽培。

图1　番薯

图2　花

烟草 *Nicotiana tabacum*

科 旋花科 Convolvulaceae

属 烟草属 *Nicotiana*

特征 一年生草本（图1）。叶长圆状披针形，基部渐窄成耳状半抱茎，叶柄不明显或成翅状。花序圆锥状，顶生，花萼筒状或筒状钟形，花冠漏斗状，淡黄、淡绿、红或粉红色（图2），雄蕊1枚较短，不伸出花冠喉部，花丝基部被毛。蒴果卵圆形或椭圆形。种子圆形或宽长圆形。

图1　烟草

用途 具有消肿、解毒、杀虫等功效。叶可制烟草。

分布 原产南美洲，中国南北各省区广为栽培。泾县中桥片泉水村河南组有栽培。

图2 花

枸杞 *Lycium chinense*

科 茄科 Solanaceae

属 枸杞属 *Lycium*

特征 多分枝灌木，枝条细弱，弯曲或俯垂，淡灰色，具纵纹，小枝顶端呈棘刺状（图1）。叶长椭圆形或卵状披针形，先端尖，基部楔形。花在长枝上腋生，花冠漏斗状，淡紫色或淡红色（图2、图3），冠筒向上骤宽，较冠檐裂片稍短或近等长，5深裂。浆果卵圆形，红色（图4），栽培类型长圆形。种子扁肾形，黄色。花果期6—11月。

图1　枸杞

用途 性甘、平，归肝肾经，具有滋补肝肾、养肝明目的功效。也可供观赏。

分布 中国多数省区有栽培，常生于山坡、路旁或村边。保护区常见。

图2　花

图3　花（示雌雄蕊）

图4　果实

番茄 *Solanum lycopersicum*

科 茄科 Solanaceae

属 茄属 *Solanum*

特征 一年生草本，茎易倒伏（图1）。羽状复叶或羽状深裂，小叶5—9，大小不等，基部楔形，偏斜，具不规则锯齿或缺裂。花序梗长2—5厘米，具3—7花，花萼辐

图1　番茄

图2　花

状钟形，裂片披针形，宿存，花冠辐状，径2—2.5厘米，黄色，裂片窄长圆形，长0.8—1厘米，常反折（图2）。浆果扁球形或近球形（图3），肉质多汁液，橘黄或鲜红色，光滑。

用途　果实为盛夏的蔬菜和水果。

分布　原产南美洲，国内广为栽培。保护区多见栽培。

图3　果实

苦蘵 *Physalis angulata*

科　茄科 Solanaceae

属　洋酸浆属 *Physalis*

特征　一年生草本，茎疏被短柔毛或近无毛（图1）。叶卵形或卵状椭圆形。花萼长4—5毫米，裂片披针形，具缘毛，花冠淡黄色（图2），喉部具紫色斑纹，长4—6毫米，径6—8毫米，花药蓝紫或黄色。浆果径约1.2厘米。花期5—7月，果期7—12月。

图1　苦蘵

图2　花

用途 清热解毒，消肿利尿。

分布 分布于华东、华中、华南至西南。保护区常见。

金钟花 *Forsythia viridissima*

科 木樨科 Oleaceae

属 连翘属 *Forsythia*

特征 落叶灌木（图1）。单叶，长椭圆形，先端锐尖，基部楔形，上部常具不规则锐齿

图1　金钟花

图2 花序

或粗齿。花1—4朵生于叶腋，先叶开花，花萼裂片卵长圆形，具睫毛，花冠深黄色，花冠筒长5—6毫米，裂片窄长圆形（图2、图3），具有花柱二型现象。果卵圆形或宽卵圆形，长1—1.5厘米，先端喙状渐尖，具皮孔。

用途 花繁多，颜色鲜艳，种植于庭院内有利于构建具有特色的景观布景，增加空间的层次感，赏心悦目。

分布 全国各地均有栽培，尤以长江流域一带栽培较为普遍。保护区常见。

图3 花解剖

迎春花 *Jasminum nudiflorum*

科 木樨科 Oleaceae

属 素馨属 *Jasminum*

特征 落叶灌木。枝稍扭曲，小枝四棱形。小枝细长直立或者呈拱形下垂（图1）。叶对生，三出复叶，小叶片狭椭圆形，叶缘反卷，顶生小叶片较大（图2）。花单生于

图1　迎春花

图2　叶

叶腋，稀顶端，苞片呈披针形或椭圆形，花冠为金黄色（图3），花瓣通常为倒卵形或椭圆形。花期6月。

用途　迎春花泡茶具有消炎、利尿、改善微循环等功效。

分布　原产中国，现在中国及世界各地广为栽培。保护区常见。

图3　花

黄素馨 *Chrysojasminum floridum*

科 木樨科 Oleaceae

属 探春花属 *Chrysojasminum*

特征 灌木，小叶扭曲，4棱（图1）。羽状复叶互生，小叶3或5。聚伞花序顶生，有3—25花，苞片锥形，花萼无毛，具5条肋，花冠黄色，近漏斗状，花冠筒长0.9—1.5厘米，裂片卵形或长圆形，长4—8毫米，花常比迎春花小（图2）。果长圆形或球形，成熟时黑色。

图1 黄素馨

图2 黄素馨（左）和迎春花（右）

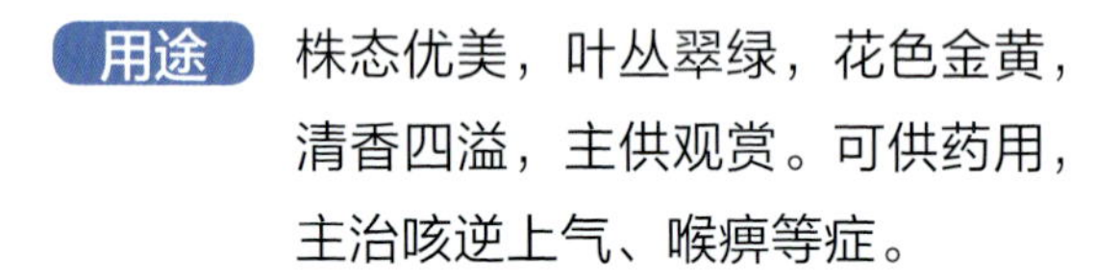

用途 株态优美，叶丛翠绿，花色金黄，清香四溢，主供观赏。可供药用，主治咳逆上气、喉痹等症。

分布 分布于华中、华东及西南地区。宣城夏渡片区有栽培。

女贞 *Ligustrum lucidum*

科 木樨科 Oleaceae

属 女贞属 *Ligustrum*

特征 灌木或乔木。叶片常绿，革质，长卵形或椭圆形至宽椭圆形。圆锥花序顶生，花序轴及分枝轴无毛（图1）。花白色，雄蕊2枚（图2）。花柱长1.5—2毫米，柱头棒状。果肾形或近肾形，深蓝黑色（图3），成熟时呈红黑色，被白粉。花期5—7月，果期7月至翌年5月。

图1 女贞

用途 花可提取芳香油，果含淀粉，果入药称女贞子。叶药用，具有解热镇痛的功效。

图2　花

图3　果实

分布　产于长江以南至华南、西南各省区。保护区常见。

金森女贞 *Ligustrum japonicum* 'Howardii'

科　木樨科 Oleaceae

属　女贞属 *Ligustrum*

特征　为常绿小乔木或灌木状（图1），日本女贞的变种。茎上具有明显皮孔。叶对生，革质，厚实，有肉感，春季新叶鲜黄色，至冬季转为金黄色。花白色（图2），雄蕊2。果近椭圆形。

用途　叶色金黄，株形美观，是优良的绿篱树种，长势强健，萌发力强，对病虫害、火灾、煤烟、风雪等有较强的抗性。

分布　原产日本，中国各地广泛分布。保护区常见。

图1　金森女贞

图2　花

小蜡树 *Fraxinus mariesii*

科 木樨科 Oleaceae

属 梣属 *Fraxinus*

特征 半常绿灌木，高可达2米，树皮灰色光滑，小枝密被黄色短柔毛。叶薄革质，椭圆形至椭圆状矩圆形，顶端锐尖或钝，下面，特别沿中脉有短柔毛。圆锥花序长4—10厘米，花白色，花梗明显，雄蕊超出花冠裂片（图1）。核果近圆状，直径4—5毫米（图2）。花期5—6月，果期9月。

用途 果实可酿酒，种子可制肥皂，茎皮纤维可制人造棉。

分布 分布于长江以南各省区。宣城金梅岭有栽培。

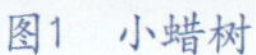

图1　小蜡树

图2　果实

流苏树 *Chionanthus retusus*

科 木樨科 Oleaceae

属 流苏树属 *Chionanthus*

特征 落叶灌木或乔木植物（图1）。叶革质或薄革质，长圆形、椭圆形或圆形，先端圆钝，有时凹下或尖。聚伞状圆锥花序顶生（图2），近无毛，苞片线形，被柔毛，花单性或两性，花冠白色，4深裂，裂片线状倒披针形，雄花雄蕊2，雌花柱头2裂。果椭圆形，被白粉（图3）。花期6—7月，果期9—10月。

图1　流苏树

图2　花

图3　果实

用途　芽和叶具有药用价值，嫩叶可代茶叶饮料，木材坚重细致，可制作器具，也是名贵花金桂的砧木。

分布　产于中国甘肃、陕西、山西、河北、河南以南至云南、四川、广东、福建、台湾各地。保护区偶见。

桂花 *Osmanthus fragrans*

科　木樨科 Oleaceae

属　木樨属 *Osmanthus*

特征　常绿乔木或灌木，树皮灰褐色（图1）。叶片革质，长椭圆形或椭圆状披针形。聚

图1　桂花（银桂）

图2　花

图3　果实

图4　丹桂

伞花序簇生于叶腋（图2），每腋内有花多朵，花极芳香，花萼长约1毫米，花冠黄白色、淡黄色、黄色或橘红色，雄蕊着生于花冠管中部，花丝极短，雌蕊长约1.5毫米。果歪斜，椭圆形，呈紫黑色（图3）。花期9—10月上旬，果期翌年3月。

用途　花香，宜作庭院观赏植物。

分布　原产中国西南部，现各地已广泛栽培。在园艺栽培上，由于花的色彩不同，有金桂、银桂、丹桂等不同品种（图4）。保护区多见栽培。

茶菱 *Trapella sinensis*

科 车前科 Plantaginaceae

属 茶菱属 *Trapella*

特征 多年生水生草本，根状茎横走（图1）。叶对生，上面无毛，下面淡紫色，沉水叶三角状圆形或心形。花单生叶腋，在茎上部叶腋的多为闭锁花，萼齿5，宿存，花冠淡红色，裂片5，圆形，薄膜质，具细脉纹。蒴果窄长，不开裂，有1种子，顶端有锐尖的3长2短的钩状附属物（图2）。花期6月。

用途 可用于水生观赏。

分布 产于黑龙江、吉林、辽宁、河北、安徽、江苏、浙江、福建、湖南、湖北、江西、广西。泾县昌桥乡中桥村池塘有分布。

图1 茶菱

图2 果实

石龙尾 *Limnophila sessiliflora*

科 车前科 Plantaginaceae

属 石龙尾属 *Limnophila*

特征 多年生两栖草本（图1），茎细长。沉水叶长0.5—3.5厘米，多裂，裂片细而扁平或毛发状，气生叶全部轮生，椭圆状披针形，具圆齿或羽状分裂。花单生于气生茎和沉水茎的叶腋，小苞片无或稀具1对长不超过1.5毫米的全缘的小苞片，花萼

图1　石龙尾

图2　花

长4—6毫米，花冠长0.6—1厘米，紫蓝或粉红色（图2）。果近球形，两侧扁。

用途 全草入药，也适合栽植于玻璃缸中，供观赏。

分布 中国广布。宣城十字镇范家冲有分布。

水马齿 *Callitriche palustris*

科 车前科 Plantaginaceae

属 水马齿属 *Callitriche*

特征 又名沼生水马齿，一年生草本，茎纤细，多分枝（图1）。叶对生，在茎顶常密集排列成莲座状，浮于水面，倒卵状匙形，长4—6毫米，先端圆或微钝，基部渐窄，两面疏生褐色细小斑点，叶脉3。沉于水中的茎生叶匙形或线形。花单性同株，单生叶腋，为2个膜质小苞片所托。果倒卵状椭圆形。

图1　水马齿

用途 可用于水体的集成莲座状绿化。全草入药，具有清热解毒、利尿消肿的功效。

分布 产于东北、华东至西南各省区，分布于欧洲、北美洲和亚洲温带地区的水沟、沼泽、湿地或水田中（图2）。宣城红星水库水田有分布。

图2　水马齿生境

直立婆婆纳 *Veronica arvensi*

科 车前科 Plantaginaceae

属 婆婆纳属 *Veronica*

特征 小草本，茎直立或上升，不分枝或铺散分枝，高5—30厘米，有两列多细胞白色长柔毛（图1、图2）。叶常3—5对，下部的有短柄，中上部的无柄，卵形至卵圆形，边缘具圆或钝齿。总状花序长而多花，花萼长3—4毫米，裂片条状椭圆形，花冠蓝紫色或蓝色（图3），长约2毫米，裂片圆形至长矩圆形，雄蕊短于花冠。蒴果倒心形，强烈侧扁（图4）。种子矩圆形，长近1毫米。花期4—5月。

用途 具有清热、除疟的功效。主治疟疾。

分布 华东和华中常见，新疆也有。北温带广布。保护区常见。

图1　直立婆婆纳

图2　茎

图3　花

图4　果实

婆婆纳 *Veronica polita*

科 车前科 Plantaginaceae

属 婆婆纳属 *Veronica*

特征 铺散多分枝草本，高达25厘米（图1）。叶2—4对，心形或卵形，边有2—4深刻的钝齿。总状花序很长，苞片叶状，花冠淡紫、蓝、粉或白色（图2），径4—5毫米，裂片圆形或卵形，雄蕊短于花冠。蒴果近于肾形（图3、图4），密被腺毛，略短于花萼，凹口约为90度角，宿存的花柱与凹口齐或略过之。种子背面具横纹。

图1 婆婆纳

图2 花

图3 果实与茎叶

图4 果实

用途 有凉血止血、理气止痛的功效。用于治吐血、疝气、睾丸炎、白带等。

分布 全国广布。保护区随处可见。

阿拉伯婆婆纳 *Veronica persica*

科 车前科 Plantaginaceae

属 婆婆纳属 *Veronica*

特征 铺散多分枝草本，高达50厘米，茎密生两列柔毛（图1）。叶2—4对，卵形或圆形，基部浅心形，平截或浑圆，边缘具钝齿，两面疏生柔毛，具短柄。总状花序很长，苞片互生，与叶同形近等大，花萼果期增大，裂片卵状披针形，花冠紫色

图1　阿拉伯婆婆纳

图2　花

或蓝紫色（图2），裂片卵形或圆形，雄蕊2，短于花冠。而婆婆纳花冠淡红色与之明显不同（图3）。蒴果肾形，宿存花柱超出凹口。种子背面具深横纹。

用途　全草可入药，有温肝肾、益气、除湿的功效。

分布　产于华东、华中及贵州、云南、新疆以及西藏东部，为归化的路边及荒野杂草。保护区随处可见。

图3　婆婆纳（左）和阿拉伯婆婆纳（右）

北水苦荬 *Veronica anagallis-aquatica*

科　车前科 Plantaginaceae

属　婆婆纳属 *Veronica*

特征　多年生草本，全株无毛，茎直立（图1）。叶无柄，上部的半抱茎，椭圆形或长卵形，稀卵状长圆形或披针形，全缘或有疏小锯齿。总状花序腋生，苞片椭圆形，花萼4裂，花冠淡紫色或白色（图2），具淡紫色的线条，雄蕊2，突出，花柱1，柱头头状。蒴果近圆形。花期4—6月。

图1　北水苦荬

用途 全草入药，具有清热利湿、止血化瘀等功效。嫩苗可蔬食。

分布 分布于长江以北及西南各省区，常见于水边及沼地。保护区湿地常见。

图2 花序

蚊母草 *Veronica peregrina*

科 车前科 Plantaginaceae

属 婆婆纳属 *Veronica*

特征 株高10—25厘米，主茎直立，侧枝披散（图1）。叶无柄，下部的倒披针形，上部的长矩圆形，全缘或中上端有三角状锯齿。总状花序长，苞片与叶同形而略小，花冠白色或浅蓝色（图2），长2毫米，裂片长矩圆形至卵形，雄蕊短于花冠，蒴果倒心形，明显侧扁（图3）。种子矩圆形。

用途 果实常因虫瘿而肥大。带虫瘿的全草药用，治跌打损伤、瘀血肿痛及骨折。开花期间，可供观赏。

分布 分布于东北、华东、华中、西南各省区。保护区湿地滩涂常见。

图1 蚊母草

图2 花

图3 果实

车前 *Plantago asiatica*

图1 车前

科 车前科 Plantaginaceae

属 车前属 *Plantago*

特征 二年生或多年生草本（图1）。须根多数。叶基生呈莲座状，薄纸质或纸质，宽椭圆形。穗状花序细圆柱状（图2），紧密或稀疏，下部常间断，花冠白色，花冠筒与萼片近等长，雄蕊着生于冠筒内面近基部，与花柱明显外伸（图3）。蒴果纺锤状卵形。种子卵状椭圆形，背腹面微隆起。

用途 有利尿、降压以及镇咳的作用。

分布 中国各地均有分布。保护区常见。

图2 花序

图3 花（示雄蕊）

北美车前 *Plantago virginica*

科 车前科 Plantaginaceae

属 车前属 *Plantago*

特征 一年生或二年生草本（图1）。直根纤细。叶基生呈莲座状，倒披针形或倒卵状披针形，边缘波状。穗状花序，下部常间断（图2），花冠淡黄色，无毛，花冠筒等

图1　北美车前

图2　花序

长或稍长于萼片。花两型，能育花的花冠裂片卵状披针形，直立，雄蕊着生花冠筒内面顶端，风媒花通常不育。蒴果卵球形。花期4-5月，果期5-6月。

用途 全草可入药，也可作草坪。

分布 原产北美洲，中国江苏、安徽、浙江、江西、福建、台湾等地也有。郎溪县高井庙有分布。

醉鱼草 *Buddleja lindleyana*

科 玄参科 Scrophulariaceae

属 醉鱼草属 *Buddleja*

特征 直立灌木，小枝四棱，具窄翅（图1）。叶对生或近轮生，长圆状披针形，侧脉6—8对。穗状聚伞花序顶生（图2），苞片长达1厘米，花紫色，芳香，花萼钟状，花冠长1.3—2厘米，内面被柔毛，花冠筒弯曲，雄蕊着生花冠筒基部。蒴果长圆形或椭圆形，花萼宿存。种子小，淡褐色，无翅。

用途 茎叶可入药，有毒。花芳香而美丽，为公园常见优良观赏植物。

分布 产于江苏、安徽、浙江和云南等省区。泾县安冲水库偶见。

图1　醉鱼草

图2 花

母草 *Lindernia crustacea*

科 母草科 Linderniaceae

属 母草属 *Lindernia*

特征 草本植物，常铺散成密丛，多分枝，微方形有深沟纹（图1）。叶片三角状卵形或宽卵形，边缘有浅钝锯齿。花单生于叶腋或在茎枝之顶成极短的总状花序，花萼坛状，齿三角状卵形，花冠紫色，上唇直立（图2）。蒴果椭圆形。种子近球形，浅黄褐色。花、果期全年。

用途 具有清热解毒、活血止痛、利湿止痢、通经等功效。

分布 分布于安徽、浙江、江苏、台湾、广东、广西、云南、四川、贵州、湖南、湖北、河南等省区。保护区常见。

图1 母草

图2 花

长蒴母草 *Lindernia anagallis*

科 母草科 Linderniaceae

属 母草属 *Lindernia*

特征 一年生草本，根须状，茎下部匍匐长蔓，节上生根（图1）。叶仅下部者有短柄，叶片三角状卵形、卵形或矩圆形。花单生于叶腋，萼长约5毫米，仅基部联合，齿

图1　长蒴母草

图2　花

5，狭披针形，花冠白色或淡紫色（图2）。蒴果条状披针形，果柄长。种子卵圆形，有疣状突起。花期4—9月，果期6—11月。

用途　味甘，性平，具有清热毒、消肿毒的功效。

分布　分布于安徽、四川、云南、贵州、广西、广东、湖南、江西、福建、台湾等省区。保护区常见。

芝麻 *Sesamum indicum*

科　芝麻科 Pedaliaceae

属　芝麻属 *Sesamum*

特征　一年生直立草本，分枝或不分枝，中空或具有白色髓部（图1）。叶矩圆形或卵形，下部叶常掌状3裂。花单生或2—3朵同生于叶腋内（图2），花萼裂片披针形，花冠长2.5—3厘米，筒状，长2—3.5厘米，白色而常有紫红色或黄色的彩晕。蒴果矩圆形（图3），长2—3厘米，有纵棱。种子有黑白之分。花期夏末秋初。

图1　芝麻

用途　芝麻种子含油分55%，除供食用外，又可榨油，油供食用及妇女涂头发之用，亦供药用。

分布 原产非洲，在汉代时期传入中国，主要在中国黄河及长江中下游地区。保护区常见栽培。

图2 花

图3 果实

水蓑衣 *Hygrophila ringens*

科 爵床科 Acanthaceae

属 水蓑衣属 *Hygrophila*

特征 草本，高80厘米，茎四棱形（图1、图2）。叶长椭圆形、披针形。花簇生于叶腋，无梗，苞片披针形，小苞片线形，花冠淡紫或粉红色，长1—1.2厘米，被柔毛，上唇卵状三角形，下唇长圆形，后雄蕊的花药比前雄蕊的小一半。蒴果比宿存萼长1/3—1/4。

用途 全草入药，有健胃消食、清热消肿的功效。

分布 分布于亚洲东南部至东部琉球群岛。泾县安冲水库偶见。

图1 水蓑衣

图2 方茎

爵床 *Justicia procumbens*

科 爵床科 Acanthaceae

属 爵床属 *Justicia*

特征 一年生匍匐草本（图1）。叶对生。卵形、长椭圆形或广披针形。穗状花序顶生或腋生（图2），花冠淡红色或带紫红色（图3），花丝基部及着生处四周有细绒毛，花柱丝状，柱头头状。蒴果线形，先端短尖，基部渐狭，淡棕色。种子卵圆形而微扁，黑褐色，表面具有网状纹凸起。花期8—11月。

用途 具有阴寒清利、活血止痛的功效。也可供观赏。

分布 产于秦岭以南，东至江苏、台湾，南至广东。保护区常见。

图1 爵床

图2 花序

图3 花

九头狮子草 *Peristrophe japonica*

科 爵床科 Acanthaceae

属 观音草属 *Peristrophe*

特征 草本，高20—50厘米，小枝节上和节间均被柔毛（图1）。叶卵状长圆形，先端渐尖或尾尖。花序顶生或生于上部叶腋，由2—8（—10）聚伞花序组成，每个聚伞花序下托以2枚总苞片，一大一小，花萼裂片5，钻形，花冠粉红或微紫色，长2.5—3厘米，外疏生短柔毛，二唇形，下唇3裂，雄蕊花丝伸出，花药被长硬毛（图2）。蒴果长1—1.2厘米。种子有小疣状突起。

用途 性味辛、微苦，凉。有清热解毒、镇痉的功效。

分布 产于华东、华南、西南等省区。宣城金梅岭偶见。

图1 九头狮子草

图2 花

美国凌霄 *Campsis radicans*

科 紫葳科 Bignoniaceae

属 凌霄属 *Campsis*

特征 藤本，具气生根，长达10米（图1）。小叶9—11枚，椭圆形至卵状椭圆形（图2）。花萼钟状，长约2厘米，口部直径约1厘米，5浅裂至萼筒的1/3处，裂片齿卵状三

图1　美国凌霄

图2　叶

图3　花

角形，花冠筒细长，漏斗状，橙红色至鲜红色，筒部为花萼长的3倍（图3）。蒴果长圆柱形，顶端具喙尖，沿缝线具龙骨状突起（图4）。

用途 入药或主供观赏。

分布 分布于安徽、广西、江苏、浙江、湖南等省区。宣城夏渡片有栽培。

图4　果实

梓树 *Catalpa ovata*

科 紫葳科 Bignoniaceae

属 梓属 *Catalpa*

特征 乔木，树冠伞形，主干通直，嫩枝具稀疏柔毛（图1）。叶对生，有时轮生，基部心形，全缘或浅波状，常3浅裂，侧脉4—6对。顶生圆锥花序，花序梗微被疏毛，花冠钟状，淡黄色，内面具2黄色条纹及紫色斑点，能育雄蕊2，花丝插生于花冠筒上，花药叉开，退化雄蕊3，柱头2裂（图2）。蒴果线形，下垂，长20—30厘米（图3）。种子长椭圆形。

图1　梓树

图2　花

图3　果实

用途 具有一定观赏价值的树种。嫩叶可食。根皮或树皮、果实、木材、树叶均可入药剂。木材亦可做家具。

分布 分布于长江流域及以北地区。宣城金梅岭有分布。

挖耳草 *Utricularia bifida*

图1 挖耳草

科 狸藻科 Lentibulariaceae

属 狸藻属 *Utricularia*

特征 陆生小草本，高2—8厘米（图1）。假根少数，丝状。叶长条形（图2）。捕虫囊生于叶及匍匐枝上，球形，侧扁，具柄（图3）。花序直立，中上部有1—16朵疏离的花，花冠黄色，上唇窄长圆形或长卵形，先端圆或具2—3浅圆齿，喉凸隆起呈浅囊状，花柱短而显著，柱头下唇近圆形，反曲。蒴果背腹扁，具皮膜质，室背开裂。

用途 因具有捕虫囊，可捕食湿土地中微小动物。

分布 广布于山东、江苏、安徽、浙江、江西、福建、台湾、河南、湖北、湖南、广东、海南、广西、四川和云南等省区。仅见于郎溪十字镇范家冲、广德朱村核心区水库。

图2 基生叶

图3 花与捕虫囊

黄花狸藻 *Utricularia aurea*

科 狸藻科 Lentibulariaceae

属 狸藻属 *Utricularia*

特征 水生草本，匍匐枝圆柱形，具分枝（图1）。叶器多数，具有捕虫囊。花序直立，中上部具3—8朵花（图2），花序梗无鳞片，苞片基部着生，花冠黄色，喉部有时具橙红色条纹，外面无毛或疏生短柔毛，喉凸隆起呈浅囊状，距近筒状。蒴果顶端具喙状宿存花柱，周裂（图3）。种子多数压扁，5—6角，具不明显细网状突起。

用途 水生观赏植物，也是一种食虫植物。

分布 产于江苏、安徽、浙江、江西、福建、台湾、湖北、湖南、广东、广西和云南等省区。郎溪县高井庙塘口成片存在。

图1 黄花狸藻

图2 花

图3 蒴果

马鞭草 *Verbena officinalis*

科 马鞭草科 Verbenaceae

属 马鞭草属 *Verbena*

特征 多年生草本，茎直立暗绿色，四棱形（图1）。叶片长卵形，边缘有粗锯齿。细长的穗状花序生枝顶或腋生（图2），花小而稀疏，花瓣5裂，淡红色或淡紫色。果实长圆形，果皮薄。花期7月，果期9月。

用途 具有清热解毒、利水消肿的功效，可用于治疗疟疾、伤风感冒等疾病。带有清爽、宜人的香气，可作化妆品和香水原料，也常被用来泡茶喝。

图1　马鞭草

图2　花序

分布　全国广布。保护区随处可见。

日本紫珠 *Callicarpa japonica*

科　唇形科 Lamiaceae

属　紫珠属 *Callicarpa*

特征　落叶灌木，高约2米。叶倒卵形或卵状椭圆形，长7—12厘米，宽4—6厘米，先端尖或尾尖，基部楔形，中部以上具锯齿，两面无毛（图1）。聚伞花序，苞片细小，线形，花萼杯状，无毛，萼齿钝三角形，花冠紫色，花药椭圆形，伸出花

图1　日本紫珠

图2　果实

冠，药室纵裂，子房有毛。果实球形，紫红色（图2）。花期6—7月，果期8—11月。

用途 全株入药，能通经和血，治月经不调、感冒风寒等。

分布 分布于河南、江苏、安徽、浙江、江西、湖南、湖北、广东、广西、四川、贵州、云南等省区。泾县董家冲偶见。

牡荆 *Vitex negundo* var. *cannabifolia*

科 唇形科 Lamiaceae

属 牡荆属 *Vitex*

特征 落叶灌木或小乔木，小枝方形，密生灰白色绒毛。叶对生，掌状5出复叶（图1）。总状花序长3—12厘米（图2），多花，苞片约与花梗等长，菱形或楔形，萼片小，花紫红色至紫色，稀淡蓝色至苍白色（图3），花冠唇形。蒴果线形至长圆形，具1列种子。

用途 微苦，具有调和胃气、止咳平喘的功效。树姿优美，老桩苍古奇特，是杂木类树桩盆景的优良树种。

分布 产于华东各省、河北、两湖、两广及西南东部，现日本也有分布。保护区常见。

图1 牡荆

图2 花序

图3 花

豆腐柴 *Premna microphylla*

科 唇形科 Lamiaceae

属 豆腐柴属 *Premna*

特征 灌木，小枝被柔毛，后脱落（图1）。叶揉之有臭味，椭圆形，先端尖或渐长尖，基部渐窄下延至叶柄成翅。聚伞花序组成塔形圆锥花序（图2），花萼5浅裂，绿色，有时带紫色，花冠淡黄色，被柔毛及腺点。果球形或倒圆卵形，紫色。

用途 具有清热解毒的功效。其食用价值和经济价值表现为：以豆腐柴叶为原料，加工生产豆腐柴果冻。

分布 主要分布于中国和日本，在中国华东、中南、华南地区都有分布。宣城金梅岭有分布。

图1　豆腐柴

图2　花

紫背金盘 *Ajuga nipponensis*

科 唇形科 Lamiaceae

属 筋骨草属 *Ajuga*

特征 一年生或二年生草本，茎直立，稀平卧或上升，被长柔毛或疏柔毛，基部带紫色（图1）。基生叶无或少，茎生叶倒卵形、宽椭圆形，先端钝，基部楔形下延，具粗齿或不整齐波状圆齿，两面疏被糙伏毛。轮伞花序多花，组成穗状花序，苞叶宽披针形，花萼钟形，上部及齿缘被长柔

图1　紫背金盘

毛，萼齿三角形，花冠淡蓝或蓝紫色，稀白或白绿色，具深色条纹（图2）。小坚果合生面达腹面3/5。

用途 全草入药，有镇痛散血的功效。

分布 分布于中国东部、南部及西南各省区，西北至秦岭南坡等。保护区常见。

图2　花

单花莸 *Schnabelia nepetifolia*

科 唇形科 Lamiaceae

属 四棱草属 *Schnabelia*

特征 多年生草本，茎方形，被向下弯曲的柔毛（图1）。叶宽卵形或近圆形，具钝圆齿，两面被柔毛及腺点。单花腋生，近花柄中部生2枚锥形苞片，花萼杯状，花冠淡蓝色（图2），喉部被柔毛，下唇中裂片全缘，子房密被柔毛。蒴果4瓣裂。

用途 全草药用。浙江民间用全草作刀伤药，在江苏用全草提制外用止血粉，效果良好。

分布 产于江苏、安徽、浙江、福建等省区。生于阴湿山坡、林边、路旁或水沟边。郎溪县高井庙偶见。

图1　单花莸

图2　花

臭牡丹 *Clerodendrum bungei*

科 唇形科 Lamiaceae

属 大青属 *Clerodendrum*

图1 臭牡丹

特征 灌木，小枝稍圆，皮孔显著（图1），外形酷似牡丹，伴有恶臭味，故俗称臭牡丹，也称大红袍。叶宽卵形或卵形，具锯齿，下面疏被腺点，基部脉腋具盾状腺体。伞房状聚伞花序密集成头状（图2），苞片披针形，花萼长2—6毫米，裂片三角形，花冠淡红或紫红色，冠筒长2—3厘米，裂片倒卵形，长5—8毫米。核果近球形，成熟时蓝黑色（图3）。

用途 中药中的臭牡丹一味即来自臭牡丹的根、叶，具有祛风解毒、消肿止痛的功效。

分布 原产南美热带，现各地多有栽培。宣城金梅岭有分布。

图2 花

图3 果实

大青 *Clerodendrum cyrtophyllum*

科 唇形科 Lamiaceae

属 大青属 *Clerodendrum*

特征 小乔木或灌木状，幼枝被柔毛（图1）。叶长圆状披针形，先端渐尖，基部近圆，

图1　大青

两面无毛或沿脉疏被柔毛，下面常被腺点。伞房状聚伞花序，苞片线形，花萼杯状，被黄褐色细绒毛及腺点，花冠白色，疏被微柔毛及腺点，冠筒长约1厘米，雄蕊4个，稍二强，伸出花冠外，较花冠管长1—2倍（图2）。核果球形或倒卵圆形，蓝紫色，为红色宿萼所包。花果期6月至次年2月 。

图2　花

用途　有清热解毒、凉血止血等功效。因其花序硕大，果实红紫色，可配植于林缘、草坪等处。

分布　分布于华东及广西、广东、贵州、云南等省区。泾县中桥片有分布。

海州常山 *Clerodendrum trichotomum*

科　唇形科 Lamiaceae

属　大青属 *Clerodendrum*

特征　小乔木或灌木状（图1）。叶卵形或卵状椭圆形，先端渐尖，基部宽楔形，全缘或波状。伞房状聚伞花序，苞片椭圆形，早落，花萼绿白或紫红色，5棱，裂片三角状披针形，花冠白或粉红（图2），芳香，裂片长椭圆形。核果近球形，径6-8毫米，蓝紫色，为宿萼包被（图3）。

用途　花序大，花果美丽，一株树上花果共存，有白、红、蓝色，色泽亮丽，为良好的观赏花木，是布置园林景观的良好材料。

图1 海州常山

图2 花

分布 产于中国华北、华东、中南、西南各省区。南陵县合义曲塘刘村庄有栽培。

图3 果实

南丹参 *Salvia bowleyana*

科 唇形科 Lamiaceae

属 鼠尾草属 *Salvia*

特征 多年生草本。高达1米。茎多分枝，密被长柔毛。奇数羽状复叶，小叶3—5（—7），椭圆状卵形或宽披针形（图1）。轮伞花序具8至多花，组成长14—30厘米总状或总状圆锥花序，密被长柔毛及腺长柔毛。花萼筒形，长0.8—1厘米，被腺柔毛及短柔毛，内面喉部被白色长刚毛。花冠紫红色或蓝紫色（图2），冠筒长约1厘米，内具斜向毛环，上唇稍镰形，下唇长圆形，花丝长约4毫米，药隔长约1.9厘米。小坚果褐色，椭圆形。花期3—7月，果期8—10月。

图1 南丹参

用途 根供药用

分布 产于华东、华南等地区。保护区偶见。

图2 花

荔枝草 *Salvia plebeia*

科 唇形科 Lamiaceae

属 鼠尾草属 *Salvia*

特征 一年生或二年生草本植物，茎直立，多分枝（图1）。主根肥厚，向下直伸。叶片椭圆状披针形，对生。轮伞花序（图2），花萼钟形，散布黄褐色腺点，二唇形，上唇全缘，花冠淡红、淡紫、蓝紫至蓝色，稀白色，冠檐二唇形，上唇长圆形，下唇中裂片最大，阔倒心形，能育雄蕊着生于下唇基部，药隔弯成弧形，上臂和下臂等长。小坚果倒卵圆形，4—5月开花，6—7月结果。

用途 全草入药，中国民间广泛用于跌打损伤等。

分布 在中国除新疆、甘肃、青海及西藏外几产全国各地。保护区常见。

图1 荔枝草

图2 花序

图1　一串红

一串红 *Salvia splendens*

科　唇形科 Lamiaceae

属　鼠尾草属 *Salvia*

特征　茎呈四棱形，且具浅槽。叶卵圆形或三角状卵圆形，边缘具锯齿，对生。轮伞花序2—6花，组成顶生总状花序（图1），苞片卵圆形，红色，大，在花开前包裹着花蕾，花萼钟状，与花冠同是红色，上唇直伸，略内弯，长圆形，下唇比上唇短，3裂，能育雄蕊2（图2）。小坚果椭圆形。

用途 著名观花植物。

分布 原产巴西，中国各地庭院中广泛栽培。宣城夏渡片有栽培。

图2 花

夏枯草 *Prunella vulgaris*

科 唇形科 Lamiaceae

属 夏枯草属 *Prunella*

特征 多年生草本植物，匍匐根茎，节上生须根，茎四棱（图1）。叶对生。轮伞花序密集组成顶生长2—4厘米的穗状花序（图2），花萼钟形，花冠紫、蓝紫或红紫色，二唇形，花柱纤细，先端裂片钻形，外弯。小坚果黄褐色。花期4—6月，果期7—10月。

用途 良好中草药，有清肝泻火、明目、散结消肿的功效。

分布 中国秦岭以南各省区及新疆均有分布。保护区常见。

图1 夏枯草

图2 花序

硬毛地笋 *Lycopus lucidus* var. *hirtus*

科 唇形科 Lamiaceae

属 地笋属 *Lycopus*

特征 多年生草本，茎方形，密被毛（图1）。叶对生，披针形或长圆形，边缘具锐齿。轮伞花序腋生，每轮有6—10花（图2），苞片披针形，花萼钟形，5齿，花冠白色，不明显2唇形，上唇近圆形，下唇3裂，外面有腺齿，前对雄蕊能育，后对雄蕊退化为棒状。小坚果倒卵圆状三棱形。花期6—9月，果期8—10月。

用途 全草药用。

分布 几乎遍及全国，主产江苏、浙江、安徽等省区。保护区常见。

图1　硬毛地笋

图2　花序

活血丹 *Glechoma longituba*

科 唇形科 Lamiaceae

属 活血丹属 *Glechoma*

特征 多年生草本，茎基部带淡紫红色，幼嫩部分疏被长柔毛（图1）。下部叶较小，心形，上部叶心形，具粗圆齿或粗齿状圆齿。轮伞花序具2（—6）花，苞片及小苞片线形，花萼管形，上唇3齿较长。花冠蓝或紫色，下唇具深色斑点，冠筒管状钟形（图2）。小坚果长约1.5毫米，顶端圆，基部稍三棱形。花期4—5月，果期5—6月。

图1　活血丹

图2　花

用途 其味辛，性凉，具有清热解毒、散瘀消肿等功效。

分布 除青海、新疆及西藏外，全国各地均有分布。保护区多见。

薄荷 *Mentha canadensis*

科 唇形科 Lamiaceae

属 薄荷属 *Mentha*

特征 多年生草本，茎多分枝（图1）。叶对生，卵状披针形，基部以上疏生粗牙齿状锯齿。轮伞花序腋生（图2），花萼管状钟形，被微柔毛及腺点，10脉不明显，萼齿窄三角状钻形，花冠淡紫或白色，长约4毫米，稍被微柔毛，上裂片2裂，余3裂片近等大，长圆形，先端钝，雄蕊长约5毫米，花柱略超出雄蕊，先端2浅裂。小坚果黄褐色。花期7—9月，果期10月。

图1　薄荷

图2　花序

用途 薄荷是中华常用中药之一。它是辛凉性发汗解热药，治流行性感冒等症。平常以薄荷代茶，可清心明目。

分布 南北各地均产。泾县琴溪偶见。

风轮菜 *Clinopodium chinense*

科 唇形科 Lamiaceae

属 风轮菜属 *Clinopodium*

特征 基部匍匐，具细纵纹，密被短柔毛及腺微柔毛。叶对生，卵形，具圆齿状锯齿。轮伞花序具多花（图1），半球形，苞片多数，针状，花萼窄管形，带紫红色，上唇3齿长三角形，稍反折，下唇2齿直伸，具芒尖，花冠紫红色，上唇先端微缺，下唇3裂。小坚果黄褐色，倒卵球形。

用途 具有疏风清热、解毒消肿的功效，可治疗感冒发热、中暑、喉咙肿痛、外伤出血等。

分布 分布于江苏、浙江、安徽、台湾、江西、湖北、湖南、广西、广东、四川、贵州、西藏等地。保护区常见。

图1　风轮菜

细风轮菜 *Clinopodium gracile*

科 唇形科 Lamiaceae

属 风轮菜属 *Clinopodium*

特征 茎多数，具匍匐茎（图1）。叶对生，卵状披针形，由下至上渐狭，先端钝至尖，基部圆，疏生圆锯齿。轮伞花序具少花，组成短总状花序（图2），苞片卵状披针形，具锯齿，苞片针状，花萼管形，基部圆，花冠白或紫红色，长约4.5毫米，被微柔毛。小坚果卵球形，平滑。花期6—8月，果期8—10月。

图1　细风轮菜

图2　花序

用途 全草供药用。

分布 产于华东、华南、西南地区及陕西南部。保护区常见。

紫花香薷 *Elsholtzia argyi*

科 唇形科 Lamiaceae

属 香薷属 *Elsholtzia*

特征 草本，茎四棱形。叶对生，卵形至阔卵形，边缘具圆锯齿，侧脉5—6对。穗状花序生于茎、枝顶端，偏向一侧，由具8花的轮伞花序组成（图1），苞片圆形，花冠玫瑰红紫色，外面被白色柔毛，在上部具腺点，冠檐二唇形，上唇直立，先端微缺，下唇稍开展，中裂片长圆形，侧裂片弧形。雄蕊4，前对较长，伸出，花药黑紫色。花柱纤细，伸出，先端2浅裂。小坚果长圆形，深棕色，外面具细微疣状凸起。花、果期9—11月。

图1　紫花香薷

用途 全草入药，性微温，味辛。具有发汗解暑、利尿、止吐泻、散寒湿等功效。

分布 产于浙江、江苏、安徽、福建、江西、广东、广西、湖南、湖北、四川、贵州等省区。泾县中桥团结大塘尾稍有分布。

紫苏 *Perilla frutescens*

图1　紫苏

科　唇形科 Lamiaceae

属　紫苏属 *Perilla*

特征　茎绿色或紫色，钝四棱形（图1）。叶对生，阔卵形或圆形。轮伞花序2花，组密被长柔毛、偏向一侧的顶生及腋生总状花序（图2）。花冠白色至紫红色，冠檐近二唇形，上唇微缺，下唇3裂，中裂片较大，雄蕊4，几不伸出，雌蕊1，子房4裂，花柱基底着生，柱头2裂。小坚果近球形，灰褐色。花期8—11月，果期8—12月。

用途　拥有特有的活性物质和营养成分，可作药用、食用、油用，作香料用等，经济价值较高，是一种多用途植物。

分布　原产中国，主要分布于印度、缅甸、日本、朝鲜、韩国、印度尼西亚和俄罗斯等国家。保护区常见。

图2　花序

石荠苎 *Mosla scabra*

科 唇形科 Lamiaceae

属 石荠苎属 *Mosla*

特征 也叫石荠苧，一年生草本，茎多分枝，四棱形，具细条纹，密被短柔毛。叶对生，卵状披针形（图1）。总状花序生于主茎及侧枝上，苞片卵形，花萼钟形，花冠粉红色（图2），外面被微柔毛，内面基部具毛环，冠檐二唇形，上唇直立，扁平，先端微凹，下唇3裂，雄蕊4，后对能育，花柱先端2浅裂。小坚果黄褐色。花期5—11月，果期9—11月。

图1　石荠苎　　图2　花序

用途 疏风清暑，行气理血，利湿止痒。

分布 国内多产。保护区常见。

显脉香茶菜 *Isodon nervosus*

科 唇形科 Lamiaceae

属 香茶菜属 *Isodon*

特征 多年生草本。茎幼时被微柔毛。叶片披针形至狭披针形（图1），长5—13厘米，宽1—3厘米，先端长渐尖，边缘有具胼胝体硬尖的浅锯齿，侧脉4—5对，两面隆起。聚伞花序具5—9花，组成疏散的顶生圆锥花序。花梗、花序梗及花序轴均密被微柔

图1　显脉香茶菜

图2　花序

毛，花萼钟形，果时略增大呈阔钟形，萼齿5，花冠淡紫色或蓝色，外疏被微柔毛，雄蕊与花柱伸出花冠外（图2）。小坚果卵球形。花果期8—11月。本种与溪黄草（*Isodon serra*）相似，后者因叶片宽且干后黑色而易区别。

用途 地上部分可入药，味苦，性寒，有清热利湿、凉血散瘀的功效。

分布 产于西北、华东、华南、西南等地，在俄罗斯远东地区及朝鲜也有分布。保护区常见。

韩信草 *Scutellaria indica*

科 唇形科 Lamiaceae

属 黄芩属 *Scutellaria*

特征 多年生草本，茎深紫色，茎上部及沿棱毛密（图1）。叶心状卵形或椭圆形，具圆齿。总状花序（图2），花对生，花萼被硬毛及微柔毛，盾片果时竖起，花冠蓝紫色（图3），冠檐唇形，上唇盔状，下唇中裂片圆状卵圆形，花盘肥厚，子房柄短，光滑，花柱细长。成熟小坚果栗色或暗褐色，2—6月开花结果。

用途 全草入药，苦、寒、无毒，有平肝消热的功效。

图1　韩信草

图2 花序

图3 花

分布 分布于中国、朝鲜、日本、印度、中南半岛、印度尼西亚等地。保护区常见。

半枝莲 *Scutellaria barbata*

科 唇形科 Lamiaceae

属 黄芩属 *Scutellaria*

特征 多年生草本，茎无毛或上部疏被平伏柔毛。叶对生，卵状披针形，疏生浅钝牙齿（图1）。总状花序顶生（图2），下部苞叶椭圆形或窄椭圆形，花萼长约2毫米，沿脉被微柔毛，具缘毛，盾片高约1毫米，花冠紫蓝色，被短柔毛，冠筒基部囊状，上唇半圆形，下唇中裂片梯形，侧裂片三角状卵形。小坚果褐色，扁球形，被瘤点。

用途 全草入药，有凉血解毒、散瘀止痛、消肿和清热利湿的功效。

分布 原产南美洲，现在分布于阿根廷、巴西南部、乌拉圭以及中国。宣城金梅岭有分布。

图1 半枝莲

图2 花序

水蜡烛 *Pogostemon yatabeanus*

科 唇形科 Lamiaceae

属 刺蕊草属 *Pogostemon*

特征 多年生草本，茎无毛，四棱形（图1）。叶3—4轮生，窄披针形。穗状花序长2.8—7厘米（图2），苞片线状披针形，花萼卵球状钟形，花冠紫红色，长3.6—4毫米，无毛，冠檐近相等4裂，雄蕊伸出，花丝密被紫红色髯毛。小坚果。花期8—10月。

用途 供观赏。

分布 产于浙江、安徽、湖南、贵州等省区。泾县中桥团结大塘有少量分布。

图1　水蜡烛

图2　花序

针筒菜 *Stachys oblongifolia*

科 唇形科 Lamiaceae

属 水苏属 *Stachys*

特征 多年生草本，茎直立或上升，或基部多少匍匐，锐四棱形，具四槽（图1）。茎生叶长圆状披针形，上面绿色，下面灰绿色。轮伞花序通常6花，下部者远离，上部

图1　针筒菜

图2　花序

密集组成长5—8厘米的顶生穗状花序（图2），小苞片线状刺形，微小。花冠粉红色或粉红紫色，在冠檐上被较多疏柔毛，内面在喉部被微柔毛，毛环不明显或缺如。小坚果卵珠状，褐色，光滑。

用途 全草入药，治久痢、久病虚弱及外伤出血。

分布 产于江苏、台湾、安徽、江西、河南、湖北、湖南、广东、广西、贵州、四川及云南等省区。保护区常见。

益母草 *Leonurus japonicus*

科 唇形科 Lamiaceae

属 益母草属 *Leonurus*

特征 一年生或二年生草本，茎直立，钝四棱形，微具槽（图1）。茎下部叶轮廓为卵形，基部宽楔形，掌状3裂，上部叶常分裂。对生。轮伞花序（图2），花冠较大，下唇比上唇短，花淡红色，上唇密被灰白色长柔毛。具有四个小坚果（图3）。

图1　益母草

图2　花序

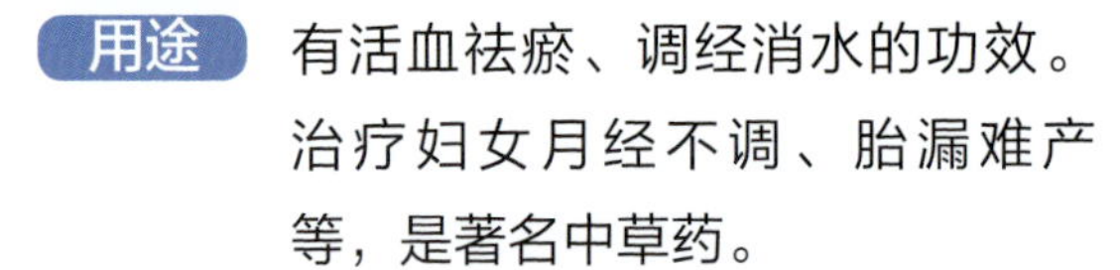

用途　有活血祛瘀、调经消水的功效。治疗妇女月经不调、胎漏难产等，是著名中草药。

分布　产于中国各地。保护区常见。

图3　四个小坚果

宝盖草 *Lamium amplexicaule*

科　唇形科 Lamiaceae

属　野芝麻属 *Lamium*

特征　一年生或二年生草本，茎基部多分枝（图1）。叶圆形或肾形，半抱茎，具深圆齿或近掌状分裂。轮伞花序具6—10花（图2），苞片长约4毫米，具缘毛，花萼管状钟形，萼齿披针状钻形，花冠紫红或粉红色，上唇长圆形，长约4毫米，下唇稍

图1　宝盖草

图2　花序

长，中裂片倒心形，具2小裂片，花丝无毛，花药被长硬毛。小坚果淡灰黄色，倒卵球形，具三棱，被白色小瘤。花期3—5月，果期7—8月。

用途 全草入药。其味辛、苦，性微温。有活血通络、解毒消肿的功效。

分布 南北均产。保护区常见。

弹刀子菜 *Mazus stachydifolius*

科 通泉草科 Mazaceae

属 通泉草属 *Mazus*

特征 多年生草本，茎直立，有时基部多分枝（图1）。基生叶匙形，有短柄，常早枯萎，茎生叶对生，上部叶常互生。总状花序顶生，苞片三角状卵形，萼齿较筒部

图1　弹刀子菜

图2　花

稍长，披针状三角形，花冠蓝紫色（图2），花冠筒与唇部近等长，上唇短，2裂，裂片尖，下唇开展，3裂，中裂较侧裂小，褶襞被黄色斑点及腺毛。蒴果扁卵球形，长2—3.5毫米。

用途 具有清热解毒、凉血散瘀的功效。

分布 分布于东北、河北、山东、江苏、浙江、安徽、江西、湖北、四川等地。保护区随处可见。

泡桐 *Paulownia fortunei*

科 泡桐科 Paulowniaceae

属 泡桐属 *Paulownia*

特征 高大乔木。叶片卵状心脏形，长达20厘米，顶端长渐尖或锐尖头，成熟叶片下面密被绒毛（图1）。花序狭长几成圆柱形，小聚伞花序有花3—8朵（图2），萼倒圆锥形，花后逐渐脱毛，分裂至1/4或1/3处，萼齿卵圆形至三角状卵圆形，花冠管状漏斗形，白色仅背面稍带紫色或浅紫色。蒴果长圆形或长圆状椭圆形，宿萼开展或漏斗状，果皮木质（图3）。

图1　泡桐

用途 适于庭院、公园、广场、街道作庭荫树或行道树。果，化痰止咳。叶、花，消肿解毒，主治疔肿疮毒、痈疽。

分布 南北均产。郎溪县高井庙多见。

图2　花序

图3　蒴果

冬青 *Ilex chinensis*

科 冬青科 Aquifoliaceae

属 冬青属 *Ilex*

特征 常绿乔木。叶椭圆形或披针形，侧脉6—9对（图1）。复聚伞花序单生叶腋，花淡紫或紫红色（图2），4—5基数，花萼裂片宽三角形，花瓣卵形，雄蕊短于花瓣，退化子房圆锥状。果长球形，熟时红色（图3）。花期4—6月，果期7—12月。

用途 为常见的庭院观赏树种。其木材坚韧，可用于制玩具、雕刻品等。

分布 产于江苏、安徽、浙江、江西、福建、台湾、河南、湖北、湖南、广东、广西。宣城金梅岭、泾县双坑程家畈有分布。

图1　冬青

图2　花

图3　果实

光叶细刺枸骨 *Ilex hylonoma* var. *glabra*

科 冬青科 Aquifoliaceae

属 冬青属 *Ilex*

特征 光叶细刺枸骨是细刺枸骨的变种，常绿乔木，小枝圆柱形（图1），叶面深绿色，

图1　光叶细刺枸骨

图2　果实

叶片革质或厚革质，披针形、卵状披针形或椭圆形，主脉上面无毛。聚伞花序簇生，花萼盘状，无毛，花冠辐状，淡黄色，花瓣倒卵状椭圆形，雄蕊与花瓣互生，花药卵球形。果近球形，成熟时红色（图2）。花期3—5月，果期10—11月。

用途　用于观赏。

分布　分布于安徽、浙江、湖南和广西等省区。仅见泾县双坑程家畈。

枸骨冬青 *Ilex cornuta*

科　冬青科 Aquifoliaceae

属　冬青属 *Ilex*

特征　常绿灌木或小乔木，小枝粗，具纵沟（图1）。叶二型，四角状长圆形，先端宽三角形、有硬刺齿，反曲，具1—3对刺齿，侧脉5—6对（图2）。花序簇生叶腋，花4基数，淡黄绿色（图3）。果球形，熟时红色，宿存柱头盘状（图4）。花期4—5月，果期10—12月。

图1　枸骨冬青（广德卢村）

用途　可供于庭院观赏。其根、枝叶和果可入药，种子含油，可作肥皂原料，树皮可作染料和提取栲胶。

图2　叶

图3　花

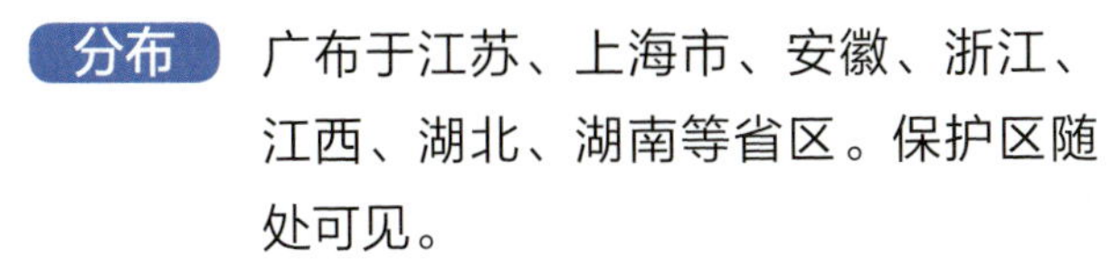

分布 广布于江苏、上海市、安徽、浙江、江西、湖北、湖南等省区。保护区随处可见。

图4　果实

龟甲冬青 *Ilex crenata* var. *convexa*

科 冬青科 Aquifoliaceae

属 冬青属 *Ilex*

特征 常绿小灌木，钝齿冬青栽培变种（图1）。叶面凸起、厚革质，椭圆形至长倒卵形。雄花1—7朵排成聚伞花序，单生于当年生枝的鳞片腋内或下部的叶腋内，雌花单花，2或3花组成聚伞花序生于当年生枝的叶腋内，花4基数，白色，柱头盘状，4裂。果实球形（图2），熟时黑色。花期5—6月，果期8—10月。

图1　龟甲冬青

用途 绿化观赏树种。

分布 多分布于长江下游至华南、华东、华北部分地区。宣城夏渡片有栽培。

图2 果实

无刺枸骨 *Ilex cornuta* 'Fortunei'

科 冬青科 Aquifoliaceae

属 冬青属 *Ilex*

特征 常绿灌木或小乔木。小枝粗，具纵沟，沟内被微柔毛（图1）。叶形倒卵状披针形，浓绿有光泽，无刺（图2）。花序簇生叶腋，花4基数，淡黄绿色（图3）。

图1 无刺枸骨

图2 叶

图3 花

果球形，熟时红色（图4）。花期4—5月，果期10—12月。

用途 是良好的观果观叶树种。

分布 原产于中国长江中下游区域，现各地庭院常有栽培。保护区常见。

图4 果实

羊乳 *Codonopsis lanceolata*

科 桔梗科 Campanulaceae

属 党参属 *Codonopsis*

特征 植株全体光滑无毛，茎基近圆锥状或圆柱。叶在主茎上互生，披针形或菱状窄卵形（图1）。花单生或对生于小枝顶端，黄绿或乳白色内有紫色斑（图2），花丝钻状，子房下位。蒴果下部半球状，上部有喙。种子多数，卵圆形，有翼。花果期7—8月。

图1 羊乳

用途 羊乳性甘、辛，具有消肿、解毒、排脓、祛痰、催乳等功效。

分布 产于东北、华北、华东和中南各省区。宣城金梅岭偶见。

图2 花

蓝花参 *Wahlenbergia marginata*

科 桔梗科 Campanulaceae

属 蓝花参属 *Wahlenbergia*

特征 多年生草本，有白色乳汁（图1）。根细长，外面白色。叶互生，常在茎下部密集，下部叶匙形至椭圆形，上部的线状披针形或椭圆形。萼筒倒卵状圆锥形，裂片三角状钻形，花冠钟状，蓝色，分裂达2/3，裂片倒卵状长圆形（图2）。蒴果倒卵状圆锥形，有10条不明显肋。种子长圆状，光滑。

用途 可以药用，治小儿疳积、痰积和高血压等症。

分布 分布于亚洲以及中国大陆的长江流域以南等地。保护区偶见。

图1 蓝花参

图2 花

杏叶沙参 *Adenophora petiolata* subsp. *hunanensis*

科 桔梗科 Campanulaceae

属 沙参属 *Adenophora*

特征 茎高达1.2米，不分枝。茎生叶至少下部的具柄，叶卵状披针形。花序分枝长，近平展或弓曲向上，常组成大而疏散的圆锥花序（图1），萼筒倒圆锥状，裂片卵形或长卵形，花冠钟状，蓝、紫或蓝紫色（图2），长1.5—2厘米，裂片三角状卵形，长为花冠的1/3，花柱与花冠近等。蒴果球状椭圆形。种子椭圆状，有1条棱。花期7—9月。

用途 有清热养阴、润肺止咳的功效。且供观赏。

分布 中国的特有植物，南北多产。泾县双坑核心区塘埂有分布。

图1　杏叶沙参

图2　花

半边莲 *Lobelia chinensis*

科 桔梗科 Campanulaceae

属 半边莲属 *Lobelia*

特征 多年生草本（图1）。叶互生，椭圆状披针形或线形。花通常1朵，生分枝的上部叶腋，花萼筒倒长锥状，花冠粉红或白色（图2），喉部以下生白色柔毛，5裂片偏向一侧。蒴果倒锥状，长约6毫米。种子椭圆状，稍扁压，近肉色。花果期5—10月。

用途 全草药用，味甘，性平，具有清热解毒的功效。既可解虫毒，亦可解蛇毒，为杀菌消炎之佳品。

分布 原产南非，中国长江流域及南部地区均有分布，印度以东的亚洲其他各国也有分布。保护区随处可见。

图1　半边莲

图2　花

荇菜 *Nymphoides peltata*

科 睡菜科 Menyanthaceae

属 荇菜属 *Nymphoides*

特征 多年生水生草本，茎圆柱形，多分枝，密生褐色斑点（图1）。上部叶对生，下部叶互生，叶片飘浮，近革质，卵圆形。花常多数，簇生节上，5数，花萼分裂近基部，花冠金黄色，冠筒短，喉部具5束长柔毛，分长柱花（图2）、短柱花（图3）两种。蒴果无柄，椭圆形。种子大，褐色，椭圆形。花果期4—10月。

图1 荇菜

图2 长柱花

图3 短柱花

用途 全草可入药，主治疮肿及热淋等。优良水生观花植物。

分布 中国绝大多数地区均有分布。泾县中桥片、泾川五星村、南陵县新塘等地多见。

泥胡菜 *Hemisteptia lyrata*

科 菊科 Asteraceae

属 泥胡菜属 *Hemisteptia*

特征 一年生草本，茎单生，被稀疏蛛丝毛（图1）。基生叶长椭圆形或倒披针形，花期通常枯萎，中下部茎叶与基生叶同形，全部叶大头羽状深裂或几全裂。头状花序在茎枝顶端排成疏松伞房花序（图2）。总苞宽钟状或半球形，多层，覆瓦状排列，小花紫色或红色，花冠长1.4厘米，深5裂。瘦果小，楔状或偏斜楔形，冠毛异型，白色，两层。花果期3—8月。

图1　泥胡菜

图2　头状花序

用途　田间杂草。

分布　除新疆、西藏外，遍布全国。保护区常见。

大蓟 *Cirsium spicatum*

图1　大蓟

科　菊科 Asteraceae

属　蓟属 *Cirsium*

特征　多年生草本，根簇生，茎直立，有细纵纹，基部有白色丝状毛。基生叶丛生，有柄，倒披针形或倒卵状披针形，羽状深裂，边缘齿状，齿端具针刺，上面疏生白色丝状毛，茎生叶互生，基部心形抱茎（图1）。头状花序顶生（图2），总苞钟状，4—6层，花两性，管状，紫色。瘦果长椭圆形，冠毛多层，羽状，暗灰色。花期5—8月，果期6—8月。

图2 花序

用途 林地杂草。全草可药用。

分布 我国南北地区均有分布。保护区常见。

刺儿菜 *Cirsium arvense* var. *integrifolium*

科 菊科 Asteraceae

属 蓟属 *Cirsium*

特征 别名小蓟。多年生草本，茎上部花序分枝无毛或有薄绒毛。基生叶和中部茎生叶椭圆形或椭圆状倒披针形，茎生叶均不裂，叶缘有细密针刺，或大部茎叶羽状浅裂（图1）。头状花序单生茎端或排成伞房花序（图2），总苞卵圆形或长卵形，总苞片约6层，覆瓦

图1 刺儿菜

状排列，向内层渐长，先端有刺尖，小花紫红或白色。瘦果淡黄色，顶端斜截，冠毛污白色。花果期5—9月。

用途 岸边杂草，能护堤。也可药用。

分布 除西藏、云南、广东、广西外，几遍全国各地。保护区随处可见。

图2 花序

飞廉 *Carduus nutans*

科 菊科 Asteraceae

属 飞廉属 *Carduus*

特征 二年生或多年生草本，茎单生或簇生，茎枝疏被蛛丝毛和长毛（图1）。中下部茎

图1 飞廉

图2　叶

图3　花序

生叶长卵形或披针形，羽状半裂或深裂，侧裂片5—7对，斜三角形或三角状卵形（图2）。头状花序下垂，单生茎枝顶端，总苞钟状，小花紫色（图3）。瘦果灰黄色，楔形，稍扁，有多数浅褐色纵纹及横纹，果缘全缘。

用途 可食用，是优良蜜源植物，也有药用价值。

分布 产于华东、西南、西北至东北。保护区常见。

苦苣菜 *Sonchus oleraceus*

科 菊科 Asteraceae

属 苦苣菜属 *Sonchus*

特征 一年生或二年生草本。基生叶羽状深裂，或大头羽状深裂，倒披针形，中下部茎生叶羽状深裂或大头状羽状深裂，椭圆形或倒披针形，柄基部扩大抱茎（图1）。头状花序排成伞房或总状花序或单生茎顶（图2），总苞宽钟状，舌状小花黄色。瘦果褐色，长椭圆形或长椭圆状倒披针形，两面各有3条细脉，冠毛白色。花果期5—12月。该物种与续断菊（*Sonchus asper*）相似，但后者叶柄基部呈圆耳状抱茎且叶质稍硬而区别（图3）。

图1　苦苣菜

图2　花序

图3　续断菊

用途 茎叶柔嫩多汁，嫩茎叶含水量高达90%，稍有苦味，是一种良好的青绿饲料。

分布 分布几遍全球。保护区常见。

蒲公英 *Taraxacum mongolicum*

科 菊科 Asteraceae

属 蒲公英属 *Taraxacum*

特征 多年生草本植物（图1）。根圆柱状，表面棕褐色，皱缩。叶边缘有时具波状齿或羽状深裂，基部渐狭成叶柄，叶柄及主脉常带红紫色，花葶上部紫红色，密被蛛丝状白色长柔毛。头状花序，舌状花黄色（图2），舌片长约8毫米，宽约1.5毫米，边缘花舌片背面具紫红色条纹，花药和柱头暗绿色。果序球形（图3），连萼

图1　蒲公英

图2　花序

图3　果序

图4　连萼瘦果

瘦果倒卵状披针形，暗褐色，冠毛白色（图4），长约6毫米。花果期4—10月。

用途　全草供药用，有清热解毒、消肿散结的功效。

分布　全国广布。保护区随处可见。

抱茎苦荬菜 *Crepidiastrum sonchifolium*

科　菊科 Asteraceae

属　假还阳参属 *Crepidiastrum*

特征　也叫尖裂假还阳参，多年生草本。基生叶莲座状，匙形至长椭圆形，上部叶心状披针形，多全缘，基部心形或圆耳状抱茎（图1）。头状花序排成伞房或伞房圆锥花序，总苞圆柱形，舌状小花黄色（图2）。瘦果黑色，纺锤形，喙细丝状，冠毛白色。花果期3—5月。

用途　全草入药，有清热解毒、凉血、活血的功效。也可供观赏。

图1　抱茎苦荬菜

图2　头状花序

分布 国内广布。保护区随处可见。

稻槎菜 *Lapsanastrum apogonoides*

科 菊科 Asteraceae

属 稻槎菜属 *Lapsanastrum*

特征 一年生小草本，茎基部簇生分枝（图1）。基生叶椭圆形，大头羽状全裂或几全裂，茎生叶与基生叶同形并等样分裂，向上茎叶不裂。头状花序排成疏散伞房状圆锥花序，总苞片2层，舌状小花黄色，两性（图2）。瘦果淡黄色，椭圆形或长椭圆状倒披针形，有12条纵肋，顶端两侧有1枚长钩刺。花果期1—6月。

用途 草坪植物，可供观赏。

分布 分布于陕西、江苏、安徽、浙江、福建、江西、湖南、广东、广西、云南等省区。保护区常见。

图1　稻槎菜

图2　花序

黄鹌菜 *Youngia japonica*

图1　黄鹌菜

图2　花序

科 菊科 Asteraceae

属 黄鹌菜属 *Youngia*

特征 多年生草本，茎直立，多分枝（图1）。基生叶倒披针形，大头羽状深裂或全裂，无茎生叶或极少有茎生叶。头状花序排成伞房花序（图2），总苞圆柱状，4层，舌状花黄色。瘦果纺锤形，红褐色，有11—13条纵肋，冠毛糙毛状。花果期4—10月。

用途 《中华本草》记载其清热解毒，利尿消肿，主治感冒、咽痛、毒蛇咬伤等。将黄鹌菜嫩苗或嫩叶洗净，沸水烫后，可凉拌、做汤或做馅。

分布 分布于北京、陕西、甘肃、山东、江苏、安徽、浙江、江西、福建、河南、湖北、湖南、广东、广西、四川、云南、西藏等地。保护区随处可见。

大吴风草 *Farfugium japonicum*

科 菊科 Asteraceae

属 大吴风草属 *Farfugium*

特征 多年生草本。基生叶莲座状，肾形，先端圆，全缘或有小齿或掌状浅裂，茎生叶1—3，苞叶状，长圆形或线状披针形（图1）。花葶高达70厘米，幼时密被淡黄色柔毛，后多少脱落，基部被极密柔毛，舌状花黄色（图2）。瘦果圆柱形，有纵肋。花果期8月至翌年3月。

用途 有清热解毒、凉血止血、消肿散结的功效。适于观赏。

图1　大吴风草

图2　花序

分布 产于安徽、湖北、湖南、广西、广东、福建、台湾。宣城扬子鳄管理局草坪有栽培。

南方兔儿伞 *Syneilesis australis*

科 菊科 Asteraceae

属 兔儿伞属 *Syneilesis*

特征 多年生草本，茎紫褐色，不分枝（图1）。叶通常2，下部叶盾状圆形，掌状深裂，裂片7—9，每裂片2—3浅裂。头状花序在茎端密集成复伞房状（图2），花序梗长0.5—1.6厘米，具数枚线形小苞片，小花8—10，花冠淡粉白色。瘦果圆柱形，冠毛污白至红色。

用途 具有祛风除湿、解毒活血、消肿止痛等功效。

分布 分布于东北，华北及华东等地。泾县双坑董家冲有分布。

图1　南方兔儿伞

图2　花序

蒲儿根 *Sinosenecio oldhamianus*

科 菊科 Asteraceae

属 蒲儿根属 *Sinosenecio*

特征 多年生或二年生草本，根状茎木质（图1）。基部叶在花期凋落，叶片卵状圆形，边缘具浅至深重齿或重锯齿。头状花序多数排列成顶生复伞房状花序（图2），总苞宽钟状，苞片紫色，草质，舌状花约13，长圆形，管状花多数，花冠黄色，花柱分枝外弯。瘦果圆柱形。花果期1—12月。

用途 供观赏。

分布 国内广布。保护区常见。

图1 蒲儿根

图2 花序

千里光 *Senecio scandens*

科 菊科 Asteraceae

属 千里光属 *Senecio*

特征 多年生攀援草本（图1）。叶卵状披针形或长三角形，边缘常具齿，侧脉7—9对，上部叶变小，披针形或线状披针形。头状花序有舌状花，排成复聚伞圆锥花

图1 千里光

序，花序梗具苞片，小苞片1—10，线状钻形，舌状花8—10（图2），管部长4.5毫米，舌片黄色，管状花多数，花冠黄色。瘦果圆柱形，冠毛白色。花期8月至翌年4月。

图2 花序

用途 其性寒、味苦，具有清热解毒、明目、止痒等功效。多用于风热感冒、皮肤湿疹。

分布 产于西藏、陕西、湖北、四川、贵州、云南、安徽、浙江、江西、福建、湖南、广东、广西、台湾等省区。保护区常见。

鼠曲草 *Pseudognaphalium affine*

科 菊科 Asteraceae

属 鼠曲草属 *Pseudognaphalium*

特征 茎直立或基部有匍匐或斜上分枝，被白色厚棉毛（图1）。头状花序径2—3毫米，在枝顶密集成伞房状，花黄或淡黄色，总苞钟形，总苞片2—3层，金黄色或柠檬黄色，膜质，有光泽，外层倒卵形或匙状倒卵形，背面基部被棉毛，内层长匙形。瘦果倒卵状圆柱形，冠毛粗糙，污白色。花期1—4月，8—11月。

图1 鼠曲草

用途 茎叶入药。

分布 除东北外全国遍产，也分布于东亚、东南亚及印度。保护区随处可见。

马兰 *Aster indicus*

科 菊科 Asteraceae

属 紫菀属 *Aster*

特征 茎直立，上部或从下部起有分枝（图1）。基部叶在花期枯萎，茎部叶倒披针形或倒卵状矩圆形（图2），上部叶小，全缘。头状花序单生于枝端并排列成疏伞房状。总苞片2—3层，覆瓦状排列，舌状花1层，15—20个，舌片浅紫色，长达10毫米，管状花黄色（图3）。瘦果倒卵状矩圆形，褐色。

用途 花繁多漂亮，可供观赏。嫩叶可食用。

分布 广泛分布于亚洲南部及东部。保护区常见。

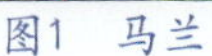

图1　马兰

图2　叶

图3　花序

三脉紫菀 *Aster ageratoides*

科 菊科 Asteraceae

属 紫菀属 *Aster*

特征 多年生草本，茎高达被柔毛或粗毛。下部叶宽卵圆形，骤窄成长柄，中部叶窄披针形或长圆状披针形，上部叶有浅齿或全缘，叶纸质，离基3出脉（图1）。头状花序径1.5—2厘米，排成伞房或圆锥伞房状，总苞片3层，覆瓦状排列，线状长圆形，舌片线状长圆形，紫、浅红或白色（图2）。瘦果倒卵状长圆形，灰褐色。花

图1　三脉紫菀

果期7—12月。

用途　据《植物名实图考》湖南、江西草医常用以煎洗无名肿毒。

分布　全国多见。保护区常见。

图2　花序

一年蓬 *Erigeron annuus*

科　菊科 Asteraceae

属　飞蓬属 *Erigeron*

特征　一年生或二年生草本，茎下部被长硬毛，上部被上弯短硬毛。基部叶长圆形或宽卵形，下部茎生叶与基部叶同形，叶柄较短，中部和上部叶长圆状披针形或披针形（图1）。头状花序数个或多数，排成疏圆锥花序，总苞片3层，披针形，外围

图1　一年蓬

图2　头状花序

雌花舌状，2层，舌片平展，白色或淡天蓝色，先端具2小齿，中央两性花管状，黄色（图2）。瘦果披针形，冠毛异形。花期6—9月。

用途 外来有害杂草。

分布 原产北美洲，在北半球温带及亚热带地区广泛分布，被列入《中国入侵植物名录》中的1级，属于入侵物种。保护区随处可见。

香丝草 *Erigeron bonariensis*

图1　香丝草

科 菊科 Asteraceae

属 飞蓬属 *Erigeron*

特征 也叫野塘蒿，一年生或二年生草本，茎密被贴短毛，兼有疏长毛（图1）。下部叶倒披针形，灰绿色，具粗齿或羽状浅裂，中部和上部叶具短柄或无柄，叶两面均密被糙毛。头状花序径0.8—1厘米，在茎端排成总状或总状圆锥花序（图2），总苞椭圆状卵形，总苞片2—3层，线形，背面密被灰白色糙毛，雌花多层，白色，两性花淡黄色，花冠管状，具5齿裂。瘦果线状披针形。花期5—10月。

用途 林地杂草。

图2　花序

分布　原产南美洲，现广泛分布于热带及亚热带地区，我国中部、东部、南部至西南部各省区常见。保护区随处可见。

加拿大一枝黄花 *Solidago canadensis*

科　菊科 Astcraccac

属　一枝黄花属 *Solidago*

特征　多年生草本，茎直立，高达2—3米（图1），有长的根状茎。叶披针形或线状披针

图1　加拿大一枝黄花

图2 单面着生的头状花序

图3 圆锥状花序

形。头状花序很小，在花序分枝上单面着生，多数弯曲的花序分枝与单面着生的头状花序（图2），形成开展的圆锥状花序（图3）。总苞片线状披针形，长3—4毫米。边缘舌状花很短。

用途 公园及植物园引种栽培，供观赏。加拿大一枝黄花为恶性外来入侵种，影响当地生物多样性，应予以清除。

分布 原产北美，路边以及荒地常见。郎溪县高井庙、南陵县合义等地多见。

一枝黄花 *Solidago decurrens*

科 菊科 Asteraceae

属 一枝黄花属 *Solidago*

特征 多年生草本，茎单生或丛生（图1）。中部茎生叶长椭圆形，长2—5厘米，下部楔形渐窄，叶柄具翅，向上叶渐小，叶柄具长翅（图2）。头状花序径6—9毫米，多数在茎上部排成长6—25厘米总状花序或伞房圆锥花序（图3），舌状花舌片椭圆形，长6毫米。瘦果长3毫米，无毛，稀顶端疏被柔毛。花果期4—11月。

用途 有疏风解毒、退热行血、消肿止痛的功效，主治毒蛇咬伤等，家畜误食会中毒引起麻痹及运动障碍。

图1 一枝黄花

图2　叶与花序

图3　头状花序

分布 江苏、浙江、安徽、江西、四川、贵州、湖南、湖北、广东、广西、云南及陕西南部、台湾等地广为分布。泾县昌桥乡中桥村团结大塘周边山坡有分布。

野菊花 *Chrysanthemum indicum*

科 菊科 Asteraceae

属 菊属 *Chrysanthemum*

特征 多年生草本，茎直立或铺散。中部茎叶长卵形或椭圆状卵形，羽状半裂、浅裂或分裂不明显而边缘有浅锯齿（图1）。头状花序直径1.5—2.5厘米，多数在茎枝顶

图1　野菊花

端排成疏松的伞房圆锥花序或少数在茎顶排成伞房花序（图2），总苞片约5层，外层卵形或卵状三角形，中层卵形，内层长椭圆形，舌状花一轮，黄色，皱缩卷曲，管状花多数，深黄色。瘦果长1.5—1.8毫米。花期6—11月。

图2　头状花序

用途 野菊的干燥头状花序可以作为中药用，花性微寒，具有清热解毒、泻火平肝的作用。也可供观赏。

分布 全国广布。保护区常见。

黄花蒿 *Artemisia annua*

科 菊科 Asteraceae

属 蒿属 *Artemisia*

特征 一年生草本（图1）。叶两面具脱落性白色腺点及细小凹点，叶柄长1—2厘米，基部有半抱茎假托叶（图2）。头状花序球形，多数，有短梗，基部有线形小苞叶，在分枝上排成总状或复总状花序，在茎上组成开展的尖塔形圆锥花序，总苞片背面无毛。瘦果椭圆状卵圆形，稍扁。

用途 全草入药，味苦，性寒、凉，无毒，有清热、解暑、凉血、驱风止痒的功效，是提取抗疟疾药物青蒿素的主要原料。

分布 遍及全国。保护区常见。

图1　黄花蒿

图2　叶

野艾蒿 *Artemisia lavandulifolia*

科 菊科 Asteraceae

属 蒿属 *Artemisia*

特征 多年生草本，稀亚灌木状，茎成小丛，稀单生，茎、枝被灰白色蛛丝状柔毛（图1）。叶上面具密集白色腺点及小凹点，下面除中脉外密被灰白色密绵毛（图2）。头状花序多数，排成密穗状或复穗状花序，在茎上组成圆锥花序，雌花4—9，两性花10—20，花冠檐部紫红色。瘦果长卵圆形或倒卵圆形。

用途 具有散寒、祛湿、温经、止血等功效。嫩叶可做“蒿子粑”。

分布 我国南北广见。保护区常见。

图1 野艾蒿

图2 叶背面

蒌蒿 *Artemisia selengensis*

科 菊科 Asteraceae

属 蒿属 *Artemisia*

特征 多年生草本（图1），具清香气味，茎下部通常半木质化，上部有着生头状花序的分枝。叶纸质或薄纸质，背面密被灰白色蛛丝状平贴的绵毛（图2）。头状花序多数，长圆形或宽卵形，直立或稍倾斜（图3）。瘦果略扁，无毛，卵形。花果期7—10月。

用途 嫩茎叶可食，具有丰富的营养成分，可凉拌、腌制酱菜或炒食。蒌蒿不仅是良好

图1　蒌蒿

图2　背面叶

图3　花序

的饲料，还是酸奶、茶和各种饮料的良好原料。

分布　南北各地均广布。保护区水陆交界处常见。

奇蒿 *Artemisia anomala*

科　菊科 Asteraceae

属　蒿属 *Artemisia*

特征　多年生草本，茎单生（图1）。叶上面初微被疏柔毛，下面初微被蛛丝状绵毛，上部叶与苞片叶小。头状花序长圆形或卵圆形，径2—2.5毫米，排成密穗状花序，在茎上端组成窄或稍开展的圆锥花序（图2），总苞片背面淡黄色，雌花4—6，两性花6—8。瘦果倒卵圆形或长圆状倒卵圆形。花果期6—11月。

用途　含挥发油，全草入药，东南各省称“刘寄奴”，有活血、通经、清热、解毒、消炎的功效。

图1　奇蒿

分布 产于河南、江苏、浙江、安徽、江西、福建、台湾、湖北、湖南、广东、广西、四川、贵州等省区。泾县中桥片偶见。

图2 花序

旋覆花 *Inula japonica*

科 菊科 Asteraceae

属 旋覆花属 *Inula*

特征 多年生草本，茎被长伏毛（图1）。中部叶长圆状披针形，基部常有圆形半抱茎小耳。头状花序径3—4厘米，排成疏散伞房花序，舌状花黄色（图2），较总苞长2—2.5倍，舌片线形，长1—1.3厘米，管状花花冠长约5毫米，冠毛白色，有20余微糙毛，与管状花近等长，瘦果长1—1.2毫米，圆柱形，有10条浅沟，被疏毛。

用途 干燥头状花序可以作为中药使用，味苦、辛，性微温，具有降气、消痰、行水、止呕的作用。

图1 旋覆花

图2 花序

分布 原产中国北部、东北部、中部、东部各省，在蒙古、朝鲜、俄罗斯西伯利亚和日本也有分布。郎溪县高井庙片有分布。

天名精 *Carpesium abrotanoides*

科 菊科 Asteraceae

属 天名精属 *Carpesium*

特征 多年生粗壮草本（图1）。茎下部近无毛，上部密被柔毛。茎下部叶宽椭圆形或长椭圆形，长8—16厘米，茎上部叶较密，椭圆状披针形，具短柄。头状花序多数（图2），生茎端及沿茎、枝生于叶腋，成穗状排列，总苞钟状球形，3层，向内渐长，雌花窄筒状，两性花筒状。花果期7—10月。

用途 全草入药，也供观赏。

分布 产于华东至西南各省区，东亚、南亚及东南亚北部至亚洲中部地区均有分布。保护区常见。

图1 天名精

图2 头状花序

石胡荽 *Centipeda minima*

科 菊科 Asteraceae

属 石胡荽属 *Centipeda*

特征 又叫鹅不食草。一年生草本，茎多分枝，匍匐状（图1）。叶楔状倒披针形，先端钝，基部楔形，边缘有少数锯齿。头状花序小，扁球形（图2），花序梗无或极短，总苞半球形，总苞片2层，边花雌性，多层，花冠细管状，淡绿黄色，2—3微裂，盘花两性，花冠管状，4深裂，淡紫红色，下部有明显的窄管，瘦果椭圆形，具4棱。花果期6—10月。

用途 石胡荽的挥发油和提取物具有止咳、祛痰、平喘的功效。石胡荽的干粉可作为饲料添加剂，能明显地减少家禽的发病率。

分布 中国广布。保护区潮湿环境多见，如塘边、路旁和湿地等。

图1 石胡荽

图2 花序

剑叶金鸡菊 *Coreopsis lanceolata*

科 菊科 Asteraceae

属 金鸡菊属 *Coreopsis*

特征 一年生草本，茎上部有分枝（图1）。茎基部叶成对簇生，叶匙形或线状倒披针形。头状花序单生茎端（图2），径4—5厘米，总苞片近等长，披针形，长0.6—1厘米，舌状花黄色，舌片倒卵形或楔形，管状花窄钟形。瘦果圆形或椭圆形，边缘有膜质翅，顶端有2短鳞片。花期5—9月。

图1　剑叶金鸡菊

用途　花大繁多，宜观赏。

分布　原产北美，我国各地庭院常有栽培。宣城金梅岭、郎溪县高井庙有栽培。

图2　花序

大狼耙草 *Bidens frondosa*

科　菊科 Asteraceae

属　鬼针草属 *Bidens*

特征　一年生草本（图1）。茎直立，分枝，常带紫色。叶对生，一回羽状复叶，小叶3—5枚，披针形，先端渐尖，边缘有粗锯齿。头状花序单生茎端和枝端（图2），外层苞片通常8枚，披针形或匙状倒披针形，叶状，内层苞片长圆形，具淡黄色边缘，无舌状花或极不明显，筒状花两性，5裂。瘦果扁平，狭楔形，顶端芒刺2枚（图3），有倒刺毛。

图1　大狼耙草

图2　花序

用途　全草入药，有强壮、清热解毒的功效。同时，也是外来杂草。

分布　原产北美，现在广布。保护区常见。

图3　芒刺

金盏银盘 *Bidens biternata*

科　菊科 Asteraceae

属　鬼针草属 *Bidens*

特征　一年生草本，茎直立，略具四棱（图1）。一回羽状复叶，小叶卵形至卵状披针形，边缘具锯齿（图2）。头状花序（图3），外层总苞片草质，线形，内层长椭圆形至长圆状披针形。淡黄色舌状花不育或缺，先端3齿裂。瘦果线形，熟时黑色，具4棱，顶端芒刺3—4，具倒刺毛。

图1　金盏银盘

图2　叶

图3　花序

用途　全草入药，有清热解毒、散瘀活血的功效。

分布　产于中国多省区。保护区常见。

苍耳 *Xanthium strumarium*

科　菊科 Asteraceae

属　苍耳属 *Xanthium*

特征　一年生草本。茎被灰白色糙伏毛。叶三角状卵形，近全缘，基部稍心形或平截，基脉3出，下面苍白色，被糙伏毛（图1）。头状花序近于无柄，聚生，单性同株，雄花序球形，小花管状，先端5齿裂，雄蕊5，雌花序卵形，小花2朵，无花冠，花柱线形，突出在总苞外。成熟具瘦果的总苞变坚硬，卵形或椭圆形（图2）。花期7—8月，果期9—10月。

图1　苍耳

用途　种子可榨油，可制油漆，也可作油墨、肥皂的原料。种子有毒，是杀虫植物，对棉蚜、红蜘蛛有效。

分布 全国多产。保护区随处可见。

图2 果实

向日葵 *Helianthus annuus*

科 菊科 Asteraceae

属 向日葵属 *Helianthus*

特征 一年生草本，茎高达3米，被白色粗硬毛（图1）。叶互生，心状卵圆形，三出脉，边缘有粗锯齿，两面被短糙毛。头状花序极大（图2），径10—30厘米，单生于茎端或枝端，总苞片多层，覆瓦状排列，舌状花多数，黄色，不结实，管状花极多数，棕或紫色。瘦果倒卵圆形，上端有2膜片状早落冠毛（图3）。

图1 向日葵

图2　头状花序

图3　果实

用途　主要供食用和观赏。向日葵种子叫葵花籽，含油量很高，味香可口。

分布　原产北美洲，中国向日葵主产区主要分布在东北、西北、华北和华东地区。保护区常见栽培。

菊芋 *Helianthus tuberosus*

科　菊科 Asteraceae

属　向日葵属 *Helianthus*

特征　多年宿根性草本植物，茎直立，有分枝（图1）。有块状的地下茎及纤维状根。叶通常对生，但上部叶互生。头状花序较大（图2），有1—2个线状披针形的苞叶，舌状花通常12—20个，舌片黄色，开展，长椭圆形，管状花花冠黄色，长6毫米。瘦果小，楔形，上端有2—4个有毛的锥状扁芒。花期8—9月。

用途　其地下块茎富含淀粉、菊糖等果糖多聚物，可以食用。

分布　原产北美洲，17世纪传入欧洲，后传入中国。保护区偶见栽培。

图1　菊芋

图2　头状花序

鳢肠 *Eclipta prostrata*

科 菊科 Asteraceae

属 鳢肠属 *Eclipta*

特征 一年生草本，茎基部分枝，被贴生糙毛（图1）。叶长圆状披针形，边缘有细锯齿。头状花序径6—8毫米（图2），总苞球状钟形，总苞片绿色，草质，排成2层，外围雌花2层，舌状，舌片先端2浅裂或全缘，中央两性花多数，花冠管状，白色。瘦果暗褐色，雌花瘦果三棱形，两性花瘦果扁四棱形，边缘具白色肋，有小瘤突。花期6—9月。

用途 全草入药，有凉血、止血、消肿、强壮的功效，也可食用。

分布 全国各省区。保护区湿地常见。

图1 鳢肠

图2 花序

腺梗豨莶 *Sigesbeckia pubescens*

科 菊科 Asteraceae

属 豨莶属 *Sigesbeckia*

特征 一年生草本，茎上部多分枝，被灰白色长柔毛和糙毛（图1）。基部叶卵状披针形，中部叶卵圆形或卵形，基脉3出。头状花序，多数排成疏散圆锥状，花序梗较长，密生紫褐色腺毛和长柔毛（图2），总苞片2层，舌状花花冠管部长1—1.2毫

图1 腺梗豨莶

图2 花序

米，先端2—3齿裂，两性管状花长约2.5毫米，冠檐钟状，顶端4—5裂，瘦果倒卵圆形。

用途 全草均可入药。外用治疗疮肿毒、外伤出血、蛇虫咬伤等症。

分布 产于吉林、辽宁、河北、山西、安徽、河南、甘肃、陕西、江苏、云南及西藏等省区。保护区常见。

豨莶 *Sigesbeckia orientalis*

科 菊科 Asteraceae

属 豨莶属 *Sigesbeckia*

特征 一年生草本（图1），茎上部分枝常成复二歧状，茎中部叶三角状卵圆形或卵状披

图1 豨莶

图2 花序

针形，基部下延成具翼的柄，基脉3出。头状花序多数聚生枝端（图2），排成具叶圆锥花序，总苞片2层，花黄色，雌花花冠的管部长0.7毫米，两性管状花上部钟状，上端有4—5卵圆形裂片。瘦果倒卵圆形，有4棱。花期4—9月，果期6—11月。

用途 具有祛风理湿、利筋骨、清热平肝、解毒消肿等功效。

分布 分布于陕西、江苏、浙江、安徽、江西、四川、福建、台湾、云南等省区。保护区常见。

泽兰 *Eupatorium japonicum*

科 菊科 Asteraceae

属 泽兰属 *Eupatorium*

特征 多年生草本，茎枝被白色皱波状柔毛。叶对生，中部茎生叶椭圆形，羽状脉，侧脉约7对（图1）。花序分枝毛较密，花白色或带红紫色或粉红色（图2）。瘦果熟时淡黑褐色，冠毛白色。花果期6—11月。

用途 全草药用。

分布 产于东北、东南沿海、黄河中下游及长江中下游流域省区。宣城金梅岭、泾县老虎山多见。

图1　泽兰

图2　花序

日本珊瑚树 *Viburnum awabuki*

科 五福花科 Adoxaceae

属 荚蒾属 *Viburnum*

特征 常绿灌木或小乔木（图1）。叶倒卵状矩圆形，侧脉6—8对。圆锥花序，花冠筒长3.5—4毫米，裂片长2—3毫米，白色，花柱较细，柱头常高出萼齿（图2）。果实倒卵圆形至倒卵状椭圆形，熟时红色。花期5—6月，果期9—10月。

图1　日本珊瑚树

用途 是理想的园林绿化树种，因对煤烟和有毒气体具有较强的抗性和吸收能力，适合作绿篱或园景丛植。

分布 长江下游各地常见栽培。保护区多见。

图2　花序

合轴荚蒾 *Viburnum sympodiale*

科 五福花科 Adoxaceae

属 荚蒾属 *Viburnum*

特征 落叶灌木。枝有长枝和短枝之分。冬芽裸露。叶片厚纸质，椭圆状卵形、卵圆形至近圆形，先端渐尖或急尖，基部圆形或微心形，边缘具不规则牙齿状小锯齿，侧脉6—8对（图1）。聚伞花序，第一级辐射枝常5出。花芳香，不孕花位于周边，大型，花冠白色，孕性花小，花冠白色（图2）。果实卵球形。花期4—5月，果期8—9月。

用途 枝叶清热解毒，外用治过敏性皮炎，祛瘀消肿。

分布 产于秦岭以南各省区。泾县双坑董家冲有分布。

图1　合轴荚蒾

图2　花

刚毛荚蒾 *Viburnum setigerum*

科 五福花科 Adoxaceae

属 荚蒾属 *Viburnum*

特征 也叫茶荚蒾，落叶灌木（图1）。冬芽大，具2对外鳞片。叶对生，卵状矩圆形，先端渐尖，基部楔形或圆形。花序复伞形状。花萼紫红色，花冠白色。核果球状卵形，红色（图2）。花期4—5月，果期10月。

用途 可供观赏。

分布 产于长江以南，东至台湾，以及西南至云南。宣城金梅岭有分布。

图1 刚毛荚蒾

图2 果实

图1　蝴蝶荚蒾

蝴蝶荚蒾 *Viburnum plicatum* var. *tomentosum*

图2　叶与花

科　五福花科 Adoxaceae

属　荚蒾属 *Viburnum*

特征　灌木。叶宽卵形或矩圆状卵形，侧脉10—17对（图1）。花序直径4—10厘米，外围有4—6朵白色的不孕花（图2），具长花梗，花冠直径达4厘米，不整齐4—5裂，中央可孕花直径约3毫米，萼筒长约1毫米，花冠辐状，黄白色，雄蕊高出花冠，花药近圆形。果期8—9月。

用途　根及茎供药用，有清热解毒、健脾消积的功效。

分布　分布于陕西南部、安徽南部和西部、浙江、江西、福建、台湾、河南、湖北、湖南、广东、广西、四川、贵州及云南。郎溪县高井庙有分布。

接骨草 *Sambucus javanica*

科 五福花科 Adoxaceae

属 接骨木属 *Sambucus*

特征 高大草本或亚灌木，茎髓部白色（图1）。羽状复叶，小叶2—3对，互生或对生。复伞形花序顶生，大而疏散，萼筒杯状，萼齿三角形，花冠白色，花药黄色或紫色（图2）。果实红色，近圆形（图3）。4—5月开花，8—9月结果。

图1　接骨草

用途 根、茎、叶、花及果实均可入药。根或全草有祛风除湿、活血散瘀的功效。

分布 河北、河南、山东、云南和长江流域以南各地均有分布。宣城金梅岭偶见。

图2　花序

图3　果实

金银花 *Lonicera japonica*

科 忍冬科 Caprifoliaceae

属 忍冬属 *Lonicera*

特征 多年生半常绿缠绕及匍匐茎的灌木（图1）。藤为褐色至赤褐色。卵形叶子对生，

图1　金银花

枝叶均密生柔毛和腺毛。花成对生于叶腋，花色初为白色，渐变为黄色（图2），球形浆果，熟时黑色（图3）。花期4—8月，果熟期10—11月。

用途　药用、观赏。

分布　中国各省区均有分布，朝鲜和日本也有。在北美洲逸生成为难除的杂草。保护区随处可见。

图2　花

图3　果实

细毡毛忍冬 *Lonicera similis*

科 忍冬科 Caprifoliaceae

属 忍冬属 *Lonicera*

特征 落叶藤本，幼枝、叶柄和总花梗均被黄褐色、开展长糙毛或柔毛（图1）。叶纸质，卵状长圆形。双花单生叶腋或少数集生枝端成总状花序，萼筒椭圆形，萼齿近三角形，花冠先白后淡黄色，唇形，雄蕊与花冠几等高，花柱稍超过花冠。果柄长，密被毛，果熟时蓝黑色（图2）。花期5—7月，果期9—10月。

用途 药用，清热解毒。

分布 分布于西北、西南、华东地区。仅见广德桃州镇龙井村。

图1 细毡毛忍冬

图2 果实

大花六道木 *Abelia* × *grandiflora*

科 忍冬科 Caprifoliaceae

属 糯米条属 *Abelia*

特征 常绿灌木，小枝有柔毛，红褐色（图1）。叶对生或3—4枚轮生，卵形至卵状披针形，叶缘有疏锯齿或近全缘。圆锥聚伞花序，数朵着生于叶腋或花枝顶端，漏斗形，花白色，粉红色，萼片宿存至冬季（图2）。瘦果黄褐色。花期6—10月，果期9—11月。

图1　大花六道木

图2　花

用途 可用于观赏。

分布 广泛栽培于北半球，我国长江流域常见栽培。扬子鳄管理局有栽培。

白花败酱 *Patrinia villosa*

科 忍冬科 Caprifoliaceae

属 败酱属 *Patrinia*

特征 多年生草本。根茎长而横走。基生叶丛生，卵状披针形，具粗钝齿，基部楔形下延。聚伞花序组成圆锥花序或伞房花序，萼齿浅波状或浅钝裂状，花冠钟形，白色（图1、图2）。瘦果倒卵圆形，与宿存增大苞片贴生。

图1　白花败酱

图2　花

用途 根茎及根有陈腐臭味，为消炎利尿药。全草药用，与败酱相同。也作猪饲料用。

分布 除西北外，全国均有分布。保护区常见。

禾穗新缬草 *Valerianella locusta*

科 败酱科 Valerianaceae

属 新缬草属 *Valerianella*

特征 一年生或二年生草本，茎二歧分枝（图1、图2）。基生叶莲座状，茎生叶对生，全缘或分裂。聚伞花序呈头状或伞房花序，或单花生于二歧分枝处，苞片存在或无。花小，两性，白色，花萼宿存，花冠漏斗形、高脚碟状，雄蕊（2）3，柱头3。瘦果，顶生宿萼，具 1 枚种子。

用途 外来归化植物。

分布 我国归化于上海、江苏。在安徽省首次发现于泾县泾川镇五星村。

图1　禾穗新缬草

图2　植株

海桐 *Pittosporum tobira*

科 海桐科 Pittosporaceae

属 海桐属 *Pittosporum*

特征 常绿灌木或小乔木，嫩枝被褐色柔毛。叶聚生于枝顶，浓密且有光泽。伞形花序顶生，花为白色，气味芳香（图1）。蒴果呈球形，三瓣裂开，红色（图2）。花期3—5月，果熟期9—10月。

用途 可供观赏。

图1 海桐

图2 果实

分布 产于长江以南各省区。扬子鳄管理局园内有栽培。

崖花海桐 *Pittosporum illicioides*

科 海桐科 Pittosporaceae

属 海桐属 *Pittosporum*

特征 常绿灌木。叶3—8片簇生枝顶，呈假轮生状，薄革质，倒披针形。伞形花序顶生，有2—10花，苞片细小，早落，萼片卵形，花瓣长8—9毫米，淡黄色，雄蕊长6毫米（图1）。蒴果近圆形，略呈三角形，3瓣裂（图2）。

用途 种子含油，提出油脂可制肥皂，茎皮纤维可制纸。

分布 分布于福建、台湾、浙江、江苏、安徽、江西、湖北、湖南、贵州等省区。郎溪县高井庙偶见。

图1 崖花海桐

图2 果实

天胡荽 *Hydrocotyle sibthorpioides*

科 五加科 Araliaceae

属 天胡荽属 *Hydrocotyle*

特征 草本，匍匐铺地。叶圆形或肾状圆形（图1）。花无梗或梗极短，花瓣绿白色，卵形，长约1.2毫米，花丝与花瓣等长或稍长，花柱长约1毫米（图2）。果近心形，两侧扁，中棱隆起，熟后有紫色斑点。花果期4—9月。

用途 味辛、微苦，性凉，有清热利湿、化痰止咳、解毒消肿的功效。

分布 产于陕西、江苏、安徽、浙江、江西、福建、湖南、湖北、广东、广西、台湾、四川、贵州、云南等省区。保护区常见。

图1 天胡荽

图2 花序

八角金盘 *Fatsia japonica*

科 五加科 Araliaceae

属 八角金盘属 *Fatsia*

特征 灌木（图1）。幼枝，叶和花序密被的绵状绒毛，过后脱落。叶柄10—30厘米。叶片近圆形，革质，具7—9深裂。花序聚生为伞形花序，再组成顶生圆锥花序（图2）。花柱5，离生。果实球状（图3）。花期10—11月，果熟期翌年4月。

图1 八角金盘

图2　伞形花序

图3　果实

用途　园林观赏植物。

分布　华东地区常见。扬子鳄管理局园内有栽培。

刺楸 *Kalopanax septemlobus*

科　五加科 Araliaceae

属　刺楸属 *Kalopanax*

特征　落叶乔木（图1）。树皮灰黑色，纵裂，树干及枝上具鼓钉状扁刺（图2）。单叶，在长枝上互生，在短枝上簇生，掌状浅裂，掌状脉5—7。花梗长约5毫米，疏被柔毛。花白或淡黄色，萼筒具5齿，花瓣5，镊合状排列。果近球形，径约4毫米，蓝黑色。种子扁平。

用途　种子含油量约38%，供制肥皂等用。树皮及叶含鞣质，根皮及枝入药。

分布　分布于东北、华北、长江流域、华南、西南等地。仅见于宣城金梅岭。

图1　刺楸

图2　茎

五加 *Eleutherococcus nodiflorus*

科 五加科 Araliaceae

属 五加属 *Eleutherococcus*

特征 灌木，小枝细长下垂，节上疏被扁钩刺（图1）。叶有小叶5，稀3—4，在长枝上互生，在短枝上簇生。伞形花序单个稀2个腋生，或顶生在短枝上，花黄绿色，花瓣5，雄蕊5，花柱2。果扁球形，径约6 毫米，熟时紫黑色（图2）。

用途 根皮供药用，有祛风湿、补肝肾、强筋骨、活血脉等功效。

分布 分布于华东、中南、西南、西北等地区。保护区偶见。

图1 五加

图2 果实

常春藤 *Hedera nepalensis* var. *sinensis*

科 五加科 Araliaceae

属 常春藤属 *Hedera*

特征 常绿攀援灌木，茎灰棕色或黑棕色，有气生根。叶片革质，三角状卵形至箭形，边缘全缘或3裂（图1）。伞形花序单个顶生或数个总状排列或伞房状排列成圆锥花序，花淡黄白色或淡绿白色，芳香，花瓣5，三角状卵形，雄蕊5，花药紫色，子房5室，花柱全部合生成柱状。果实球形，红色或黄色，花柱宿存。

用途 全株供药用，叶供观赏用，可在建筑阴面作垂直绿化材料。

图1　常春藤

图2　蔓长春花

分布　产于黄河流域以南至华南、华东和西南地区。常春藤常见，保护区还栽培有蔓长春花（*Vinca major*）（图2）。

鸭儿芹 *Cryptotaenia japonica*

科　伞形科 Apiaceae

属　鸭儿芹属 *Cryptotaenia*

特征　草本，茎直立，有分枝，有时稍带淡紫色（图1）。基生叶或较下部的茎生叶具柄，3小叶，顶生小叶菱状倒卵形，有不规则锐齿或2—3浅裂，叶柄半抱茎（图2、图3）。花序圆锥状，花序梗不等长，伞形花序有花2—4，花瓣倒卵形，顶端有内折小舌片。果线状长圆形，合生面稍缢缩，胚乳腹面近平直。

图1　鸭儿芹

图2　叶

用途 具有祛风止咳、活血化瘀、消炎解毒等功效，可用于治疗感冒咳嗽、毒蛇咬伤等症状。

分布 产于中国、日本及朝韩，分布于安徽、河北、广西、湖北、甘肃、四川、云南等省区。保护区常见。

图3 叶柄

水芹 *Oenanthe javanica*

科 伞形科 Apiaceae

属 水芹属 *Oenanthe*

特征 多年生草本，茎直立或基部匍匐，下部节生根（图1）。基生叶柄基部具鞘，叶三角形，一至二回羽裂，有不整齐锯齿。复伞形花序顶生，伞辐6—16，长1—3厘米，小总苞片2—8，线形，伞形花序有10—25花，萼齿长约0.6毫米，花瓣白色，倒卵形（图2）。果近四角状椭圆形或筒状长圆形，侧棱较背棱和中棱隆起（图3）。花期6—7月，果期8—9月。

图1 水芹

图2　花

图3　果实

用途 味甘，性平，有清热利湿、止血、降血压的功能。

分布 产于我国各地及南亚至东南亚热带地区。保护区水边湿地常见。

泽芹 *Sium suave*

科 伞形科 Apiaceae

属 泽芹属 *Sium*

特征 植株高达1.2米（图1），具纺锤根和须根。叶长圆形或卵形，一回羽裂，叶柄半抱茎，羽片3—9对，披针形或线形，有锯齿（图2）。花序顶生或侧生，花序梗较粗，总苞片6—10，伞辐10—20，花白色（图3）。果卵形。花期8—9月，果期9—10月。

图1　泽芹

图2　叶

图3　花序

用途 植株地上部能药用，具有散风寒、降血压的功效。其鲜草还可以提取香精油。

分布 东北、华北、华东各省区常见。分布在泾县昌桥乡中桥村路边浅沟处。

野胡萝卜 *Daucus carota*

科 伞形科 Apiaceae

属 胡萝卜属 *Daucus*

特征 二年生草本，茎单生，全体有白色粗硬毛（图1）。基生叶薄膜质，长圆形，二至三回羽状全裂，茎生叶近无柄，有叶鞘。复伞形花序（图2），总苞有多数苞片，伞辐多数，花通常白色，有时带淡红色，花柄不等长，花药紫红色（图3）。果实圆卵形，棱上有白色刺毛（图4）。花期5—7月。

用途 野胡萝卜的果实入药，有驱虫作用，又可提取芳香油。

分布 分布于四川、贵州、湖北、江西、安徽、江苏、浙江等省区。保护区随处可见。

图1 野胡萝卜

图2 花序

图3 花

图4 双悬果

窃衣 *Torilis scabra*

科 伞形科 Apiaceae

属 窃衣属 *Torilis*

特征 一年或多年生草本，全株被平伏硬毛，茎上部分枝。叶卵形，回羽状分裂，小叶窄披针形或卵形。复伞形花序顶生和腋生，花序梗长1—8厘米（图1），常无总苞片，稀有1钻形苞片，伞辐2—4，伞形花序有花3—10，萼齿细小，三角状披针形，花瓣白色，倒圆卵形，先端内折，花柱基圆锥状，花柱向外反曲。果实长圆形（图2）。

用途 药用，具有杀虫止泻、除湿止痒的功效。

分布 国内外均有分布。保护区随处可见。

图1 窃衣

图2 果实

细叶芹 *Chaerophyllum villosum*

科 伞形科 Apiaceae

属 细叶芹属 *Chaerophyllum*

特征 一年生草本，茎通常被外折的长硬毛。基生叶早落或久存，较下部的茎生叶阔卵形，三出式羽状分裂，叶柄鞘状（图1）。复伞形花序顶生或腋生（图2），边缘疏生睫毛，小伞形花序有花9—13，雄花4—8，花柄长1—2毫米，花瓣白色，淡黄色

图1　细叶芹

图2　花序

或淡蓝紫色，花柱短于花柱基。双悬果线状长圆形，果棱5条。花果期7—9月。

用途 常见农田杂草。

分布 原产加勒比海多米尼加岛，现分布在安徽、浙江、上海、江苏、福建、台湾、广东、香港、广西、湖北、湖南等省区。保护区常见。

芫荽 *Coriandrum sativum*

科 伞形科 Apiaceae

属 芫荽属 *Coriandrum*

特征 一年生或二年生，有强烈气味的草本植物。基生叶一至二回羽状全裂，茎生叶二至多回羽状分裂（图1）。复伞形花序顶生，伞辐3—7，小总苞片2—5，花白色或带淡紫色（图2），萼齿通常大小不等，花瓣倒卵形，花柱幼时直立，果熟时向外反曲。果实圆球形，背面主棱及相邻的次棱明显（图3）。花果期4—11月。

用途 全草入药，《本草纲目》称“芫荽性味辛温香窜，内通

图1　芫荽

图2　花

图3　果实

心脾，外达四肢”。为著名香料植物。

分布 原产欧洲地中海地区，现中国东北、安徽、浙江等多个省区均有栽培。保护区常见。

蛇床 *Cnidium monnieri*

科 伞形科 Apiaceae

属 蛇床属 *Cnidium*

特征 一年生草本，茎单生，多分枝。下部叶具短柄，叶鞘宽短，上部叶柄鞘状，叶三角状卵形，二至三回羽裂（图1）。复伞形花序（图2），总苞片6—10，伞辐8—20，小总苞片多数，线形，伞形花序有15—20花，花瓣白色，花柱基垫状，花柱稍弯曲。果长圆形，5棱均成宽翅。花期6—7月，果期7—8月。

用途 果实有微毒，其味辛、苦，有燥湿祛风、杀虫止痒的功效。

图1　蛇床

图2　花序

分布　主产于欧洲和亚洲，中国各地均有分布。保护区随处可见。

白花前胡　*Peucedanum praeruptorum*

科　伞形科 Apiaceae

属　前胡属 *Peucedanum*

特征　多年生草本，植株高达1米（图1），茎髓部充实。根圆锥形，末端常分叉。叶宽卵形，二至三回分裂，小裂片菱状倒卵形，具粗齿或浅裂（图2）。复伞形花序多数（图3），总苞片无或少数，线形，萼齿不显著，花瓣白色，花柱短，弯曲。果卵圆形，褐色，有疏毛。花期8—9月，果期10—11月。

用途　著名中药材，具有清风散热、降气化痰的功效。

分布　产于甘肃、河南、贵州、广西、四川、湖北、湖南、江西、安徽、江苏、浙江、福建等省区。保护区常见。

图1　白花前胡

图2　叶

图3　花序

附录

安徽扬子鳄国家级自然保护区生境

南陵县长乐（陈明林摄）

广德沟连凼

广德朱村大塘

广德卢村水库

宣城周王镇戚家冲水库

郎溪县高井庙大塘

宣城周王镇红星水库鹭岛

宣城黄渡乡杨林林场

宣城金梅岭

参考文献

[1] Christenhusz M, Reveal J, Farjon A, et al. A new classification and linear sequence of extant gymnosperms[J]. Phytotaxa, 2011, 19 : 55–70.

[2] The Angiosperm Phylogeny Group. An update of the Angiosperm Phylogeny Group classification for the orders and families of flowering plants: APG III[J]. Botanical Journal of the Linnean Society, 2009, 161（2）: 105–121.

[3] The Pteridophyte Phylogeny Group, Schuettpelz E, Schneider H, et al. PPG I : A community derived classification for extant lycophytes and ferns[J]. Journal of Systematics and Evolution, 2016, 54 : 563–603.

[4] 刘冰，叶建飞，刘夙，等．中国被子植物科属概览：依据APG III系统[J]．生物多样性，2015, 23（2）: 225–231.

[5] 杨勇，王志恒，徐晓婷．世界裸子植物的分类和地理分布[M]．上海：上海科技技术出版社，2017.

[6] 《浙江植物志（新编）》编辑委员会．浙江植物志（新编）[M]．杭州：浙江科学技术出版社，2021.

参考网址

http://www.iplant.cn

http://www.iplant.cn/foc

中文名拉丁名对照索引

页码	中文名	拉丁名
524	阿拉伯婆婆纳	*Veronica persica*
235	凹叶景天	*Sedum emarginatum*
260	凹叶铁扫帚	*Lespedeza* sp.
237	八宝	*Hylotelephium erythrostictum*
468	八角枫	*Alangium chinense*
614	八角金盘	*Fatsia japonica*
099	八蕊眼子菜	*Potamogeton octandrus*
129	芭蕉	*Musa basjoo*
101	菝葜	*Smilax china*
360	白背叶野桐	*Mallotus apelta*
344	白杜	*Euonymus maackii*
611	白花败酱	*Patrinia villosa*
487	白花龙	*Styrax faberi*
624	白花前胡	*Peucedanum praeruptorum*
333	白栎	*Quercus fabri*
241	白蔹	*Ampelopsis japonica*
194	白茅	*Imperata cylindrica*
485	白檀	*Symplocos tanakana*
104	百合	*Lilium brownii* var. *viridulum*
422	百蕊草	*Thesium chinense*
177	稗	*Echinochloa crus-galli*
369	斑地锦	*Euphorbia maculata*
335	板栗	*Castanea mollissima*
570	半边莲	*Lobelia chinensis*
092	半夏	*Pinellia ternata*
557	半枝莲	*Scutellaria barbata*
550	薄荷	*Mentha canadensis*
494	薄叶新耳草	*Neanotis hirsuta*
560	宝盖草	*Lamium amplexicaule*
577	抱茎苦荬菜	*Crepidiastrum sonchifolium*
527	北美车前	*Plantago virginica*
421	北美独行菜	*Lepidium virginicum*
525	北水苦荬	*Veronica anagallis-aquatica*
312	北枳椇	*Hovenia dulcis*
145	荸荠	*Eleocharis dulcis*
365	蓖麻	*Ricinus communis*
324	薜荔	*Ficus pumila*
424	萹蓄	*Polygonum aviculare*

页码	中文名	拉丁名
403	扁担杆	*Grewia biloba*
264	扁豆	*Lablab purpureus*
150	扁穗莎草	*Cyperus compressus*
455	菠菜	*Spinacia oleracea*
274	蚕豆	*Vicia faba*
428	蚕茧草	*Persicaria japonica*
598	苍耳	*Xanthium strumarium*
317	糙叶树	*Aphananthe aspera*
272	草木樨	*Melilotus suaveolens*
055	侧柏	*Platycladus orientalis*
284	插田泡	*Rubus coreanus*
482	茶	*Camellia sinensis*
521	茶菱	*Trapella sinensis*
484	茶梅	*Camellia sasanqua*
392	茶条槭	*Acer tataricum* subsp. *ginnala*
086	檫木	*Sassafras tzumu*
089	菖蒲	*Acorus calamus*
134	长苞香蒲	*Typha domingensis*
262	长柄山蚂蟥	*Hylodesmum podocarpum*
431	长戟叶蓼	*Persicaria maackiana*
440	长箭叶蓼	*Persicaria hastatosagittatum*
530	长蒴母草	*Lindernia anagallis*
308	长叶冻绿	*Frangula crenata*
616	常春藤	*Hedera nepalensis* var. *sinensis*
291	朝天委陵菜	*Potentilla supina*
527	车前	*Plantago asiatica*
056	池杉	*Taxodium distichum* var. *imbricarium*
230	匙叶黄杨	*Buxus harlandii*
446	齿果酸模	*Rumex dentatus*
136	翅茎灯芯草	*Juncus alatus*
399	臭椿	*Ailanthus altissima*
399	臭辣吴茱萸	*Tetradium glabrifolium*
543	臭牡丹	*Clerodendrum bungei*
420	臭荠	*Lepidium didymum*
357	垂柳	*Salix babylonica*
236	垂盆草	*Sedum sarmentosum*
304	垂丝海棠	*Malus halliana*

页码	中文名	拉丁名
050	刺柏	*Juniperus formosana*
573	刺儿菜	*Cirsium arvense* var. *integrifolium*
224	刺果毛茛	*Ranunculus muricatus*
268	刺槐	*Robinia pseudoacacia*
437	刺蓼	*Persicaria senticosa*
615	刺楸	*Kalopanax septemlobus*
460	刺苋	*Amaranthus spinosus*
314	刺榆	*Hemiptelea davidii*
113	葱	*Allium fistulosum*
116	葱莲	*Zephyranthes candida*
059	粗榧	*Cephalotaxus sinensis*
015	粗梗水蕨	*Ceratopteris chingii*
505	打碗花	*Calystegia hederacea*
274	大巢菜	*Vicia sativa*
097	大茨藻	*Najas marina*
265	大豆	*Glycine max*
610	大花六道木	*Abelia × grandiflora*
217	大花威灵仙	*Clematis courtoisii*
572	大蓟	*Cirsium spicatum*
438	大箭叶蓼	*Persicaria senticosa* var. *sagittifolia*
596	大狼耙草	*Bidens frondosa*
543	大青	*Clerodendrum cyrtophyllum*
580	大吴风草	*Farfugium japonicum*
204	大血藤	*Sargentodoxa cuneata*
342	大芽南蛇藤	*Celastrus hypoleucoides*
542	单花莸	*Schnabelia nepetifolia*
138	单性薹草	*Carex unisexualis*
176	淡竹叶	*Lophatherum gracile*
561	弹刀子菜	*Mazus stachydifolius*
416	弹裂碎米荠	*Cardamine impatiens*
579	稻槎菜	*Lapsanastrum apogonoides*
136	灯芯草	*Juncus effusus*
191	荻	*Miscanthus sacchariflorus*
349	地耳草	*Hypericum japonicum*
368	地锦草	*Euphorbia humifusa*
286	地榆	*Sanguisorba officinalis*
299	棣棠	*Kerria japonica*
472	点地梅	*Androsace umbellata*
563	冬青	*Ilex chinensis*
346	冬青卫矛	*Euonymus japonicus*
541	豆腐柴	*Premna microphylla*
488	杜鹃	*Rhododendron simsii*
348	杜英	*Elaeocarpus decipiens*
492	杜仲	*Eucommia ulmoides*
310	多花勾儿茶	*Berchemia floribunda*
122	多花黄精	*Polygonatum cyrtonema*
076	鹅掌楸	*Liriodendron chinense*
073	二乔玉兰	*Yulania × soulangeana*
229	二球悬铃木	*Platanus acerifolia*
142	二形鳞薹草	*Carex dimorpholepis*
511	番茄	*Solanum lycopersicum*
509	番薯	*Ipomoea batatas*
290	翻白草	*Potentilla discolor*
451	繁缕	*Stellaria media*
126	饭包草	*Commelina benghalensis*
574	飞廉	*Carduus nutans*
239	粉绿狐尾藻	*Myriophyllum aquaticum*
208	风龙	*Sinomenium acutum*
551	风轮菜	*Clinopodium chinense*
232	枫香树	*Liquidambar formosana*
338	枫杨	*Pterocarya stenoptera*
014	凤了蕨	*Coniogramme japonica*
469	凤仙花	*Impatiens balsamina*
126	凤眼莲	*Eichhornia crassipes*
432	伏毛蓼	*Persicaria pubescens*
345	扶芳藤	*Euonymus fortunei*
162	拂子茅	*Calamagrostis epigeios*
091	浮萍	*Lemna minor*
503	附地菜	*Trigonotis peduncularis*
394	柑橘	*Citrus reticulata*
606	刚毛荚蒾	*Viburnum setigerum*
363	杠香藤	*Mallotus repandus* var. *chrysocarpus*
148	高秆莎草	*Cyperus exaltatus*
192	高粱	*Sorghum bicolor*
280	高粱泡	*Rubus lambertianus*
164	高羊茅	*Festuca elata*
470	格药柃	*Eurya muricata*
266	葛藤	*Pueraria montana* var. *lobata*
023	狗脊	*Woodwardia japonica*
180	狗尾草	*Setaria viridis*
175	狗牙根	*Cynodon dactylon*
564	枸骨冬青	*Ilex cornuta*
395	枸橘	*Citrus trifoliata*
511	枸杞	*Lycium chinense*
323	构树	*Broussonetia papyrifera*
153	菰	*Zizania latifolia*
135	谷精草	*Eriocaulon buergerianum*
277	瓜子金	*Polygala japonica*
026	贯众	*Cyrtomium fortunei*
486	光亮山矾	*Symplocos lucida*
563	光叶细刺枸骨	*Ilex hylonoma* var. *glabra*

页码	中文名	拉丁名
418	广州蔊菜	*Rorippa cantoniensis*
565	龟甲冬青	*Ilex crenata* var. *convexa*
343	鬼箭羽	*Euonymus alatus*
519	桂花	*Osmanthus fragrans*
251	国槐	*Styphnolobium japonicum*
476	过路黄	*Lysimachia christinae*
214	还亮草	*Delphinium anthriscifolium*
450	孩儿参	*Pseudostellaria heterophylla*
007	海金沙	*Lygodium japonicum*
612	海桐	*Pittosporum tobira*
544	海州常山	*Clerodendrum trichotomum*
555	韩信草	*Scutellaria indica*
359	旱柳	*Salix matsudana*
315	杭州榆	*Ulmus changii*
612	禾穗新缬草	*Valerianella locusta*
250	合欢	*Albizia julibrissin*
255	合萌	*Aeschynomene indica*
605	合轴荚蒾	*Viburnum sympodiale*
425	何首乌	*Pleuropterus multiflorus*
193	河八王	*Saccharum narenga*
358	河柳	*Salix chaenomeloides*
070	荷花木兰	*Magnolia grandiflora*
341	盒子草	*Actinostemma tenerum*
475	黑腺珍珠菜	*Lysimachia heterogenea*
097	黑藻	*Hydrilla verticillata*
435	红蓼	*Persicaria orientalis*
302	红叶石楠	*Photinia* × *fraseri*
308	胡颓子	*Elaeagnus pungens*
151	湖瓜草	*Lipocarpha microcephala*
422	槲寄生	*Viscum coloratum*
607	蝴蝶荚蒾	*Viburnum plicatum* var. *tomentosum*
234	虎耳草	*Saxifraga stolonifera*
425	虎杖	*Reynoutria japonica*
106	花菖蒲	*Iris ensata* var. *hortensis*
327	花点草	*Nanocnide japonica*
327	花叶垂榕	*Ficus benjamina* 'Variegata'
080	华东楠	*Machilus leptophylla*
066	华中五味子	*Schisandra sphenanthera*
337	化香树	*Platycarya strobilacea*
171	画眉草	*Eragrostis pilosa*
011	槐叶蘋	*Salvinia natans*
069	焕镛木	*Woonyoungia septentrionalis*
580	黄鹌菜	*Youngia japonica*
194	黄背草	*Themeda triandra*
110	黄花菜	*Hemerocallis citrina*
590	黄花蒿	*Artemisia annua*
538	黄花狸藻	*Utricularia aurea*
199	黄堇	*Corydalis pallida*
387	黄连木	*Pistacia chinensis*
516	黄素馨	*Chrysojasminum floridum*
254	黄檀	*Dalbergia hupeana*
230	黄杨	*Buxus sinica*
456	灰绿藜	*Oxybasis glauca*
222	茴茴蒜	*Ranunculus chinensis*
549	活血丹	*Glechoma longituba*
304	火棘	*Pyracantha fortuneana*
109	火炬花	*Kniphofia uvaria*
043	火炬松	*Pinus taeda*
458	鸡冠花	*Celosia cristata*
321	鸡桑	*Morus australis*
495	鸡屎藤	*Paederia foetida*
350	鸡腿堇菜	*Viola acuminata*
258	鸡眼草	*Kummerowia striata*
390	鸡爪槭	*Acer palmatum*
088	及己	*Chloranthus serratus*
587	加拿大一枝黄花	*Solidago canadensis*
500	夹竹桃	*Nerium oleander*
153	假稻	*Leersia japonica*
185	假俭草	*Eremochloa ophiuroides*
381	假柳叶菜	*Ludwigia epilobioides*
473	假婆婆纳	*Stimpsonia chamaedryoides*
200	尖距紫堇	*Corydalis sheareri*
481	尖连蕊茶	*Camellia cuspidata*
595	剑叶金鸡菊	*Coreopsis lanceolata*
430	箭叶蓼	*Persicaria sagittata* var. *sieboldii*
002	江南卷柏	*Selaginella moellendorffii*
030	江南星蕨	*Lepisorus fortunei*
491	江南越橘	*Vaccinium mandarinorum*
133	姜花	*Hedychium coronarium*
339	绞股蓝	*Gynostemma pentaphyllum*
115	藠头	*Allium chinense*
608	接骨草	*Sambucus javanica*
173	结缕草	*Zoysia japonica*
259	截叶铁扫帚	*Lespedeza cuneata*
506	金灯藤	*Cuscuta japonica*
382	金锦香	*Osbeckia chinensis*
493	金毛耳草	*Hedyotis chrysotricha*
088	金钱蒲	*Acorus gramineus*
044	金钱松	*Pseudolarix amabilis*
444	金荞麦	*Fagopyrum dibotrys*
179	金色狗尾草	*Setaria pumila*
517	金森女贞	*Ligustrum japonicum* 'Howardii'

页码	中文名	拉丁名
447	金线草	*Persicaria filiformis*
210	金线吊乌龟	*Stephania cephalantha*
608	金银花	*Lonicera japonica*
288	金樱子	*Rosa laevigata*
198	金鱼藻	*Ceratophyllum demersum*
597	金盏银盘	*Bidens biternata*
513	金钟花	*Forsythia viridissima*
489	锦绣杜鹃	*Rhododendron* × *pulchrum*
197	荩草	*Arthraxon hispidus*
017	井栏边草	*Pteris multifida*
534	九头狮子草	*Peristrophe japonica*
113	韭菜	*Allium tuberosum*
600	菊芋	*Helianthus tuberosus*
478	聚花过路黄	*Lysimachia congestiflora*
248	决明	*Senna tora*
013	蕨	*Pteridium aquilinum* var. *latiusculum*
533	爵床	*Justicia procumbens*
165	看麦娘	*Alopecurus aequalis*
436	扛板归	*Persicaria perfoliata*
203	刻叶紫堇	*Corydalis incisa*
098	苦草	*Vallisneria natans*
575	苦苣菜	*Sonchus oleraceus*
512	苦蘵	*Physalis angulata*
334	苦槠	*Castanopsis sclerophylla*
342	栝楼	*Trichosanthes kirilowii*
028	阔鳞鳞毛蕨	*Dryopteris championii*
154	阔叶箬竹	*Indocalamus latifolius*
213	阔叶十大功劳	*Mahonia bealei*
120	阔叶土麦冬	*Liriope muscari*
078	蜡梅	*Chimonanthus praecox*
568	蓝花参	*Wahlenbergia marginata*
181	狼尾草	*Pennisetum alopecuroides*
316	榔榆	*Ulmus parvifolia*
485	老鼠矢	*Symplocos stellaris*
103	老鸦瓣	*Amana edulis*
074	乐昌含笑	*Michelia chapensis*
159	雷竹	*Phyllostachys violascens* 'Prevernalis'
307	梨树	*Pyrus pyrifolia*
455	藜	*Chenopodium album*
297	李树	*Prunus salicina*
005	里白	*Diplopterygium glaucum*
601	鳢肠	*Eclipta prostrata*
546	荔枝草	*Salvia plebeia*
228	莲	*Nelumbo nucifera*
461	莲子草	*Alternanthera sessilis*
401	楝树	*Melia azedarach*
143	两歧飘拂草	*Fimbristylis dichotoma*
433	蓼子草	*Persicaria criopolitana*
299	菱叶绣线菊	*Spiraea* × *vanhouttei*
518	流苏树	*Chionanthus retusus*
171	柳叶箬	*Isachne globosa*
496	六月雪	*Serissa japonica*
053	龙柏	*Juniperus chinensis* 'Kaizuca'
285	龙牙草	*Agrimonia pilosa*
252	龙爪槐	*Styphnolobium japonicum* 'Pendula'
591	蒌蒿	*Artemisia selengensis*
169	芦苇	*Phragmites australis*
168	芦竹	*Arundo donax*
263	鹿藿	*Rhynchosia volubilis*
393	栾树	*Koelreuteria paniculata*
139	卵果薹草	*Carex maackii*
172	乱草	*Eragrostis japonica*
478	轮叶过路黄	*Lysimachia klattiana*
047	罗汉松	*Podocarpus macrophyllus*
124	裸花水竹叶	*Murdannia nudiflora*
502	络石	*Trachelospermum jasminoides*
371	落萼叶下珠	*Phyllanthus flexuosus*
255	落花生	*Arachis hypogaea*
465	落葵	*Basella alba*
459	绿穗苋	*Amaranthus hybridus*
260	绿叶胡枝子	*Lespedeza buergeri*
244	绿叶爬山虎	*Parthenocissus laetevirens*
331	麻栎	*Quercus acutissima*
538	马鞭草	*Verbena officinalis*
466	马齿苋	*Portulaca oleracea*
068	马兜铃	*Aristolochia debilis*
256	马棘	*Indigofera bungeana*
584	马兰	*Aster indicus*
402	马松子	*Melochia corchorifolia*
040	马尾松	*Pinus massoniana*
490	马银花	*Rhododendron ovatum*
121	麦冬	*Ophiopogon japonicus*
010	满江红	*Azolla pinnata* subsp. *asiatica*
489	满山红	*Rhododendron farrerae*
352	蔓茎堇菜	*Viola diffusa*
004	芒萁	*Dicranopteris pedata*
311	猫乳	*Rhamnella franguloides*
224	猫爪草	*Ranunculus ternatus*
220	毛茛	*Ranunculus japonicus*
287	毛叶山木香	*Rosa cymosa* var. *puberula*
157	毛竹	*Phyllostachys edulis*

页码	中文名	拉丁名
336	茅栗	*Castanea seguinii*
282	茅莓	*Rubus parvifolius*
293	梅花	*Prunus mume*
534	美国凌霄	*Campsis radicans*
024	美丽复叶耳蕨	*Arachniodes speciosa*
382	美丽月见草	*Oenothera speciosa*
131	美人蕉	*Canna indica*
462	美洲商陆	*Phytolacca americana*
372	蜜甘草	*Phyllanthus ussuriensis*
118	绵枣儿	*Barnardia japonica*
409	棉花	*Gossypium hirsutum*
530	母草	*Lindernia crustacea*
540	牡荆	*Vitex negundo* var. *cannabifolia*
209	木防己	*Cocculus orbiculatus*
408	木芙蓉	*Hibiscus mutabilis*
480	木荷	*Schima superba*
407	木槿	*Hibiscus syriacus*
283	木莓	*Rubus swinhoei*
545	南丹参	*Salvia bowleyana*
060	南方红豆杉	*Taxus wallichiana* var. *mairei*
581	南方兔儿伞	*Syneilesis australis*
271	南苜蓿	*Medicago polymorpha*
354	南山堇菜	*Viola chaerophylloides*
386	南酸枣	*Choerospondias axillaris*
211	南天竹	*Nandina domestica*
066	南五味子	*Kadsura longipedunculata*
434	尼泊尔蓼	*Persicaria nepalensis*
571	泥胡菜	*Hemisteptia lyrata*
467	宁波溲疏	*Deutzia ningpoensis*
186	牛鞭草	*Hemarthria sibirica*
453	牛繁缕	*Stellaria aquatica*
174	牛筋草	*Eleusine indica*
144	牛毛毡	*Eleocharis yokoscensis*
460	牛膝	*Achyranthes bidentata*
330	糯米团	*Gonostegia hirta*
218	女萎	*Clematis apiifolia*
516	女贞	*Ligustrum lucidum*
378	欧菱	*Trapa natans*
242	爬山虎	*Parthenocissus tricuspidata*
325	爬藤榕	*Ficus sarmentosa* var. *impressa*
562	泡桐	*Paulownia fortunei*
279	蓬蘽	*Rubus hirsutus*
305	枇杷	*Eriobotrya japonica*
062	萍蓬草	*Nuphar pumila*
008	蘋	*Marsilea quadrifolia*
523	婆婆纳	*Veronica polita*
244	葡萄	*Vitis vinifera*
582	蒲儿根	*Sinosenecio oldhamianus*
576	蒲公英	*Taraxacum mongolicum*
319	朴树	*Celtis sinensis*
448	漆姑草	*Sagina japonica*
339	桤木	*Alnus cremastogyne*
592	奇蒿	*Artemisia anomala*
415	荠菜	*Capsella bursa-pastoris*
211	千金藤	*Stephania japonica*
174	千金子	*Leptochloa chinensis*
582	千里光	*Senecio scandens*
507	牵牛	*Ipomoea nil*
064	芡实	*Euryale ferox*
496	茜草	*Rubia cordifolia*
443	荞麦	*Fagopyrum esculentum*
621	窃衣	*Torilis scabra*
330	青冈栎	*Quercus glauca*
395	青花椒	*Zanthoxylum schinifolium*
320	青檀	*Pteroceltis tatarinowii*
457	青葙	*Celosia argentea*
227	清风藤	*Sabia japonica*
412	苘麻	*Abutilon theophrasti*
138	穹隆薹草	*Carex gibba*
409	秋葵	*Abelmoschus esculentus*
178	求米草	*Oplismenus undulatifolius*
454	球序卷耳	*Ceratium glomeratum*
449	瞿麦	*Dianthus superbus*
183	雀稗	*Paspalum thunbergii*
161	雀麦	*Bromus japonicus*
452	雀舌草	*Stellaria alsine*
048	日本柳杉	*Cryptomeria japonica*
604	日本珊瑚树	*Viburnum awabuki*
298	日本晚樱	*Prunus serrulate* var. *lannesiana*
539	日本紫珠	*Callicarpa japonica*
504	柔弱斑种草	*Bothriospermum zeylanicum*
197	柔枝莠竹	*Microstegium vimineum*
345	肉花卫矛	*Euonymus carnosus*
155	箬竹	*Indocalamus tessellatus*
493	洒金桃叶珊瑚	*Aucuba japonica* var. *variegata*
067	三白草	*Saururus chinensis*
058	三尖杉	*Cephalotaxus fortunei*
391	三角槭	*Acer buergerianum*
508	三裂叶薯	*Ipomoea triloba*
584	三脉紫菀	*Aster ageratoides*
206	三叶木通	*Akebia trifoliata*
321	桑	*Morus alba*
483	山茶	*Camellia japonica*
082	山胡椒	*Lindera glauca*

页码	中文名	拉丁名
085	山鸡椒	*Litsea cubeba*
278	山莓	*Rubus corchorifolius*
215	山木通	*Clematis finetiana*
309	山鼠李	*Rhamnus wilsonii*
355	山桐子	*Idesia polycarpa*
319	山油麻	*Trema cannabina* var. *dielsiana*
049	杉木	*Cunninghamia lanceolata*
231	芍药	*Paeonia lactiflora*
623	蛇床	*Cnidium monnieri*
290	蛇含委陵菜	*Potentilla kleiniana*
241	蛇葡萄	*Ampelopsis glandulosa*
108	射干	*Belamcanda chinensis*
075	深山含笑	*Michelia maudiae*
177	升马唐	*Digitaria ciliaris*
042	湿地松	*Pinus elliottii*
595	石胡荽	*Centipeda minima*
380	石榴	*Punica granatum*
225	石龙芮	*Ranunculus sceleratus*
521	石龙尾	*Limnophila sessiliflora*
302	石楠	*Photinia serratifolia*
554	石荠苎	*Mosla scabra*
117	石蒜	*Lycoris radiata*
032	石韦	*Pyrrosia lingua*
471	柿树	*Diospyros kaki*
182	瘦瘠伪针茅	*Pseudoraphis sordida*
020	书带蕨	*Haplopteris flexuosa*
411	蜀葵	*Alcea rosea*
583	鼠曲草	*Pseudognaphalium affine*
173	鼠尾粟	*Sporobolus fertilis*
100	薯蓣	*Dioscorea polystachya*
184	双穗雀稗	*Paspalum distichum*
095	水鳖	*Hydrocharis dubia*
096	水车前	*Ottelia alismoides*
145	水葱	*Schoenoplectus tabernaemontani*
152	水稻	*Oryza sativa*
558	水蜡烛	*Pogostemon yatabeanus*
033	水龙骨	*Polypodium nipponicum*
522	水马齿	*Callitriche palustris*
146	水毛花	*Schoenoplectiella triangulata*
618	水芹	*Oenanthe javanica*
057	水杉	*Metasequoia glyptostroboides*
143	水虱草	*Fimbristylis littoralis*
532	水蓑衣	*Hygrophila ringens*
151	水蜈蚣	*Kyllinga polyphylla*
379	水苋菜	*Ammannia baccifera*
498	水杨梅	*Adina rubella*
124	水竹叶	*Murdannia triquetra*

页码	中文名	拉丁名
065	睡莲	*Nymphaea alba*
167	粟草	*Milium effusum*
464	粟米草	*Trigastrotheca stricta*
445	酸模	*Rumex acetosa*
438	酸模叶蓼	*Persicaria lapathifolia*
374	算盘子	*Glochidion puberum*
417	碎米荠	*Cardamine occulta*
147	碎米莎草	*Cyperus iria*
238	穗状狐尾藻	*Myriophyllum spicatum*
128	梭鱼草	*Pontederia cordata*
054	塔柏	*Juniperus chinensis* 'Pyramidalis'
282	太平莓	*Rubus pacificus*
306	棠梨	*Pyrus betulifolia*
292	桃	*Prunus persica*
614	天胡荽	*Hydrocotyle sibthorpioides*
214	天葵	*Semiaquilegia adoxoides*
272	天蓝苜蓿	*Medicago lupulina*
120	天门冬	*Asparagus cochinchinensis*
594	天名精	*Carpesium abrotanoides*
406	田麻	*Corchoropsis crenata*
403	甜麻	*Corchorus aestuans*
021	铁角蕨	*Asplenium trichomanes*
261	铁马鞭	*Lespedeza pilosa*
364	铁苋菜	*Acalypha australis*
019	铁线蕨	*Adiantum capillus-veneris*
258	庭藤	*Indigofera decora*
370	通奶草	*Euphorbia hypericifolia*
398	秃叶黄檗	*Phellodendron chinense* var. *glabriusculum*
102	土茯苓	*Smilax glabra*
457	土荆芥	*Dysphania ambrosioides*
537	挖耳草	*Utricularia bifida*
029	瓦韦	*Lepisorus thunbergianus*
140	弯囊薹草	*Carex dispalata*
418	弯曲碎米荠	*Cardamine flexuosa*
275	豌豆	*Pisum sativum*
166	菵草	*Beckmannia syzigachne*
526	蚊母草	*Veronica peregrina*
366	乌桕	*Triadica sebifera*
012	乌蕨	*Odontosoria chinensis*
246	乌蔹莓	*Causonis japonica*
240	乌苏里狐尾藻	*Myriophyllum ussuriense*
084	乌药	*Lindera aggregata*
566	无刺枸骨	*Ilex cornuta* 'Fortunei'
326	无花果	*Ficus carica*
219	吴兴铁线莲	*Clematis huchouensis*
616	五加	*Eleutherococcus nodiflorus*

页码	中文名	拉丁名
190	五节芒	*Miscanthus floridulus*
205	五叶木通	*Akebia quinata*
427	稀花蓼	*Persicaria dissitiflora*
141	溪水薹草	*Carex forficula*
602	豨莶	*Sigesbeckia orientalis*
462	喜旱莲子草	*Alternanthera philoxeroides*
467	喜树	*Camptotheca acuminata*
551	细风轮菜	*Clinopodium gracile*
379	细果野菱	*Trapa incisa*
441	细叶蓼	*Persicaria taquetii*
621	细叶芹	*Chaerophyllum villosum*
610	细毡毛忍冬	*Lonicera similis*
083	狭叶山胡椒	*Lindera angustifolia*
276	狭叶香港远志	*Polygala hongkongensis* var. *stenophylla*
548	夏枯草	*Prunella vulgaris*
200	夏天无	*Corydalis decumbens*
554	显脉香茶菜	*Isodon nervosus*
601	腺梗豨莶	*Sigesbeckia pubescens*
359	腺叶腺柳	*Salix chaenomeloides* var. *glandulifolia*
148	香附子	*Cyperus rotundus*
586	香丝草	*Erigeron bonariensis*
087	香樟	*Camphora officinarum*
599	向日葵	*Helianthus annuus*
273	小巢菜	*Vicia hirsuta*
238	小二仙草	*Gonocarpus micranthus*
322	小构树	*Broussonetia monoica*
286	小果蔷薇	*Rosa cymosa*
107	小花鸢尾	*Iris speculatrix*
262	小槐花	*Ohwia caudata*
518	小蜡树	*Fraxinus mariesii*
162	小麦	*Triticum aestivum*
497	小叶猪殃殃	*Galium trifidum*
160	孝顺竹	*Bambusa multiplex*
112	薤白	*Allium macrostemon*
294	杏	*Prunus armeniaca*
569	杏叶沙参	*Adenophora petiolata* subsp. *hunanensis*
570	荇菜	*Nymphoides peltata*
111	萱草	*Hemerocallis fulva*
328	悬铃木叶苎麻	*Boehmeria platanifolia*
593	旋覆花	*Inula japonica*
039	雪松	*Cedrus deodara*
617	鸭儿芹	*Cryptotaenia japonica*
129	鸭舌草	*Monochoria vaginalis*
125	鸭跖草	*Commelina communis*
613	崖花海桐	*Pittosporum illicioides*
509	烟草	*Nicotiana tabacum*
022	延羽卵果蕨	*Phegopteris decursive-pinnata*
388	盐麸木	*Rhus chinensis*
221	扬子毛茛	*Ranunculus sieboldii*
567	羊乳	*Codonopsis lanceolata*
447	羊蹄	*Persicaria filiformis*
591	野艾蒿	*Artemisia lavandulifolia*
252	野百合	*Crotalaria sessiliflora*
094	野慈姑	*Sagittaria trifolia*
264	野大豆	*Glycine soja*
185	野古草	*Arundinella hirta*
620	野胡萝卜	*Daucus carota*
396	野花椒	*Zanthoxylum simulans*
589	野菊花	*Chrysanthemum indicum*
376	野老鹳草	*Geranium carolinianum*
386	野漆树	*Toxicodendron succedaneum*
289	野蔷薇	*Rosa multiflora*
301	野山楂	*Crataegus cuneata*
472	野柿	*Diospyros kaki* var. *silvestris*
182	野黍	*Eriochloa villosa*
362	野桐	*Mallotus tenuifolius*
383	野鸦椿	*Euscaphis japonica*
164	野燕麦	*Avena fatua*
016	野雉尾	*Onychium japonicum*
373	叶下珠	*Phyllanthus urinaria*
093	一把伞南星	*Arisaema erubescens*
547	一串红	*Salvia splendens*
585	一年蓬	*Erigeron annuus*
588	一枝黄花	*Solidago decurrens*
150	异型莎草	*Cyperus difformis*
559	益母草	*Leonurus japonicus*
356	意杨	*Populus × canadensis* 'I-214'
188	薏苡	*Coix lacryma-jobi*
036	银杏	*Ginkgo biloba*
419	印度蔊菜	*Rorippa indica*
207	鹰爪枫	*Holboellia coriacea*
514	迎春花	*Jasminum nudiflorum*
549	硬毛地笋	*Lycopus lucidus* var. *hirtus*
414	油菜	*Brassica rapa* var. *oleifera*
481	油茶	*Camellia oleifera*
366	油桐	*Vernicia fordii*
195	有芒鸭嘴草	*Ischaemum aristatum*
067	鱼腥草	*Houttuynia cordata*
222	禺毛茛	*Ranunculus cantoniensis*
429	愉悦蓼	*Persicaria jucunda*
314	榆	*Ulmus pumila*

页码	中文名	拉丁名
188	玉米	*Zea mays*
071	玉兰	*Yulania denudata*
119	玉簪	*Hosta plantaginea*
091	芋	*Colocasia esculenta*
105	鸢尾	*Iris tectorum*
349	元宝草	*Hypericum sampsonii*
413	芫花	*Daphne genkwa*
622	芫荽	*Coriandrum sativum*
507	原野菟丝子	*Cuscuta campestris*
051	圆柏	*Juniperus chinensis*
441	圆基长鬃蓼	*Persicaria longiseta* var. *rotundata*
248	云实	*Biancaea decapetala*
167	早熟禾	*Poa annua*
312	枣树	*Ziziphus jujuba*
450	蚤缀	*Arenaria serpyllifolia*
603	泽兰	*Eupatorium japonicum*
367	泽漆	*Euphorbia helioscopia*
619	泽芹	*Sium suave*
474	泽珍珠菜	*Lysimachia candida*
426	粘毛蓼	*Persicaria viscosa*
278	掌叶覆盆子	*Rubus chingii*
558	针筒菜	*Stachys oblongifolia*
477	珍珠菜	*Lysimachia clethroides*
325	珍珠莲	*Ficus sarmentosa* var. *henryi*
531	芝麻	*Sesamum indicum*
500	栀子	*Gardenia jasminoides*
523	直立婆婆纳	*Veronica arvensi*
385	中国旌节花	*Stachyurus chinensis*
404	中国梧桐	*Firmiana simplex*
487	中华猕猴桃	*Actinidia chinensis*
300	中华绣线菊	*Spiraea chinensis*
374	重阳木	*Bischofia polycarpa*
479	朱砂根	*Ardisia crenata*
237	珠芽景天	*Sedum bulbiferum*
415	诸葛菜	*Orychophragmus violaceus*
498	猪殃殃	*Galium spurium*
397	竹叶花椒	*Zanthoxylum armatum*
098	竹叶眼子菜	*Potamogeton wrightii*
329	苎麻	*Boehmeria nivea*
503	梓木草	*Lithospermum zollingeri*
536	梓树	*Catalpa ovata*
541	紫背金盘	*Ajuga nipponensis*
353	紫花地丁	*Viola philippica*
552	紫花香薷	*Elsholtzia argyi*
202	紫堇	*Corydalis edulis*
247	紫荆	*Cercis chinensis*

页码	中文名	拉丁名
328	紫麻	*Oreocnide frutescens*
464	紫茉莉	*Mirabilis jalapa*
081	紫楠	*Phoebe sheareri*
090	紫萍	*Spirodela polyrhiza*
003	紫萁	*Osmunda japonica*
553	紫苏	*Perilla frutescens*
268	紫藤	*Wisteria sinensis*
377	紫薇	*Lagerstroemia indica*
296	紫叶李	*Prunus cerasifera* 'Atropurpurea'
270	紫云英	*Astragalus sinicus*
158	紫竹	*Phyllostachys nigra*
123	棕榈	*Trachycarpus fortunei*
099	菹草	*Potamogeton crispus*
528	醉鱼草	*Buddleja lindleyana*
347	酢浆草	*Oxalis corniculata*